BESTSELLER

**Samantha Hayes** creció en las Midlands, Inglaterra, y ha vivido en Australia y en Estados Unidos. Su carrera literaria comenzó en 2003, cuando ganó un concurso de relatos, pero no fue hasta 2006, después de haber desempeñado múltiples y variados trabajos, que decidió dedicarse por completo a la escritura. Desde entonces ha publicado varias novelas de éxito en el Reino Unido. *Cuidaré de ti* es su primera novela traducida al castellano. Actualmente vive en Warwickshire con su marido y sus tres hijos.

Biblioteca

# SAMANTHA HAYES

## Cuidaré de ti

Traducción de
**Laura Manero Jiménez**

DEBOLS!LLO

Título original: *Until You're Mine*

Primera edición: septiembre, 2013



Printed in Spain – Impreso en España

ISBN: 978-84-9032-485-1
Depósito legal: B-13711-2013

Compuesto en La Nueva Edimac, S. L.

Impreso en Black Print CPI Ibérica
Sant Andreu de la Barca (Barcelona)

P 3 2 4 8 5 1

*Para Lucy, mi luz brillante.*
*Con todo mi amor.*

## AGRADECIMIENTOS

El autor solo es el principio de un libro. En cuanto la historia ha salido de mi cabeza, son muchísimas las personas que forman parte del proceso. Quisiera darles las gracias de todo corazón a Oli Munson, mi extraordinario agente, y a mis brillantes y perspicaces y encantadoras editoras Selina Walker y Georgina Hawtrey-Woore, por creer en mí y mejorarlo siempre todo; a Dan Balado, por ver cosas que yo no veía; a Richard Ogle, por la preciosa cubierta de la edición inglesa; y a todo el equipo de Century y Arrow, desde la gente de publicidad hasta los de marketing y ventas y más allá: os estoy profundamente agradecida por vuestro entregado trabajo. Vaya mi gratitud también para los editores que difunden mis palabras en todo el mundo.

Por último, todo mi amor para Terry, Ben, Polly y Lucy. Gracias por formar parte de esto. ¡Sin vosotros no lo conseguiría!

# PRÓLOGO

Siempre he querido ser madre, incluso cuando era pequeña y aún no sabía de dónde venían los niños. Este anhelo ha invadido mi alma desde que tengo memoria: era como una enfermedad, un deseo maligno que intoxicaba todo mi cuerpo, que se abría camino por mis venas y avanzaba enredándose en los millones de fibras nerviosas de mi organismo, que sumía mi cerebro en una niebla de hormonas anhelantes. Lo único que quería era un bebé.

Tener una niñita. ¿Era eso tanto pedir?

Ahora me resulta divertido y hasta me da vergüenza recordarlo. De pequeña lo deseaba una y otra vez. Cerraba los ojos con fuerza para invocar toda la magia que era capaz, apretando los dientes y convirtiendo las manos en prietos puños, preparaba imaginarios polvos mágicos con el talco de olor a clavel de mi madre y un tubito de purpurina plateada. Luego se los echaba por encima a Baby Lagrimitas y contenía el aliento a la espera del instante en que cobrara vida: mi virginal parto sin dolor habría durado tres minutos enteros.

Sí, ahora me hace reír. Hace que quiera romper cosas.

Recuerdo el neblinoso halo de polvos brillantes que caía sobre la alfombra en una nubecilla de desencanto con cada suave golpecito que le daba a mi inanimada muñeca de plástico. ¿Por qué no respiraba? ¿Por qué no estaba viva? ¿Por qué no habían conseguido los polvos mágicos, o Dios, o mis poderes especiales (¡lo que fuera!) que mi muñeca se convirtiera en una niña de verdad? Seguía siendo de frío plástico, igual que si estuviera muerta. Cómo sollozaba al verla ahí, inmóvil, rígida e inerte en mis brazos, bien arropada en su mantita de punto. ¿Y todo ese amor que yo le había profesado durante años... en la gestación más larga jamás conocida? ¿Acaso no contaba eso para nada? Deseaba arrebatársela al universo del baúl de los juguetes y llevármela conmigo a la vida real para poder ser su mamá. ¿Acaso no quería ella ser mía? ¿No quería que la mimara y le diera de comer y la meciera y jugara con ella y la contemplara embobada y la adorara por encima de todas las cosas? ¿Acaso no sentía ella ese amor por mí?

Creo que probé lo de los polvos mágicos un centenar de veces. Todas ellas fueron un fracaso, como una especie de fecundación in vitro inútil (aunque por aquel entonces no sabía lo que era eso) con la que solo se tira el dinero. A los doce años ya le había arrancado la cabeza a mi Baby Lagrimitas y la había metido entre las brasas candentes de la chimenea del salón sin que nadie me viera. Acabó hecha carbonilla en el cajón de la ceniza. Los ojos fueron lo que más tardó en deshacerse; cada uno, de color azul aturdido, buscándome en diferentes direcciones.

Estúpida niña derretida.

«Si alguien ha de darme nietos, esa serás tú», me decía siempre mamá mientras su mejilla derecha se retorcía en una danza febril. Yo rezaba por no defraudarla. Mi madre no era la clase de persona que se tomaba las decepciones con filosofía. Había sufrido demasiadas a lo largo de su vida para seguir aceptándolas con benevolencia.

«Tata», me llamaba mi hermana mayor. Era el nombre que se me había quedado porque no sabía pronunciar el mío de verdad. Nos llevamos solo dieciocho meses y, como fuimos las únicas niñas que nacimos vivas de todos los embarazos de mi madre, el asfixiante amor que nos prodigaba nos unió todavía más. Aparte de nosotras tuvo ocho abortos naturales, tres bebés que nacieron muertos y un niño que falleció de meningitis a los dos años de edad. Yo era la pequeña: «La última con suerte».

«También a ti estuvimos a punto de perderte», me recordaba de vez en cuando, como si perder niños fuera algo que le sucediera a todo el mundo. Mi madre, sentada en el viejo banco, atrapada entre la colgante enredadera roja, masticando sus pastillas y fumando un cigarrillo detrás de otro. Parecía que estuviera en llamas.

La historia de cómo sobreviví contra todo pronóstico debería haberme hecho sentir especial, como si yo fuera el aborto inteligente que de alguna manera había logrado romper el hechizo, como si no estuviera viva más que por un golpe de suerte; gracias a enormes nubes de polvos mágicos, allí estaba yo. Vivita y coleando.

Papá, por el contrario, era un hombre callado y modesto que comía de pie, apoyado en el fregadero, mientras contemplaba a las tres mujeres de su vida, y me guiñaba un ojo cuando la terrible culpabilidad que yo sentía por mi propia existencia arrancaba unas lágrimas de los míos, poco menos que secos. Yo me sentía mal por todos mis hermanos muertos, como si me hubiera abierto camino a codazos y hubiera ocupado su lugar. Papá se llevaba a la boca un tenedor cargado de puré de patata tras otro con el cigarrillo preparado ya en la oreja para después, siempre con esas líneas de polvo de carbón alrededor del cuello. Papá me quería. Papá me acariciaba el pelo cuando mamá no miraba. Papá se estaba muriendo desde que yo podía recordar.

Los círculos de suciedad seguían en su cuello cuando me asomé al ataúd siendo ya una chica de quince años prácticamente muda. Ese collar tatuado tras años de bajar a la mina (cáncer de pulmón y por si fuera poco enfisema, como decía mi madre con orgullo a todo el mundo) fue lo único que reconocí de él. En el velatorio oí de refilón a mamá hablando con la tía Diane sobre la posibilidad de que papá fuese al cielo y se convirtiera en bebé otra vez. Mamá estaba metida en todas esas locuras espirituales y fue a ver a una médium antes aun de que el cuerpo de papá se hubiera enfriado. La tía Diane solía seguirle la corriente cuando se ponía «un poco rarita», como decía ella, para que se sintiera mejor. Aunque ahora creo que solo era para que nos sintiéramos mejor mi hermana y yo, para hacernos creer que todo iba bien cuando en realidad no era así. «Vuestra madre está como un auténtico cencerro», nos dijo una vez. Después de eso deseé que la tía Di fuese nuestra madre.

Más tarde, en el baño, esparcí sobre mi barriga lo que quedaba de la vieja mezcla mágica de polvos de talco fingiendo que eran las cenizas de papá y recé para que de alguna manera fuesen absorbidas por mis óvulos, por mi útero, y se convirtieran en un bebé y así él dejara de estar muerto. Lo único que yo siempre había querido era cuidar de alguien. Imaginaba que tenía que ser lo mejor del mundo, superado tan solo por que cuidaran de ti. Lo mejor de todo, sin embargo, era que sabía que mamá se alegraría muchísimo de tener a papá vivo otra vez... aunque naciera en forma de niñita.

Ser madre, decidí, sería mi misión en la vida.

# 1

—Nos han contestado al anuncio.

Me asomo por encima de la pantalla del portátil y pongo cara de pena. Una parte de mí había esperado que no contestara nadie, que al final yo tuviera que arreglármelas sola. El calor del ordenador me abrasa las piernas, pero me da pereza moverme. Es trabajo y estufa: dos en uno.

—No deberías ponerte ese trasto tan cerca, ¿sabes? —James le da unos golpecitos a la pantalla al pasar de camino al armario de los cacharros. Saca el wok—. Por las radiaciones y todo eso.

Lo quiero: cocina, se preocupa por mí.

—En la eco se ve que no le falta ningún brazo ni ninguna pierna. Deja ya de obsesionarte. —Le he enseñado las imágenes de ultrasonido una docena de veces. Hasta ahora se ha perdido todas mis ecografías—. Esperamos una niñita muy sana. —Estoy incómoda, cambio de postura y dejo el ordenador a mi lado, sobre el sofá viejo y hundido—. ¿No te interesa saber quién ha contestado a nuestro anuncio?

—Claro que sí. Dímelo.

James salpica al echar un buen chorro de aceite en la sartén. No es nada limpio cocinando. El círculo de llamas azules salta a la vida cuando enciende el hornillo al máximo. Se muerde el labio inferior y lanza los trozos de pollo al wok. El extractor se traga el humo.

—Una tal Zoe Harper —informo, alzando la voz por encima de los chisporroteos del aceite. Vuelvo a repasar los detalles del correo electrónico—. Dice que tiene muchísima experiencia y todos los requisitos necesarios.

La llamaré después, a ver qué impresión me da por teléfono. Tengo que parecer animada aunque la idea de meter a una extraña en casa no me resulte especialmente agradable. Sé lo preocupado que está James por cómo voy a ocuparme yo sola de todo cuando él vuelva a irse. Tiene razón, desde luego. Necesitaré ayuda.

Nuestra conversación sobre la niñera queda interrumpida de repente por ruidos y jaleo y gritos que llegan desde la sala de estar. Me levanto del sofá con las piernas separadas y las manos ancladas en la parte baja de la espalda para evitar que la columna dé de sí. Alzo los brazos y detengo la expedición de rescate de James.

—Tranquilo, ya voy yo. —Desde que está en casa es como si me creyera incapaz de hacer nada. Seguramente es porque la última vez que me vio no parecía una ballena.

—Oscar, Noah, ¿qué pasa aquí? —Estoy en la puerta de la sala y los niños me miran, abatidos.

Los he interrumpido en los prolegómenos de una guerra. Oscar tiene un resto de algo reseco y amarillento pegado en la comisura de la boca. Noah empuña la pistola de plástico de su hermano.

Solo les dejo sacar esos juguetes cuando James está en casa. Él no les ve ninguna pega, pero yo suelo tenerlos guardados en un armario. Las armas de juguete fueron un punto controvertido en aquella horrible cena de hace ya algunos años con una pareja de amigos suyos, no mucho después de que James y yo nos conociéramos. Yo quería caerles bien, quería que no hicieran comparaciones, que confiaran en que tenía mi propio repertorio de instintos maternales para criar a mis recién heredados hijos.

«¿Y cómo resuelves esa clase de cosas con los gemelos, Claudia?», me preguntó ella al decirle yo que no me gustaba ver a los niños jugando con espadas y pistolas. Bien sabe Dios que en mi trabajo ya me encuentro con suficientes niños destrozados para saber que tienen cosas mejores con las que pasar el tiempo. «Debe de ser difícil ser madre... y no serlo al mismo tiempo», comentó al final. Qué bofetada le habría dado.

—Ven aquí, Os —digo, y hago lo impensable. Humedezco un pañuelo de papel con la lengua y le limpio la boca. Os se me escapa. Localizo la pistola en la mano de Noah. Quitársela provocaría un incidente grave.

En aquella cena, yo había explicado sin demasiada convicción que, como madrastra de dos gemelos que habían perdido a su madre biológica por culpa de un cáncer, creía que tenía bastante derecho a considerarme madre; sin embargo, a esas alturas lo que decía ya no le interesaba a nadie, ni siquiera me estaban escuchando. Habían cambiado de tema. «James está en la Armada —me oí decir—, así que es normal que les fascine la guerra... En casa no es que sea precisamente un tabú, pero...», en ese punto ya tenía la cara roja como un tomate. Lo único que deseaba era que James me sacara de allí cuanto antes.

—Devuélvele la pistola a tu hermano, Noah. ¿Se la has quitado?

Noah no contesta. Levanta el arma de plástico, me apunta a la barriga y aprieta el gatillo. Se oye el tenue chasquido del disparo de juguete.

—¡Pum! La niña está muerta —dice, enseñando todos los dientes con su sonrisa.

—Ya están dormidos. Más o menos —dice James.

Se ha puesto su jersey preferido, el que no sabe que me llevo conmigo a la cama cuando él no está, y tiene una copa de vino en la mano. Qué suerte para él, hoy que es viernes por la noche. Yo lo que tengo es una infusión de menta y dolor en las lumbares. Estoy convencida de que se me han hinchado los tobillos.

James se sienta a mi lado en el sofá.

—Bueno, y ¿qué te ha parecido esa Mary Poppins?

Un brazo me rodea los hombros, sus dedos se entretienen con las puntas de mi pelo.

Mientras él acostaba a los niños (les ha canturreado «Janie's Got a Gun», de Aerosmith, pero con los nombres de Oscar y Noah en lugar de Janie), yo he llamado a Zoe Harper, la mujer que ha contestado al anuncio.

—Me ha parecido... bien —respondo, con bastante displicencia porque lo cierto es que no esperaba que me lo pareciera—. Encantadora, en serio. Si te digo la verdad, casi deseaba encontrarme con una bruja alcoholizada que arrastrase las palabras al hablar.

El caso es que ya he probado con otras dos niñeras antes y, por una cosa o por otra, no eran exactamente lo que decían ser. Además, los niños no se acostumbraron a tenerlas por aquí. Así que, entre amigas comprensivas, la guardería y, desde hace poco, las horas de acogida del colegio, de alguna manera hemos conseguido ir trampeando. James insiste en que es mejor que los cuide alguien en nuestra casa mientras yo esté trabajando y, ahora que estamos a punto de tener a nuestra niña, quiere dejarlo todo mejor atado.

—Pero la verdad es que no —digo, y veo cómo le cambia la expresión y asoma en ella la esperanza—. Que no me ha parecido una bruja, quiero decir.

Entre que James está embarcado durante semanas seguidas, a veces incluso meses, y que yo intento comprimir un trabajo inacabable en un horario que a menudo sufre cambios, la culpabilidad no me dejaba dormir. Quiero ser la mejor madre del mundo, pero sin dejar de lado mi carrera profesional. Es algo que me prometí a mí misma cuando me subí a bordo de esta familia. Me encanta mi trabajo, forma parte de mí. Supongo que lo quería todo y ahora estoy pagando el precio.

—Sí, me ha parecido una persona muy normal y con los pies en la tierra.

Nos quedamos sentados un momento en silencio, ambos sopesando la realidad de lo que hemos hecho. Poner ese anuncio nos costó varias noches de deliberaciones y creo que nunca nos paramos a pensar en la realidad que vendría después de eso: tener otra vez a alguien viviendo con nosotros.

—¡Ay, madre mía! ¿Y si es como las dos últimas? Esto no es justo para los gemelos. Ni para la niña. Ni para mí.

Cambio el trasero de posición para poder doblar las piernas y subirlas al sofá.

—¿Le ponemos una cámara? —propone James, que se sirve otra copa de vino.

—Déjame olerlo —le pido, y me inclino hacia delante. Me muero por un dar un traguito.

—Cuidado con los efluvios. —James aparta la copa de mí y la tapa con la otra mano.

Yo le doy un golpe en el hombro y sonrío. Solo lo hace porque se preocupa por mí.

—Es que necesito esos efluvios. ¿Una cámara? No lo dirás en serio, ¿verdad?

—Claro que sí. Lo hace todo el mundo.

—¡Y un cuerno, hacen eso! Es una violación de... de los derechos humanos de las niñeras, o algo así. Además, ¿qué pretendes? ¿Que me pase el día entero sentada delante del ordenador mirando cómo juegan los niños con el Lego mientras la niñera le da de comer a la pequeña? Eso le quitaría todo el sentido a contratarla, ¿no te parece?

—Pues deja el trabajo —dice bromeando con voz seria.

—Ay, James... —contesto. No puedo creer que vuelva a intentarlo—. No empieces otra vez con eso. —Una mano en su muslo basta como advertencia, se encoge de hombros y sube el volumen de la televisión.

Están dando esos documentales de *Hospital infantil*. Lo último que me apetece es ver a niños enfermos, pero tampoco hay nada más que valga la pena.

Sopeso la idea de grabarla. Supongo que podría funcionar.

De repente Oscar aparece por la puerta y se queda inmóvil para que su entrada cause mayor efecto (le sale muy bien): un niñito en plena fase teatral con sangre saliéndole de la nariz. Ni siquiera intenta contener la hemorragia. El pijama de Ben 10 le da un aire muy melodramático.

—¡Ay, Ossy, cielo! —exclamo. No vale la pena que me mueva. James ya ha salido disparado y va para allí con un puñado de pañuelos de papel que ha arrancado de la caja que tenemos en la mesita—. Otra vez no.

James limpia a nuestro hijo y lo planta en el sofá, a mi lado. Va a buscar hielo y Oscar se inclina hacia mí para que lo abrace. Apoya la cabeza en mi barrigón y me mancha de sangre la camiseta vieja.

—La niña dice que te quiere, Ossy —susurro.

Él me mira con sus grandes ojos azules y esa criminal nariz ensangrentada. James llega con una bolsa de guisantes congelados.

—¿Y un paño de cocina? —pregunto, porque no quiero que se los ponga a Oscar directamente contra la piel.

James asiente y va a buscar uno.

—¿Cómo puede quererme? Si no me conoce. —Tiene la voz gangosa.

—Pues...

James regresa otra vez. Envuelvo los guisantes en el paño y los coloco sobre el puente de la naricilla de Oscar mientras presiono con suavidad. El médico de cabecera dice que si le sigue pasando habrá que cauterizar.

—Te quiere, te lo garantizo. Es algo instintivo, no lo puede evitar. Todos los niños nacen con su propio amor y ella ya sabe que nosotros también la queremos.

—Noah no la quiere —dice Oscar, enterrado bajo los guisantes—. Dice que la odia y que quiere enviarla en un cohete a otro planeta.

Aunque no es más que Noah, hijo mío por poderes, me estremezco por dentro.

—A lo mejor tiene un poquito de celos, nada más. Ya verás como se le pasa en cuanto nazca. —Miro por encima de la cabeza de Oscar y busco los ojos de James.

Los dos hacemos una mueca, preguntándonos qué otras delicias nos depara el futuro con tres criaturas menores de cinco años en casa, y entonces me asalta la preocupación de tener que acostumbrarlos otra vez a una niñera nueva. A lo mejor sí que sería más fácil si yo dejara el trabajo.

—Bueno, a ver cómo va esto.

Levanto la bolsa de guisantes y retiro los pañuelos teñidos de rojo. Parece que se ha cortado la hemorragia.

—Como te decía —continúo cuando Oscar vuelve a estar bien arropado en su cama—, Zoe Harper me ha parecido... encantadora. —No doy con ningún otro adjetivo—. No, en serio —insisto, riendo entre dientes al ver la cara de James—. Ay, madre mía, no sé. —Me acaricio la barriga—. Ha trabajado en Dubái y en Londres, por lo visto.

—¿Cuántos años tiene? —Huelo el vino en su aliento. Quiero besarlo.

—Treinta y algo, supongo. La verdad es que no se lo he preguntado.

—Muy inteligente por tu parte. Podría tener doce.

—Fíate un poco de mí, joder, James. Pienso encenderle un flexo en plena cara, someterla a un tercer grado y exprimirle toda la información. Para cuando haya terminado con ella, sabré sobre esa mujer más de lo que ella misma ha sabido jamás.

—Es que no entiendo por qué te empeñas en seguir trabajando. No es que necesitemos el dinero.

Este es el punto en que yo me echo a reír. Una buena risotada desde el estómago.

—Ay, James. —Cambio de postura y me apoyo en él. Le beso el cuello—. Desde el principio sabías cómo eran las cosas. Sabías que queríamos tener un hijo, pero también que yo adoro mi trabajo. ¿Soy egoísta por quererlo todo? —Le doy otro beso, y esta vez él vuelve la cabeza y me besa a mí también, aunque se nos hace muy duro. Él sabe lo que hay. Son órdenes del médico y en este embarazo las estoy cumpliendo al pie de la letra—. Además, el departamento entero podría irse al traste en dos patadas si yo dejara de trabajar de repente. Ahora mismo ya estamos faltos de personal.

—Pensaba que, cuando tú no estuvieras, Tina cogería el relevo.

Niego con la cabeza: ya empiezo a estresarme.

—Todo el mundo va a poner de su parte para repartirse mis casos mientras esté de baja por maternidad, pero en cuanto aquí lo tengamos todo controlado con la niña y los chicos, querré volver. Si trabajo hasta que salga de cuentas, al menos cuando nazca la niña tendré más tiempo para quedarme en casa con ella.

James, que ha notado mi angustia, toma mi rostro con ambas manos y me planta un sonoro beso en la boca. Es un beso cálido, que dice: «No volveré a mencionarlo». Y lo que es más importante: «No te presionaré en busca de sexo».

—Bueno, total, que Zoe Harper, la niñera extraordinaria, vendrá a tomarse un café mañana por la mañana sobre las once. —Sonrío.

—Vale —dice James, y coge el mando para poner Sky News.

Empieza a tragarse toda la información de la bolsa y protesta por su fondo de pensiones e inversiones varias. Yo no alcanzo a ver tan lejos: hacernos viejos, jubilarnos, tener que echar mano de la herencia de James. Yo solo veo hasta el final de este embarazo: tener a mi niña, ser una familia completa. Convertirme en una madre de verdad, por fin.

## 2

Voy a llegar tarde. Siento cómo se va esculpiendo una arruga en mi frente a medida que el aire helado me cincela la piel. No puedo llegar tarde. Necesito este trabajo, muchísimo, dejarlo escapar no es una opción. Dios mío, nadie sabe cuánto necesito este puesto en la casa de James y Claudia Morgan-Brown. Tienen que ser míos: noble apellido doble, noble casa familiar en Edgbaston. Pedaleo más fuerte. Cuando llegue voy a estar hecha una piltrafa, roja y sudada. ¿Quién ha decidido que ir en bicicleta era buena idea? ¿Ha sido para impresionarlos con mi amor por las actividades al aire libre, mi afición al transporte ecológico y mi gusto por el deporte, que sin duda les transmitiré a sus críos? O a lo mejor simplemente pensarán que soy una idiota por presentarme a una entrevista en bicicleta.

—Saint Hilda's Road... —repito una y otra vez mientras intento leer los carteles de las calles. Me tambaleo al extender el brazo para señalizar que giro a la derecha. Un coche me pita al verme titubear casi parada en mitad del carril—. ¡Lo siento! —grito, aunque no parece la clase de barrio donde la gente grita. Este sitio no tiene nada que ver con mi casa... con mi última casa.

Me detengo junto a la acera y saco del bolsillo un trozo de papel. Compruebo la dirección y vuelvo a ponerme en marcha. Pedaleo por dos calles más y luego tuerzo a la izquierda por la suya. Las casas ya eran grandes antes, pero en Saint Hilda's Road son gigantescas. Imponentes edificios georgianos, bien asentados en su terreno, a lado y lado de una calle flanqueada por árboles. Residencias señoriales, que diría un agente inmobiliario.

La casa de James y Claudia, como todas las demás, es una propiedad de época, no adosada, la mitad inferior de la cual está cubierta por una tupida enredadera de Virginia sin hojas. No soy aficionada a la jardinería, pero la reconozco por la que había en la casa de mi infancia, que, dicho sea de paso, habría cabido veinte veces dentro de esta. La enredadera todavía conserva alguna que otra hoja rojiza aunque ya estamos a mediados de noviembre. Entro empujando la bicicleta por una enorme verja de hierro colado con puerta de doble batiente que está abierta. La grava cruje bajo mis pies. Nunca me había sentido tan escandalosa.

La residencia de los Morgan-Brown es una casa simétrica de ladrillo rojo. La puerta principal, enmarcada por un pórtico de piedra, está pintada de un verde muy vivo. A ambos lados de la impresionante entrada hay grandes ventanales con vidrieras de colores. No sé qué hacer con la bicicleta. ¿Pasará algo si la dejo al pie de los escalones? Hará que los arriates de rosas en forma de rombo y los cuidados rectángulos de césped que hay en la gran zona de aparcamiento parezcan una chatarrería. Miro a mi alrededor. Hay un árbol justo delante de la verja de entrada. Doy media vuelta y salgo deprisa a la calle. Las raíces se han abierto camino hasta resquebrajar el asfalto como un miniterremoto y el tronco es demasiado grueso para rodearlo con la cadena. Ando un poco más por la acera, empujando la bici, y veo que hay otra entrada, más modesta, que se mete por un lateral de la casa y conduce a un garaje de tres plazas. Vuelvo a entrar en la propiedad con timidez, sintiéndome como si decenas de ojos me estuvieran vigilando desde las ventanas y fueran testigos de mi llegada torpe e incompetente.

Todavía no sé qué hacer con la bicicleta. Es demasiado brillante y nueva para alguien que se supone que va en bici a todas partes. Decido que tendré que conformarme con dejarla apoyada contra la pared lateral del garaje, donde no se ve ni desde la calle ni desde la casa. Voy con cuidado para no rascar con el manillar las puertas del enorme cuatro por cuatro ni del BMW que están aparcados uno junto a otro.

Respiro hondo y me arreglo el pelo con los dedos para devolverle un poco de estilo. Me seco el sudor de la cara con la manga. Regreso a la puerta principal y llamo dando tres golpes con la enorme aldaba de latón en forma de pez colgado boca abajo. Su boca abierta dirigida a mí.

No tengo que esperar mucho. Un niño pequeño abre la puerta como si para ello tuviera que emplear todas sus fuerzas. Es un chiquillo tan pálido que casi parece transparente, me llega más o menos a la cadera y tiene el pelo muy revuelto y de un rubio desvaído. Uno de los que estará a mi cargo, deduzco. Por lo visto son gemelos.

—¿Qué quieres? —pregunta con malos modos.

—Hola. —Me acuclillo como hacen las niñeras. Le sonrío—. Me llamo Zoe y he venido a ver a tu mamá. ¿Está en casa?

—Mi mamá está en el cielo —responde, cerrando la puerta.

Tendría que haber traído caramelos o algo así.

Antes de que pueda decidirme entre empujar hacia dentro y arriesgarme a provocar una trifulca con el crío o volver a llamar golpeando con el pez, una mujer muy guapa aparece por encima de nosotros dos. Su enorme barrigón sobresale cubierto por un top elástico negro. Lo tengo justo delante de las narices. No puedo quitarle los ojos de encima.

—Tú debes de ser Zoe —dice la bella mujer.

Su voz es igual de encantadora que ella. Su voz me devuelve de golpe a la realidad. La sonrisa que me dedica despliega un abanico de minúsculas arrugas en las comisuras de sus ojos, además de abrir dos hoyuelos en sus mejillas. Parece la mujer más simpática del mundo.

Me pongo de pie y le tiendo una mano.

—Sí, y usted debe de ser la señora Morgan-Brown.

—Bueno, llámame Claudia, por favor. Pasa. —Su sonrisa se agranda.

Claudia se hace a un lado y yo entro en la casa. Huele a flores (hay un jarrón con lirios en la mesita del recibidor), pero sobre todo huele a tostada quemada.

—Estaremos más cómodos en la cocina. ¿Te apetece un café? —Claudia me anima a seguirla con su sonrisa y su barriga esplendorosa.

El niño que me ha abierto la puerta trota entre ambas y me lanza alguna que otra mirada mientras avanzamos por el ajedrezado suelo de baldosas blancas y negras. Lleva una pistola de juguete metida en la cinturilla del pantalón.

Entramos en la cocina. Es enorme.

—Cariño, ya está aquí Zoe.

Un hombre levanta la vista desde detrás de *The Times.* Guapo, supongo, igual que parecen serlo todos en esta familia.

—Hola —digo con mi voz más alegre.

Se produce un momento de vacilación entre nosotros.

—Qué hay, yo soy James. Encantado. —Se levanta un momento y me tiende la mano.

Claudia me acerca un café que ha salido como por arte de magia de una brillante máquina que parece imposible de usar: una máquina con la que sin duda me las tendré que ver si consigo el puesto. Doy un sorbo y miro alrededor intentando no poner cara de boba. La cocina es impresionante. Donde yo vivo... o más bien no vivo... la cocina es como un armario. No hay sitio para lavavajillas ni ningún electrodoméstico de lujo, pero entonces pienso que solo somos dos y que apenas se tarda nada en pasarle un agua a un par de platos y una sartén.

Esta cocina, de todas formas, me ha dejado sin habla. Desde detrás del macizo fregadero doble tipo Belfast se elevan unos grandes ventanales georgianos, y la vista que ofrecen se pierde por un jardín demasiado grande para estar en la ciudad. Los armarios pintados en crema ocupan tres de las cuatro paredes, y hay una cocina Aga de color rojo, grande como un coche, instalada bajo la antigua campana de la chimenea. Las superficies de trabajo de madera, del mismo color miel que el parquet, le dan un aire campestre. En este extremo de la habitación, cerca de la mesa de pino, hay un viejo sofá combado, inundado de cojines y con una mantita bastante mugrienta y arrugada. Está cubierto de piezas de Lego.

James dobla el periódico y se hace a un lado, así que me siento junto a él. Huele a jabón. Claudia se ha quedado sin sitio, pero se acerca una silla desde la mesa.

—Yo estoy mejor sentada aquí, más alta —comenta—. Me hace falta una grúa para levantarme de esa antigualla.

Un momento de silencio.

Enseguida tenemos a dos niños patinando a nuestros pies. Los dos son idénticos y se pelean por un juguete de plástico.

—Oscar... —advierte James, cansado—, déjale eso a tu hermano.

No sé por qué ha de ser así. Él lo tenía primero.

—Bueno —digo cuando el barullo ha disminuido—, seguro que querrán saberlo todo acerca de mi experiencia como niñera.

Me lo he preparado bien, me lo sé al dedillo. Hasta el color de los ojos de mi última jefa y el motor del coche que tenían. Marrón verdoso y dos coma cinco litros. Estoy lista para el interrogatorio.

—¿Con cuántas familias has trabajado? —pregunta Claudia.

—Cuatro en total —respondo deprisa—. El período más breve fue de tres años, y se acabó porque se fueron a vivir a Texas. Podría haberme marchado con ellos, pero preferí quedarme en Inglaterra. —Bien. Parece impresionada.

—¿Por qué dejaste tu último trabajo? —interviene James.

La primera señal de interés por su parte. Seguramente dejará que sea su mujer quien tome la decisión, para no llevarse una bronca si resulto ser la niñera del infierno.

—Pues, verás —empiezo a decir, sonriendo con entereza—, a las niñeras suelen despedirlas cuando los niños crecen.

Claudia se echa a reír; James, no.

He tenido cuidado de no vestir demasiado formal esta mañana: unos pantalones estrechos y de un color como oxidado, lo más práctico para venir en bicicleta, y una camiseta gris de cuello alto con una agradable chaqueta de punto color amarillo pastel por encima. El pelo corto y ligeramente alborotado, moderno pero sin pasarse. No llevo anillos. Solo mi colgante de plata en forma de corazón. Es un regalo especial. Mi aspecto es el de alguien amable. Amable como una niñera que ha salido a pasear.

—Con los Kingsley estuve cinco años. Beth y Tilly tenían diez y ocho años cuando yo llegué. A la pequeña, cuando cumplió los trece, la enviaron a un internado y ya no me necesitaron más. La señora Kingsley... bueno, Maggie, me dijo que casi valía la pena tener otro hijo para que me quedara con ellos. —He dejado caer su nombre de pila porque es evidente que es lo que le gusta a Claudia. Que nos tuteemos.

Esa forma que tiene de dejar reposar las manos con calma sobre su vientre hinchado... me está matando.

—¿Y cuánto tiempo llevas en paro? —pregunta James sin rodeos.

—Yo no considero que haya estado exactamente en paro. Dejé la casa de los Kingsley este verano. Me llevaron con ellos a su residencia del sur de Francia como regalo de despedida y luego asistí a un curso breve pero intensivo en Italia, en un centro Montessori. —Espero a ver su reacción.

—¡Oh, James! Yo siempre te he dicho que deberíamos llevar a los niños a un colegio Montessori.

—Fue una experiencia increíble —digo—. Estoy impaciente por poner en práctica lo que aprendí allí. —Tendré que acordarme de releer la información sobre el método Montessori.

—¿Funciona con pequeños delincuentes de cuatro años? —pregunta James con una sonrisa de medio lado.

No puedo evitar reír un poco.

—Desde luego que sí. —Justo entonces, ni hecho aposta, me llueve encima un puñado de ceras de colores. Yo intento aguantar el chaparrón—. Eh, ¿es que intentáis colorearme o qué?

El gemelo que me ha abierto la puerta (solo lo sé porque lleva una camiseta verde) me dedica un siseo con los dientes apretados. Coge un par de ceras del suelo y me las lanza a quemarropa.

—Ya basta, Noah —le dice su padre, pero el niño hace como si no lo oyera.

—¿Tenéis una hoja de papel? —pregunto sin hacer caso del dolor que siento en la mejilla.

—Perdónalos —se disculpa Claudia—. Son traviesos, aunque yo no diría tanto como delincuentes. Y solo Noah se pone algo desafiante a veces.

—Problemas al nacer... —añade James en voz baja mientras los niños se pelean por quién va a buscar el cuaderno para dibujar.

Miro a Claudia y espero a que ella me lo explique. Yo, de todas formas, ya lo sé todo.

—Los problemas no los tuve yo —empieza a decir mientras se pasa una mano con cariño por toda la barriga—. Los gemelos no son míos. Bueno, ahora sí lo son, claro, pero no soy su madre biológica. Solo para que lo sepas.

—Ah. Vale. Muy bien.

—Mi primera mujer murió de cáncer cuando los niños tenían dos meses. Se le presentó de repente y le arrebató la vida. —James levanta la mano al ver mi súbita expresión de pesar—. No, no pasa nada.

Decido adoptar un mohín de comprensión con los labios y bajo respetuosamente la cabeza, reposando la mirada sobre mi regazo. No hace falta más.

—Vaya, qué bien —digo cuando Noah regresa a la carrera, agitando un bloc de papel—. Oye, ¿por qué no hacéis una competición, a ver quién consigue recoger más ceras del suelo? Y luego haremos un concurso para ver quién me dibuja el retrato más bonito. ¿De acuerdo?

—¡De acuerdo! —exclama Oscar, dando saltos de emoción. Se le ponen los mofletes colorados.

Noah se queda quieto un momento, mirándome (tengo que reconocer que me incomoda). Luego, con mucha calma, arranca una hoja del bloc.

—Para ti, Oscar. —Y se la da a su hermano.

—Muy bien, Noah —digo—. Venga, a dibujar. ¡Quiero verlos cuando hayáis terminado!

Los gemelos se alejan arrastrando los pies en sus ridículas zapatillas (personajes de alguna serie de dibujos animados) y se sientan a la mesa con las ceras. Oscar le pide el azul a su hermano. Noah se lo pasa.

—Estoy impresionado —admite James de mala gana.

—Distracción pura y dura, junto con un poco de sana competición entre hermanos por si con eso no basta.

—Estamos buscando a alguien que viva con nosotros de lunes a viernes, Zoe. ¿Te supondría eso un problema?

Las mejillas de Claudia se han puesto de color coral y yo imagino que las he rozado con el pulgar, como un toquecito de colorete en polvo. Son los sofocos del embarazo.

—No, no me supondría ningún problema. —Pienso en el piso, en todo lo que contiene. Luego pienso en cómo será vivir aquí. Se me acelera el corazón, así que respiro hondo—. Comprendo perfectamente que necesitéis tener entre semana a alguien a mano las veinticuatro horas. —Si soy sincera, este trabajo llega justo en el mejor momento.

—Pero podrás irte a casa los fines de semana —añade.

Se me cae el alma a los pies, aunque no demuestro mi desilusión. Tengo que encajar con lo que sea que están buscando.

—Podría desaparecer el viernes por la noche y reaparecer como por arte de magia la mañana del lunes, pero también puedo quedarme el fin de semana si me necesitáis. —Una respuesta que los contentará por el momento, espero. En realidad no será así. No puedo evitar creer en el destino.

—¡Mira! —grita Noah, que enarbola su papel hacia mí.

—¡Oooh! Mejor guárdalo en secreto hasta que hayas terminado —le digo, y me vuelvo de nuevo hacia sus padres—.

Cuando acepto un trabajo me gusta formar parte de la familia, pero también mantener cierta distancia, no sé si me entendéis. Estaré aquí cuando se me necesite, pero desapareceré si no hago falta.

Claudia asiente dando su beneplácito.

—Yo casi siempre estoy embarcado —me informa James. No era necesario—. Soy oficial de la Armada. Tripulante de submarino. Tratarás sobre todo con Claudia.

«Tratarás sobre todo con...», como si para él ya tuviera el puesto.

—¿Quieres echarle un vistazo a la casa? ¿Para ver dónde te estás metiendo? —Claudia se pone de pie apoyando las manos en la parte de atrás de las caderas, ese gesto tan típico de las embarazadas. Me hago el firme propósito de no mirarle el bombo.

—Claro.

Empezamos por la planta baja y Claudia me lleva de una habitación a otra. Son todas estupendas, algunas parece que no se utilicen nunca.

—Aquí entramos poco —explica cuando pasamos al comedor, como si me hubiera leído el pensamiento—. Solo lo usamos en Navidad, en ocasiones especiales. Cuando vienen amigos a cenar solemos quedarnos en la cocina.

La sala es fría y tiene una mesa larga y brillante con doce sillas de madera labrada a su alrededor. Una chimenea con tallas ornamentales, recargadas cornisas de yeso y una araña en oscuros tonos violáceos que cuelga del techo, en el centro. Es una sala bonita pero nada acogedora.

Cruzamos otra vez el vestíbulo ajedrezado.

—Y los niños, bueno, no entran aquí muy a menudo. —Quiere decir que no lo tienen permitido.

Me enseña un salón grande con suntuosos sofás color crema. No hay televisor, solo un montón de cuadros antiguos en las paredes y mesas de anticuario sobre las que tienen expuestas lámparas y fuentes de cristal. Imagino a los gemelos saltando de un sofá a otro con los zapatos embadurnadísimos de barro y blandiendo palos enormes mientras los objetos decorativos salen disparados por los aires y los cuadros acaban rajados. Reprimo una sonrisa.

—Y aquí es donde vemos la tele —explica al llegar al siguiente cuarto—. Es una sala muy calentita y acogedora cuando encendemos la chimenea. —Claudia sostiene la puerta abierta y yo me asomo.

Veo grandes sofás de color morado y una gruesa alfombra de pelo largo. Una de las paredes está cubierta de estanterías desbordadas de ediciones de bolsillo. Me imagino leyendo con los niños ahí dentro, esperando a que Claudia vuelva a casa, preparándole un baño, preguntándome cuándo saldrá de cuentas. Seré la niñera perfecta.

—Y luego está la sala de juegos. —Duda, la mano ya en el tirador—. ¿Estás segura de que quieres entrar? Normalmente es casi como un zoológico.

—Qué bonita —digo mientras paso por delante de Claudia. Es aquí donde debo brillar—. Es fantástica. Tenéis montones de Lego. Me encanta. ¡Y mira cuántos libros! Yo insisto en leerles a mis niños por lo menos tres veces al día. —Será mejor que me ande con ojo. Claudia me mira como si fuera casi demasiado perfecta.

En el piso de arriba hay todo un despliegue de dormitorios que se distribuyen desde un descansillo con barandilla. Me asomo a la suite de invitados y luego ella me enseña la habitación de los niños. La comparten. Está ordenada. Dos camas individuales con edredones de color rojo y azul, una gran alfombra con un estampado de carreteras grises y edificios y, en un rincón, un par de jaulas con, supongo, hámsteres o ratones.

—La mujer de la limpieza viene tres veces por semana, tú no tendrás que hacer nada de eso.

Asiento con la cabeza.

—No me importa hacer alguna que otra cosa en la casa, pero prefiero dedicar el tiempo a cuidar de los niños.

—Vamos arriba, pues, a ver tus habitaciones.

«Tus habitaciones.»

Otro tramo de escalera nos lleva al último piso. No es uno de esos desvanes llenos de cajas que crían polvo, sino de los que tienen bonitos techos inclinados, vigas vistas y muebles rústicos. En el pequeño descansillo hay una maltrecha estantería pintada de blanco. El suelo está cubierto por una alfombra de sisal y hay corazones de *patchwork* colgados de las puertas que se abren desde allí.

—Aquí arriba hay tres habitaciones. Un pequeño dormitorio, una sala y un baño. Eres bienvenida a comer con nosotros en la cocina. Úsala como si estuvieras en tu casa.

«En tu casa.»

—Esto es muy bonito —digo—. Muy acogedor. —Parece salido de una revista de decoración de interiores y no es muy de mi estilo, para ser sincera.

—Aquí tendrás algo de paz. Decretaré una zona de exclusión aérea para los gemelos.

—No hace falta. Podríamos divertirnos mucho aquí arriba.

Vuelvo a repasar las habitaciones entrando en cada una como una niña emocionada. El dormitorio tiene el techo inclinado y una ventana que da al jardín, mientras que en el baño hay una antigua bañera de patas y un retrete anticuado.

—Me encanta —comento, ansiosa por transmitirle que me gusta sin desvelar que en realidad no tengo donde caerme muerta.

De vuelta en la cocina, con James parapetado otra vez tras el periódico, Claudia me entrega una lista. Ocupa dos páginas.

—Es para que te lo lleves y lo medites —me dice—. Un listado de obligaciones y cosas que esperamos de ti. Y también las que no.

—Qué buena idea —digo—. Así luego no puede haber malentendidos —añado, pensando que, por muchas listas que haga, por muchas reglas básicas y descripciones posibles que invente para el empleo, todas ellas resultarán bastante inútiles a largo plazo—. Siempre estoy abierta a cualquier sugerencia por parte de las familias. Me gusta reunirme con los padres todas las semanas para comentar cómo van los niños y esa clase de cosas.

De pronto tengo a los gemelos saltando a mi alrededor como un par de terriers alborotados.

—¡Mira el mío! ¡Mira el mío!

—¡No, el mío!

—Hay que ver la que has liado —dice Claudia, riendo, pero de pronto alarga las manos para apoyarlas en la parte baja de la espalda. Se inclina contra la encimera y hace un gesto de dolor.

—¿Estás bien, cariño?

James hace ademán de levantarse. Claudia lo disuade con un gesto mientras vocaliza un mudo «Estoy bien».

—A ver, a ver... Hmmm. En este dibujo parezco un extraterrestre con enormes labios rosa y sin pelo. Y en este otro creo que soy medio humana y medio caballo, con una crin que me llega hasta el suelo.

—¡Nooo! —entonan los niños al unísono.

Sueltan unas risitas y Noah empuja a Oscar, que defiende su posición.

—¿Cuál, cuál es el mejor?

—Los dos me gustan por igual. Sois unos artistas espectaculares y habéis ganado los dos. ¿Me los puedo quedar?

Los niños asienten, sobrecogidos y tan boquiabiertos que les veo sus diminutos dientes. Salen corriendo felices y poco después se oye una cascada de piezas de Lego; han volcado una caja entera en la sala de juegos.

—Creo que eres un hacha —dice Claudia—. ¿Hay algo que quieras preguntarme?

—Sí —respondo, soy incapaz de reprimirme y le miro la barriga. Es como si alguien estuviera pisando a fondo el acelerador de mi corazón—. ¿Para cuándo lo esperas?

Desde el principio me moría de ganas de preguntárselo.

# 3

Era la primera vez que la inspectora Lorraine Fisher vomitaba en un caso. Inclinada contra la pared se limpió la boca con el dorso de la mano. Ni siquiera tenía un pañuelo de papel.

—Y usted ¿quién es? —preguntó con cara de pocos amigos al encontrarse con un hombre en el minúsculo recibidor del piso. Le ardía la garganta.

—¿Querría darme unas declaraciones en exclusiva, inspectora? ¿Cree que nos encontramos ante una investigación de asesinato?

—Sacad a este individuo de aquí, imbéciles, esto es el escenario de un crimen —les gritó a sus compañeros.

A eso le siguió un torbellino de actividad en mono de trabajo blanco y fue como si el periodista nunca hubiese existido.

Lorraine sintió otra arcada que ascendía desde el pozo regurgitante y asqueado de su estómago, pero sabía que estaba vacío. No había tenido tiempo de desayunar, se había saltado la comida, y la cena empezaba a parecer algo poco probable. Ya ni siquiera retenía esa bolsa de patatas fritas.

—Nunca había visto nada igual —dijo, llevándose una mano a la frente. Volvió a bajarla en un acto reflejo al darse cuenta de que el gesto podía transmitir una impresión equivocada a todo el que no la conociera.

Veinte años en el cuerpo y nunca se había encontrado con algo tan monstruoso y tan espantosamente triste. Como mujer (y más aún como madre) sentía una rabia profunda. Tiró de la mascarilla blanca para cubrirse otra vez la cara e inspiró hondo, en parte para armarse de valor y en parte para no tener que inhalar el hedor a putrefacción que saturaba el pequeño cuarto de baño.

Todo se había desarrollado ahí dentro, eso lo vio al instante. No había sangre en ningún otro lugar del piso. Los azulejos, que habían sido blancos y estaban unidos a todo el borde de la bañera por una lechada mohosa, habían quedado salpicados y embadurnados de sangre: a veces de un rojo tirando a rosado, a veces de un borgoña oscuro, casi marrón. Cuarteaba las baldosas como una extraña obra de arte coagulado de la Tate Modern.

«Madre de Dios... Pero ¿qué ha pasado aquí?»

En el lavabo había un martillo de orejas y un cuchillo de buen tamaño que formaba parte del juego que habían encontrado en la cocina del apartamento. Ambos estaban manchados de sangre. El grifo de la bañera goteaba cada pocos segundos y formaba un claro río blanco en un extremo de la ensangrentada superficie de plástico. La mujer que yacía en ella estaba medio desnuda. El tapón estaba puesto. El niño estaba azul e inerte; tenía una piel macilenta, moteada y frágil. Unos cardenales con forma de dedos decoraban los hombros del feto, Lorraine supuso que de cuando habían tirado de él para sacarlo del útero.

Se detuvo. «¿El feto? —pensó—. Es un niño —se reprendió por dentro—. Un niño que no ha llegado a nacer.»

Pensó en sus propias hijas y consultó el reloj. Stella tenía un examen de piano al día siguiente por la mañana, y últimamente practicar no había estado entre sus prioridades que dijéramos.

Tenía que pensar en esas cosas: obligar a su cerebro a concentrarse en lo normal, en lo cotidiano, en lo rutinario.

Luego estaba Grace y su dichosa selectividad. Tenía muchos exámenes después de Navidad y Lorraine no sabía si llevaba los estudios al día. Mientras contemplaba la tragedia de la bañera, se dijo que no podía olvidarse de averiguarlo. Por su cabeza pasaron imágenes de sus hijas cuando eran bebés. «No pasa nada —se dijo—. Estoy bien... solo intento mantener los pies en la tierra en esta mierda de mundo.» Aun así, lo que no le parecía ni bien ni adecuado era pensar en su propia familia con el mismo espacio mental que le dedicaba al desgraciado que hubiera perpetrado esa atrocidad.

La mujer era joven. Veinte o veintitantos años, calculó Lorraine, aunque no era fácil determinarlo. Le habían abierto el abultado abdomen por el embarazo en canal, desde el esternón hasta el hueso del pubis (un corte muy limpio, había que reconocerlo), de manera que había quedado encogido y desinflado. Todavía se percibía el olor ligeramente dulce del líquido amniótico mezclado con la nota metálica de la sangre, pero sobre todo se olía la fetidez nauseabunda de la descomposición. El tapón mantenía a salvo los secretos que tal vez escondieran esos dos o tres centímetros de líquido viscoso. Pronto lo llevarían al laboratorio para realizar un análisis exhaustivo.

—No habría aprobado los exámenes de medicina —dijo Lorraine a través de su máscara, mirando atrás por encima del hombro. Había visto al agente Ainsley tambalearse en el umbral a la vez que se sellaba la boca con una mano—. Ha hecho una chapuza, mira. —Señaló con el dedo, trazando una línea en el aire por encima del cuerpo—. Yo tengo la cicatriz más abajo. —Sintió el impulso de tocarse la pequeña y precisa abertura por la que habían sacado tanto a Stella como a Grace retorciéndose y gritando, pero no lo hizo.

Lorraine miró el rostro muerto del cadáver. Había quedado desfigurado por la agonía, la lengua mordida colgaba, los dedos estaban enmarañados en su propio pelo porque había intentado arrancárselo para soportar el dolor, tenía marcas de uñas en las mejillas: esa pobre mujer había dejado la vida en pleno ataque de pánico y sumida en un terror sangriento.

—¿Qué sabemos de ella? —preguntó, apartando la mirada.

Tenía que salir de allí. El pequeño baño le estaba provocando claustrofobia.

—Sally-Ann Frith —contestó el agente Ainsley—. Madre soltera. Bueno, iba a ser madre soltera —se corrigió—. Aún no sabemos quién es el compañero o el padre del niño. Los vecinos dicen que de vez en cuando venían a verla un par de hombres. Que a veces oían gritos.

—Seguid hablando con ellos. Quiero que interroguéis hoy mismo a todo el edificio —ordenó Lorraine mientras se ponía un par de guantes de látex. Recorrió despacio la pequeña sala de estar, peinando con la mirada todo lo que contenía. Un sofá estampado, un viejo televisor, una lámpara, una chimenea con algunos marcos de fotos en la repisa. Moqueta beige con algunas manchas. Lo normal. En un rincón había un pequeño escritorio con un portátil, unos cuantos papeles y libros de texto repartidos por encima—. Era estudiante o algo así, según parece —dijo, fijándose mejor en los volúmenes—. «*Nociones básicas de contabilidad de gestión*» —leyó—. Tiene que ser divertido.

—Ray... —Una voz apremiante—. He venido en cuanto he podido.

Lorraine se quedó inmóvil, aunque solo un segundo. Enseguida se volvió para saludarlo.

—Hola, Adam —dijo con voz cansada. En el fondo había deseado que le asignaran el caso a cualquier otro. Tener a su marido al mando de una investigación nunca le facilitaba las cosas—. Y no me llames así, por favor.

—Perdona, Lo-rraine... —se disculpó él, más que consciente de lo mucho que detestaba que la llamara «Ray», estuvieran o no de servicio—. ¿Sabemos ya qué ha ocurrido?

Se acercó y se detuvo a su lado sin fijarse en lo tensa que se ponía ella de pronto. Adam había usado su nuevo gel sin pedírselo, joder, podía olerlo perfectamente.

—Hay una mujer muerta en la bañera. Estaba embarazada.

Él se fue a inspeccionar el escenario del crimen mientras ella levantaba con cuidado algunas carpetas del escritorio. La mayoría eran los típicos clasificadores de estudiante y esas fundas de plástico tamaño folio, pero había una diferente. Era una carpeta de plástico gris claro y en ella se leía: «Centro Médico Willow Park», en letras plateadas. Las palabras estaban coronadas por la imagen de un sauce en color azul marino: el logotipo del consultorio. Lorraine oyó las arcadas de Adam en el baño.

Abrió la carpeta. La primera página contenía datos generales sobre Sally-Ann. Fecha de nacimiento, números de teléfono, familiar más cercano (alguien llamado Russ Goodall), aunque vio que había un nombre anterior tachado con boli negro tan a conciencia que no se podía leer. «¿Un ex compañero sentimental? —se preguntó—. ¿El padre?»

Las siguientes páginas estaban llenas de gráficos y detalles sobre su embarazo: peso, presión sanguínea, resultados de análisis de orina. Todo parecía normal. Estaban en noviembre y las entradas del expediente empezaban a finales de abril, cuando por lo visto había tenido lugar la primera visita con su médico. Aún le faltaban dos semanas para salir de cuentas.

Adam regresó sudando y blanco como la pared.

—Joder.

—Lo sé —dijo Lorraine con pesadumbre en la mirada. Ya no importaba. Nada importaba. Ellos tenían a las niñas, su casa, su trabajo. Estaban perfectamente, ¿verdad que sí?

—Siento lo de antes, Ray —dijo Adam.

Lorraine oyó cómo se obligaba a tragar algo garganta abajo. Estaba verde.

—Ya —repuso, y supo que no dirían nada más acerca de la discusión del desayuno. Había sido una trifulca sin sentido, exacerbada por la logística familiar y la mezquindad de los celos—. Era estudiante de contabilidad —siguió informando. Ni siquiera pensaba recriminarle que la hubiera llamado «Ray» otra vez—. Veinticuatro años. El familiar más cercano es un tipo llamado Russ Goodall. Me pasaré por el centro médico. —Le enseñó la carpeta.

—¿Por qué le harían esto a una embarazada? —comentó Adam, sacudiendo la cabeza mientras miraba por la ventana.

En la casa de enfrente, una mujer doblaba unas sábanas en una habitación del primer piso, fingiendo que no espiaba al otro lado de la calle, donde habían aparcado media docena de coches patrulla y el edificio entero estaba acordonado. Tendrían que hablar con ella, pensó Lorraine. Desde ahí disfrutaba de una vista privilegiada.

—Alguien ha intentado cortar el cordón umbilical. ¿Te has fijado?

Adam asintió. Nunca había tenido estómago para la casquería. Lorraine sabía que tendría que correr por lo menos ocho kilómetros para quitarse esa imagen de la cabeza.

—Quizá se puso de parto, hubo complicaciones y quienquiera que estuviera con ella pensó que sería un héroe si le practicaba una cesárea de urgencia —siguió Lorraine. Adam cogió una de las tres tarjetas de felicitación que había alineadas en el alféizar—. La cosa se torció, se asustaron y salieron corriendo.

—Mira esto.

—«¡Buena suerte! Con todo mi amor, Russ.» —Lorraine soltó un suspiro—. Seguro que es el mismo Russ del expediente médico.

—Ninguna de las tarjetas dice para qué necesitaba esa suerte —comentó él, dejándolas otra vez en el alféizar con las manos enguantadas—. Una es de una tal Amanda y la otra de la madre de Sally-Ann.

—¿De verdad se le envía una tarjeta deseándole buena suerte a una embarazada? A lo mejor son por alguna otra cosa. El carnet de conducir, o quizá los exámenes.

—¿No se envían normalmente las tarjetas después de tener al niño? —preguntó Adam.

—¿Me lo dices o me lo cuentas? —espetó Lorraine, que ya sentía algo poco apropiado tomando forma en su interior—. Pero, claro, a ti eso de enviar tarjetas nunca se te ha dado bien, ¿verdad, Adam? Sobre todo en los cumple...

—Basta. —Adam levantó una mano.

Tenía razón. Lorraine estuvo tentada de tomar esa mano enfundada en látex en la suya, pero decidió no hacerlo. En todos los años que llevaban trabajando juntos (bien sabía Dios que ya había perdido la cuenta), el contacto físico y las muestras de afecto cuando estaban de servicio entraban dentro de su lista de tabúes personales. Los compañeros que no los conocían bien a menudo se sorprendían al enterarse de que estaban casados. Los apellidos diferentes, las frecuentes discusiones y Lorraine que se negaba a llevar alianza, todo ello parecía indicar que no tenían nada que ver el uno con la otra fuera del trabajo. Dentro, muchas veces daban incluso rodeos para evitarse. Solo en los casos grandes, casos como el de Sally-Ann, sabían que tenían que unir fuerzas y combinar sus décadas de experiencia.

—Podrían ser tarjetas para desearle buena suerte con la operación. —Lorraine volvía a rebuscar en el informe médico. No lo había visto la primera vez.

—¿Qué operación? —preguntó Adam, reuniéndose con ella junto al escritorio.

Estaba claro que había usado su maldito gel Acqua di Parma, de a casi treinta libras el bote. Lo siguiente sería encontrárselo dándole un lavado a la alfombra con él.

—Esta —respondió mientras decidía que al llegar a casa escondería el gel. Ella solo había querido darse un pequeño homenaje, algo con lo que sentirse un poco especial.

Lorraine señaló la cuidada caligrafía del margen superior de la página. Era la misma que la de las carpetas: la letra de Sally-Ann, supusieron.

Adam leyó la anotación en voz alta:

—«Cesárea. Dieciocho de noviembre. Llegar antes de las ocho de la mañana. Doctor Lamb. Pabellón Bradley. Preparar la bolsa».

—Eso es mañana —dijo Lorraine, mirando fijamente a su marido—. Solo que alguien se ha adelantado.

# 4

Por fin tiene listo su dormitorio. Se lo he dejado tan acogedor como he podido. Oscar y Noah se pelean por ver cuál de sus dos ositos de peluche querrá poner Zoe sobre la cama.

—A lo mejor ya es muy mayor para ositos —les digo.

Ellos no están de acuerdo.

Estoy exhausta. Hasta hacer una cama me deja baldada últimamente. A este paso me pregunto si algún día recuperaré mi cuerpo. James se ha ofrecido a ayudarme, por supuesto, pero le he dicho que era mejor que entretuviera a los niños. Está claro que no lo ha conseguido, porque en toda esta última hora no han parado de jugar y correr alrededor de mis tobillos y lanzarse sobre el edredón soltando bocanadas de risitas mientras yo me peleaba con él para meterlo en la bonita funda de estampado floral rosa y crema. Estoy contenta de cómo ha quedado el dormitorio, y también la salita. Quiero que se sienta cómoda, aunque su llegada me pone un poco nerviosa. Ha hecho falta mucho para convencerme de volver a meter a una niñera en casa.

—¿Cómo lo llevas, cariño? —Justo cuando estoy pensando en él y en la terrible e inminente fecha señalada en el calendario, el día en que se marchará otra vez, James sube el último tramo de escalera (de dos en dos, por cómo suena) para ver qué tal lo llevo—. Está genial. Le va a encantar.

Esta vez solo ha estado en casa quince días.

—Eso espero —digo, pensativa.

Me rodea con sus brazos e intenta besarme, pero ni siquiera tengo energía para unas simples carantoñas. Me desplomo en la mecedora.

—¡Uy! —exclamo, sosteniéndome la barriga.

—Cuidado con ella —me dice James al tiempo que intenta frotarme el vientre.

Ha estado mimándome desde el momento en que le dije que estaba embarazada. No me sorprende, la verdad. No ha tenido oportunidad de ver cómo crece mi vientre y acostumbrarse así a mi nueva forma, y darse cuenta de su incalculable valor o de su alcance implacable. Creo que le desconcierta verme tan gigante, tan incapaz de hacer todas las cosas que hacía antes, aunque él nunca me lo diría. Es muy respetuoso y seguimos las órdenes del médico a rajatabla. Mi amiga Pip dice que a su marido le vuelve loco su cuerpo de embarazada y no puede quitarle las manos de encima. Supongo que James, teniendo en cuenta las circunstancias, está siendo ultraprudente, y yo se lo agradezco. Aunque lo echo de menos. Echo de menos el «nosotros».

—Ya estoy contando los días hasta que podamos hacerlo —digo, y le envío un beso silencioso por encima de las cabezas de los niños mientras ellos pasean a un osito por la habitación a patadas. Él sabe a qué me refiero—. Ay, se me olvidaban las toallas —exclamo, pensando en la expedición escalera abajo y vuelta a subir otra vez.

—Descansa un poco. Venía a decirte que ya he hecho la cena.

—¿De verdad? —De ahí que no haya entretenido a los niños, imagino; pero no me puedo quejar.

Cuando está en casa, James es el marido y el padre perfecto. Es un hombre de la Armada Británica, pero al mismo tiempo no hay nada que le guste más que andar encargándose de cosas aquí y allá en la casa. Las dos mitades de su vida no podrían ser más diferentes.

—A sus órdenes, capitán de corbeta —digo, y presento un

rápido saludo. No puedo soportar verlo con el uniforme, aunque sea la ropa más sexy que tiene. Solo significa una cosa: que vuelve a embarcarse.

—Venga. —James me levanta de la silla tirándome de las manos—. Vamos a daros de comer a las dos. —Sonríe de oreja a oreja y acaricia a su bebé.

También a él le resulta muy duro. Yo ya sabía dónde me metía cuando nos casamos, sabía lo que me esperaba. Mis amigas me decían que estaba loca, que hacer de madrastra de dos niños pequeños que habían perdido a su madre biológica solo unos meses antes ya era bastante locura, como para además liarse con un oficial de la Armada que pasaba dos terceras partes del año fuera de casa.

—Bueno, pues espero de verdad que a Zoe le guste trabajar aquí —digo, y apago las luces de las habitaciones de arriba.

Contratarla fue una decisión conjunta, aunque yo me siento completamente responsable de que funcione.

—El tiempo lo dirá —repone James antes de llevarme abajo, en pos del delicioso aroma de un pollo bañado en salsa de vino blanco y tomillo fresco.

Bostezo. Es temprano y esta noche no he dormido bien. Estoy demasiado enorme y no me acostumbro a tener a alguien a mi lado en la cama. Además me asfixiaba con mi grueso pijama de invierno. El pobre James se despertaba a cada gesto y cada vuelta de mi cuerpo cuando intentaba ponerme cómoda, así que enseguida me he ido a la habitación de invitados. Pasada la medianoche ha llamado a la puerta y me ha dicho que él tampoco podía dormir. Estaba probando suerte, aunque sabe que no le servirá de nada, que no podemos hacerlo.

—Pues solo acurrucarnos —ha protestado desde el otro lado de la puerta.

—Ay, James... —he contestado yo, y mi silencio posterior lo ha enviado de vuelta a nuestra cama, solo.

Cuando regresó de su última misión, hace dos semanas, volví a enseñarle la carta en la que mi tocólogo expone en detalle una serie de reglas estrictas, entre ellas la de «abstenerse de mantener relaciones».

«Esto es serio —le dije—. Ya conoces mi historial. No haré nada que ponga en peligro a la niña. —Su expresión casi me dejó muerta. Detestaba mentirle. En realidad no se lo había explicado todo sobre mis abortos anteriores porque me resultaba muy duro hablar de ello—. Estés de permiso o no, no podemos arriesgarnos —insistí—. Ya no queda mucho.»

El timbre suena a las ocho en punto y los niños salen disparados peleándose por abrir.

Voy tras ellos hacia el recibidor. Antes de abrir la puerta me asaltan las dudas y los remordimientos. Todavía no estoy muy convencida sobre esto de meter a una extraña en casa, y también dudo de si seré capaz de arreglármelas yo sola cuando llegue la niña. Toda esta situación me hace sentir un poco inútil, con sinceridad.

James y yo estuvimos de acuerdo durante el fin de semana en que Zoe era más o menos perfecta. Le ofrecimos el trabajo el lunes al mediodía, en cuanto pude comprobar todas sus referencias y después de pasarme una hora entera en Google para ver si había alguna historia horripilante sobre una tal Zoe Harper pululando en internet. No encontré nada. Las personas que la avalaban no podían hablar mejor de ella. Cuando la llamé por teléfono se puso como loca de alegría y dijo que podía empezar este mismo miércoles por la mañana, lo cual me ha venido de maravilla porque hoy tengo cita con el tocólogo a las diez y media, así que me he cogido toda la mañana libre en el trabajo. Pero, antes de eso llevaremos a los niños al colegio juntas. Quiero que conozca a su profesora.

—Bienvenida, Zoe —digo con afecto. Ahí está ella, en la puerta, un taxi que arranca y dos maletas anticuadas a lado y lado de sus delgadas piernas. Veo su bicicleta apoyada contra la pared—. Qué gusto volver a verte.

—Yo también me alegro mucho de verte, Claudia —dice con una sonrisa enorme—. Y a Oscar y a Noah... Hmmm. —Luego vuelve a decir sus nombres, pero al revés y señalando al gemelo que no es al tiempo que suelta una carcajada.

Les encanta. Oscar coge una maleta para entrarla en casa.

—Tengo músculos —dice.

—Y yo más grandes —salta Noah enseguida, y arrastra la otra maleta dentro. Justo entonces se le vuelca y se abre, y Zoe se lanza a por ella mientras su contenido se desparrama sobre las baldosas.

—¡Oh, Noah! —exclamo—. Mira lo que has hecho.

Despacio, me uno a los demás para recoger las pertenencias de Zoe. Camisetas, mallas, ropa interior, un par de libros (nada de todo ello estaba muy ordenado), y entonces la veo asomando de una bolsa de aseo con la cremallera medio abierta. Bien sabe Dios que he visto suficientes a lo largo de mi vida: una prueba de embarazo.

Zoe la esconde a toda prisa mientras maldice su vieja maleta estúpida y su porquería de cierre.

Se me revuelve el estómago al incorporarme. Debo de haberme confundido. Miro a Zoe a los ojos, pero ella está ocupada bromeando con los niños. Cada una de sus manos aferra con firmeza una maleta, también lleva una cartera de lona cruzada en el torso. El peso la hace encorvarse.

«¿Una prueba de embarazo?»

—No, en serio —le digo a James—. La he visto claramente. Estaba sin abrir, se ha caído de su neceser.

—A lo mejor solo tiene un retraso y quiere asegurarse.

Cree que estoy loca, me doy cuenta.

—O a lo mejor es de una amiga... sí, ya, claro. —Entonces me callo porque la oigo en la escalera.

Los niños son como una estela que Zoe deja a su paso al entrar en la cocina, feliz y con las mejillas sonrosadas.

—Lo de ahí arriba ha quedado divino, Claudia. Gracias por dejarlo tan bonito. Hemos estado jugando al corre que te pillo, por eso venimos sin aliento.

—¡Y yo he ganado! —grita Noah.

—No es verdad, ha ganado Zoe.

—A partir de ahora me parece que mejor reservaremos el corre que te pillo para el parque —dice ella. Señala la jarra de filtro para el agua, que está en la encimera porque siempre hay alguien que se olvida de meterla otra vez en el frigorífico—. ¿Te importa?

Le hago un gesto con la mano para que se sirva.

—Como si estuvieras en tu casa. Hay un parque magnífico no muy lejos, si quieres espacio para que se desahoguen. —Los niños saben que en el jardín tienen prohibidas las pelotas y las bicicletas. No pago al jardinero para que me lo conviertan en una pista de deportes con toda la tierra revuelta.

—Canon Hill Park —dice Zoe entre ansiosos tragos de agua—. He estado investigando el barrio. —Aclara el vaso y lo seca.

—Cánsalos todo lo que puedas —interviene James, que va hacia el fregadero para lavarse las manos después de entrar los cubos de la basura.

Sospecho que la actitud relajada de James respecto a tener a una extraña viviendo con nosotros viene de su vida en el estrecho submarino junto a decenas de miembros de la tripulación. Para él, compartir su espacio no supone demasiado.

—Venga, aún nos queda un rato para que te enseñe dónde están las cosas, Zoe, luego tenemos que salir hacia el colegio. Yo solía ir andando, pero ahora casi siempre cojo el coche. —Reprimo el impulso de darme unas palmaditas en la tripa—. James saldrá más tarde y yo me iré dentro de un rato a mi cita y a mi clase de yoga. Por la tarde iré a trabajar. ¿Crees que estarás bien? —Al segundo me arrepiento de haberlo preguntado.

—Claro que sí —dice, y casi me parece que va a llorar de alegría—. Este es mi trabajo y me va a encantar.

Enrollo la esterilla y la meto en su bolsa. Antes de quedarme embarazada ni siquiera se me había pasado por la cabeza hacer yoga. Consigue centrar mi mente por completo y me permite olvidar todos los problemas del trabajo durante una hora entera. También hace que deje de pensar en la inminente llegada de la niña. ¿Me veo utilizando la meditación y el saludo al sol durante el parto? No, claro que no, esta es mi sincera respuesta. Ya sé lo que es dar a luz, aunque esta vez será diferente. Sin embargo, de momento me ayuda a estar serena y me da algo en qué pensar que no sea ni un caso complicado del trabajo ni el hecho de que he dejado a una prácticamente desconocida a cargo de mis hijos.

—Deja de preocuparte —me tranquiliza Pip—. Has hecho todo lo que tenías que hacer y has comprobado sus referencias, ¿verdad?

—He hablado en persona con su última jefa. Le faltaban palabras de elogio para Zoe. Me ha dicho que casi sentía celos de mí por tenerla, porque se habían hecho muy buenas amigas.

—Pues ahí lo tienes.

Pip y yo avanzamos bamboleándonos hacia la puerta, donde esperamos a las demás. Casi se está convirtiendo en un ritual después de clase: vamos a atiborrarnos de capuchinos y pastel de zanahoria a una cafetería que queda algo más abajo. Aunque estoy desbordada de trabajo, eso retrasa mi vuelta media hora más y me hace sentir mejor madre.

—Tendré que llevar a Lilly a jugar a tu casa después del cole, así le daré un buen repaso —sigue diciendo Pip—. ¡Puedo ser tu espía!

—También la verás en el colegio por las mañanas. No puedo decirte la ventaja que supone que se encargue ella de llevar a los niños. Así podré llegar a la oficina a las ocho.

Pip arruga la frente. Ella cogió la baja por maternidad hace un mes y no deja de insinuarme que yo debería hacer lo mismo. Claro que lo haré, pero es que todavía no estoy preparada.

—¿Y qué hará durante todo el día hasta que llegue la niña?

—Le he dejado una lista. Si sabe coser, tiene un centenar de cosas que remendar. Luego están la compra, la colada y la plancha de los niños. Hasta el Día D estará bastante tranquila, pero luego irá de cabeza. Me gusta que tenga este tiempo para instalarse. —Me sostengo el vientre igual que hacen todas las embarazadas cuando hablan de sus niños.

—¿Habéis decidido ya el nombre?

Cuatro de nosotras vamos andando hacia el Brew-haha, cada una cargando con criaturas de distinto peso. Pip y yo nos llevamos la palma. Estamos más o menos de las mismas semanas de gestación, una o dos arriba o abajo, y las dos esperamos niñas.

—Ahora le damos vueltas a Elsie, o quizá Eden. Ya ves, estamos pasando por la fase de la E.

Nos reímos. Hoy hace un frío que pela y me ciño más el abrigo capa. Normalmente me quejo del calor.

—Qué nombres más bonitos —dice Pip, que me aguanta la puerta abierta. El olor a café sale flotando desde el interior.

—Bueno, ¿hemos aprendido algo nuevo hoy en clase? —pregunto a nuestro pequeño grupo cuando ya nos hemos sentado con demasiadas porciones de pastel, además de cafeína suficiente para provocarnos el parto a todas.

—A mí lo que me confunde son las técnicas de respiración —comenta Bismah—. No sé cómo voy concentrarme en eso mientras empujo para parir a mi bebé a la vez que inhalo gas anestésico y aire, y le arranco la mano a mi marido.

—Y no te olvides de pedir a gritos la epidural —añade Fay.

Seguramente es la que más miedo tiene de todas. Es muy joven. Yo por lo menos tengo un poco de experiencia vital a la que aferrarme. Además, va a ser madre soltera. Me da pena, de ahí que la invitara a venir a nuestras reuniones cafeteras. No parecía conocer a ninguna de las del grupo y me ha alegrado hacerme amiga suya.

—Qué impresión pensar que dentro de cinco meses todas habremos tenido ya a nuestros niños... —digo.

—Supongo que tú serás la primera en reventar, Claudia —dice Pip—. Eres a la que le falta menos para salir de cuentas, y está claro que ya tienes la barriga más baja que la semana pasada.

Es buena señal, espero. Miro el bonito vientre de Pip. Ella no tardará mucho más.

—Ojalá podamos seguir siendo amigas cuando hayan nacido —dice Bismah—. Me gustaría mucho que siguiéramos en contacto. —Sus largas uñas se hunden en un jugoso trozo de bizcocho, sus dedos son del mismo color caramelo que la cobertura.

De todas las mujeres de la clase de yoga prenatal, supongo que Pip es con quien tengo más probabilidades de seguir en contacto. Es profesora y resulta que su marido también pasa mucho tiempo de viaje. Aunque ni mucho menos tanto como James. Los invitamos a cenar en casa al principio de mi embarazo, no mucho después de conocerla a ella en la clase de yoga. Los cuatro lo pasamos estupendamente, pero todo lo que se hace en parejas acaba siendo algo delicado. Ellos nos devuelven la invitación y yo tengo que explicar que James está a medio kilómetro bajo las aguas del Atlántico y que no podrá ir a ninguna cena hasta dentro de otros dos meses.

—¿Sabes si tu marido estará contigo? —me pregunta Bismah—. Para el parto.

—Sé con seguridad que no estará —contesto—. Quedarme embarazada ya fue bastante complicado, así que ni nos molestamos en planificar fechas para asegurarnos de que estuviera de permiso cuando llegara el bebé.

—Eso es duro —comenta Bismah. Parece entristecerse por mí.

No digo nada más. En lugar de eso, pienso en lo que ha dicho y ataco mi pastel.

En la oficina se alegran de verme aparecer, aunque están algo desilusionados.

—Pensábamos que ya la habrías tenido —dice Mark, pasando por delante de mi escritorio y dejando caer un expediente—. Y así, como quien no quiere la cosa, mientras nosotros esperamos a que explotes, Christine va y ha tenido otro. Me parece que le toca una visita sorpresa.

Me quedo mirando el expediente y me pregunto qué le pasa a esa mujer que no hace más que traer niños a este mundo para que se los quiten unos días después de haberlos parido. Salvo la primera, Christine Lowe no ha conseguido conservar ni a una sola criatura en sus brazos durante mucho más de una semana.

—Este es el octavo —digo, pensativa, mientras repaso este expediente que ya me sé de memoria. He intentado ayudarlos, de verdad que sí, pero ella nunca cambiará. Sé cuándo darme por vencida. Lo más que puedo hacer es asegurarme de que sus niños tengan el mejor comienzo que podamos ofrecerles—. ¿Sigue con el mismo tipo? —Se me ha olvidado su nombre.

—Ha confirmado que es el padre, pero está en la cárcel otra vez —informa Mark con ecuanimidad.

—¿Crees que Christine tiene alguna posibilidad con él fuera del mapa?

Mark levanta y baja una ceja varias veces, un truco que le gusta hacer cuando nos vamos todos al pub el viernes por la noche. Capto lo que quiere decir.

—Vale. —Inspiro hondo.

Sabemos que es inútil. Tengo llamadas por hacer, papeleo del que ocuparme, otro niño que separar de su madre. A veces, ser trabajadora social se parece demasiado a jugar a ser dios.

# 5

La casa está tranquila. Los cacharros del desayuno siguen en la mesa y el olor a café, a niños y a amor todavía perdura. Se me revuelve el estómago. Recojo los platos y empiezo a llenar el lavavajillas sin mucha idea. «¿Forma parte de mi trabajo?», me pregunto. Claudia me ha dicho que la mujer de la limpieza viene cuando quiere y que, siempre que haga sus diez horas semanales, a nadie le importa cómo ni cuándo se limpia la casa. Se llama Jan, por lo visto. Me pregunto si nos llevaremos bien, si se entrometerá en mis asuntos. Me digo que tendré que hacerme la simpática con ella para descubrir cuándo es más probable que se presente en casa. No quiero que nada salga mal.

—Bueno, pues yo me marcho ya.

Doy media vuelta sobresaltada. Se me había olvidado que James aún estaba aquí. Se le ve torpe en su propia casa. Antes Claudia me ha dicho que estaba en su estudio poniendo al día los papeles. He conseguido asomar la cabeza por la puerta y echar una ojeada un momento en que él había salido. La habitación tiene un gran escritorio con sobre de piel y estanterías en todas las paredes. Está decorada con motivos navales: cuadros de barcos, fotografías de hombres uniformados, diplomas enmarcados en la pared y una cabeza de porcelana blanca con marcas frenológicas en el cráneo. He sonreído al ver las gafas de sol que se aguantan haciendo equilibrios sobre su nariz. También hay una mesita hecha con un timón de barco entre dos sillones. Me he imaginado a James y a Claudia allí sentados, bebiendo té a sorbos, charlando de lo divino y lo humano. Claudia dice que él pasa mucho tiempo en su estudio, lo cual podría complicarlo todo hasta que se marche.

—Adiós —digo, pensando que tendría que haber dicho otra cosa. Sonrío y él espera, luego asiente con la cabeza y se va. Me parece que se siente tan incómodo como yo.

Me inclino hacia atrás y apoyo la cabeza contra la pared. Es hora de ponerme en marcha.

Por la tarde salgo temprano hacia el colegio. Conocer a las mejores amigas de Claudia podría resultarme útil, y quedarse un rato en el patio es la mejor forma de hacerlo. Además, es lo que haría una niñera. Voy a pie, aunque Claudia me ha dado permiso para usar el pequeño Fiat que está guardado en el garaje y, para trayectos más largos, el coche de James cuando él se haya ido. Es un paseo agradable. El sol está cubierto por un velo de nubes y hace bastante fresco, lo cual me ayudará a enfriar el corazón. Así debe ser por el momento.

A lo mejor doy un rodeo por el parque con los niños de camino a casa, a ver si encontramos algún pato o montamos un rato en la rueda giratoria. De esa manera podré fingir que soy algo parecido a una niñera.

Pensaba que sería la primera en llegar al colegio y vería a las demás entrando en el patio sin fijarse en mí, que acecharía bajo un árbol intentando averiguar quién es quién. Todavía no son las tres y las clases no terminan hasta y diez, pero ya hay muchos grupitos de mujeres cotorreando. Oigo que dicen algo sobre el AMPA y una venta de plantas, y también algo sobre un niño que se llama Hugh y su horrible madre. Alguien se queja de los menús del comedor. Veo a una madre que está sola, dando fuertes pisotones y palmadas con las manos enfundadas en guantes, muy consciente de que no tiene a nadie con quien hablar.

Yo hago ver que leo los anuncios plastificados que cuelgan de un tablón, cuando una mujer se me acerca.

—Déjame adivinar —dice. Tiene un ligero acento escocés—. Seguro que tú eres Zoe.

Me vuelvo y fuerzo una sonrisa. La mirada se me va hacia abajo (no puedo evitarlo) y remplazo ese reflejo involuntario con una sonrisa aún mayor.

—La misma. Qué rápido corre la voz.

—Yo soy Pip. Una buena amiga de tu jefa.

Me ofrece una mano, se la estrecho. Tiene los dedos congelados.

—Estás... —¿Es de mala educación mencionarlo? No lo puedo evitar—. Tú también estás embarazada.

—Debe de ser que el agua de aquí tiene algo —dice con una risa cantarina—. Somos unas cuantas ahora mismo.

«El agua.» Tengo que reprimirme para no darme un golpecito en la cabeza y soltarle: «Anda, ¿así de fácil era? Das unos cuantos tragos del agua del grifo de Birmingham y antes de que te des cuenta ya te has quedado preñada. Caray, ¿cómo es que no se me había ocurrido?».

Pero no digo nada. Me río de su chistecito y busco como loca algún tema normal para conversar.

—¿Cuántos niños tienes en el colegio?

—Solo una. Lilly. Va a la misma clase que Oscar y Noah. Muchas veces juegan juntos, así que, si te apuntas a un poco de caos después del cole, algún día tenemos que quedar.

—Me gustaría mucho —digo.

El patio, con su castillo de barras de extrañas formas y su pavimento de caucho, con su murete de ladrillo para separar una zona con árboles recién plantados que tienen campanillas colgando de sus ramas desnudas, y unos cuantos maceteros con romero y lavanda secos (curiosamente, un cartel los anuncia como «Jardín sensorial»), se está llenando de madres. Algunas, mientras charlan, empujan cochecitos y los mecen de un lado a otro casi sin darse cuenta, otras esperan solas, y también hay un único padre con un grupo de mujeres cerrado a su alrededor, como si fuera un mono de feria.

—Me parece que a los niños les encantará. Quiero que todo sea lo más normal posible para ellos.

«Que no tienen culpa de nada», pienso.

—Ya me ha dicho que eras buena —dice Pip.

Ha posado una mano en mi brazo. Yo me aparto con delicadeza.

—Solo intento ayudar en todo lo que pueda. Es mi trabajo.

—¿De dónde eres? —pregunta Pip.

«Allá vamos.»

—Nací en Kent. Luego mis padres se divorciaron y acabé viviendo con mi madre en Gales, en un rincón perdido del mundo. En mi colegio no había mucha gente que luego siguiera los estudios, yo incluida, pero desde muy joven supe a qué quería dedicarme. Siempre me han gustado los niños. Decidí estudiar puericultura en una escuela superior, y gracias a eso he conseguido unos trabajos estupendos. Hace poco estuve en Italia, donde asistí a un curso del método Montessori. Fue una experiencia fenomenal. —Me estremezco por dentro. Suena demasiado ensayado.

—¡Venga ya! —exclama Pip—. Tengo otra amiga que está como loca con el método Montessori. Ha inscrito a sus tres niños y están en lista de espera. Tengo que presentaros.

«No, por favor, no», pienso. Otra vez esa enorme sonrisa. La tengo tan preprogramada como esa historia, y así seguirá hasta que me marche de aquí.

Por fin suena el timbre y, como una jauría de perros bien adiestrados, las madres y el padre que esperaban en el patio (este último, ahora con varias más a su alrededor) se vuelven hacia la puerta del colegio. Una hilera de niños desfila por ella siguiendo a una profesora con cara de cansada que los hace formar en fila. Uno a uno van localizando a sus mamás, y sus piececitos se impacientan por romper la formación y salir corriendo hacia los brazos del hogar. Oscar y Noah no están por ninguna parte.

—¿Es la clase de los pequeños? —le pregunto a Pip.

—Sí —responde sin dejar de mirar a una niñita rubia que está al final del todo. Se saludan con la mano.

Lilly, deduzco. Con sus coletas torcidas y una monada de nariz respingona, zapatos relucientes y fiambrera de color rosa, está claro que es el ángel de la clase.

—No veo a los gemelos.

—Ah. No, tienes razón. —Pip recorre toda la fila con la mirada por si me los he saltado. No creo que hubiera forma de pasar por alto a dos trastos como ellos en esa formación tan obediente.

—Voy a preguntar a la profesora —digo.

Mi corazón mete la directa. ¿Me echarán a mí la culpa si se han escapado del colegio o los han secuestrado en mi primer día de trabajo? No me gustaría que me echaran tan pronto. No me gustaría nada.

—Hola, señora Culver —saludo—. Los niños. Los gemelos. Oscar y Noah.

Su expresión me dice que me recuerda vagamente de esta mañana pero que su cerebro, agotado de tanto niño, le está gritando que han pasado miles de años desde que nos estrechamos la mano en su colorida y decorada aula.

La señora Culver escudriña la fila.

—Los he contado a todos —dice—. Lilly, ¿sabes adónde han ido los gemelos? —Se vuelve hacia mí sin hacer caso de la respuesta de la niña—. Seguro que están haciendo bombas de agua en el lavabo de los chicos.

—Me parece que Lilly lo sabe... —Miro a la pequeña. Está intentando decir algo.

—Más alto, Lilly —protesta la señora Culver.

Lilly señala hacia el interior del colegio, una construcción de planta baja. Le guiño un ojo y sonrío. Eso me hará ganar puntos cuando por fin nos conozcamos. Me dirijo a la entrada y dejo que la señora Culver entregue el resto de los niños a sus padres.

Dentro está oscuro, hace fresco y huele a témperas en polvo, fiambreras y pedos. Desde los suelos de madera me llega un evocador aroma mientras recorro los pasillos. A través de los cuadrados de cristal abiertos en las puertas de las aulas veo a otros niños que todavía están recogiendo sus cosas. Muy pronto habrá una estampida. Al final del pasillo hay una puerta con un cartel que dice: «Club extraescolar». Unos cuantos críos acaban de entrar ahí dentro.

—Ay, niños, me habéis dado un susto de muerte —digo al ver a los gemelos allí.

El profesor, un señor de cincuenta y tantos, levanta la mirada desde la pila de trabajo que tiene en su mesa.

—¿Puedo ayudarla en algo?

—He venido a buscar a Oscar y a Noah. Soy su nueva niñera. Vamos, chicos —digo.

Necesito salir. Esto es sofocante, no hay aire, trescientos chavales ansiosos han chupado todo el oxígeno.

El profesor se quita las gafas.

—La primera noticia que tengo. Los niños vienen siempre al Club extraescolar. Su madre los recoge a las seis.

—Pues ahora ya no —contesto, demasiado brusca, así que al instante me lo pongo en contra—. Mire, me llamo Zoe Harper. Claudia Morgan-Brown me presentó esta mañana a la señora Culver, a quien informó de la nueva situación.

—Hay unos formularios —dice el hombre, que no me ayuda en nada—. Tendrá que ir a ver a la secretaria.

—¿Dónde está?

—Ya se ha ido a casa —responde—, pero los formularios los tiene que firmar uno de los padres, así que hoy no podrá llevarse a los niños. No sin un formulario.

—Por el amor de... —«No pierdas los nervios»—. Niños, ¿queréis decirle a vuestro profesor quién soy, por favor?

Los niños se me quedan mirando. Están rompiendo plastilina seca en trocitos y la esparcen por el suelo. Cualquiera habría supuesto que el hombre querría librarse de ellos.

—¿Por favor...? —suplico—. No lo entiende. Si no puedo llevarme a los niños, bueno, la verdad es que no estaré dando muy buena imagen en mi primer día de trabajo. —Dejo colgar los brazos inertes a los costados. Lo que me gustaría hacer con ellos en realidad es atizar a este viejo imbécil.

—Lo siento —insiste el hombre—, eso no es problema mío. Ahora tendré que pedirle que se vaya.

En un arrebato de desesperación avanzo directa hacia los niños y los agarro a cada uno de una mano. Sin decir palabra ellos me siguen obedientemente mientras yo les tiro del brazo. «¡Buenos chicos!», pienso, y les dedico una ovación silenciosa por no armar un escándalo cuando salimos de allí corriendo. Detrás de mí, sin embargo, el maestro sí que está organizando uno bueno.

—¡Alto! ¡Secuestradora! ¡Robaniños!

Lo oigo tropezarse con las sillas mientras intenta iniciar la persecución, pero está muy mayor para alcanzarnos. Llama a gritos a su ayudante y descuelga un teléfono para pedir ayuda mientras yo desfilo hacia la salida con Noah y Oscar.

Ya de camino al parque, tengo que recordarme que robar niños de otra gente no está bien visto.

Más tarde nos reímos de ello, por supuesto, y Claudia está completamente de mi parte.

—La estúpida de la secretaria. Le escribí una carta. Le envié un correo electrónico. Le pedí que lo hiciera circular entre el personal. Hasta hablé con la señora Culver antes de que empezaras, y hemos ido a verla esta mañana. —Ya ha vuelto del trabajo. Ha dejado tiradas las llaves, el bolso y los zapatos en el recibidor—. Ni que fueras a secuestrarlos.

Eso he hecho.

—Es lo que ha dicho ese viejo cascarrabias cuando he salido de allí arrastrándolos de la mano —comento con una media sonrisa.

—Me han llamado por teléfono enseguida. Supongo que no podemos culparles por hacer bien su trabajo. —Y Claudia ríe con una hermosa risa de dientes blancos y echando la cabeza hacia atrás. Tiene un cuello muy bonito.

Más tarde, en mi dormitorio, con el cuento ya contado, los niños ya bañados y arropados en sus camas, agotados y felices y con aliento mentolado, enciendo mi portátil. A toda velocidad escribo un correo electrónico y hago clic en «Enviar».

Después me pongo a deshacer el resto de las maletas. Camisetas y tops en un cajón, ropa interior en otro, todo bastante desorganizado. Pienso en lo pesado que va a ser hacer otra vez la maleta cada viernes por la tarde. Me parece ridículo. Claudia no me quiere aquí los fines de semana (puedo entender que necesiten disfrutar de su tiempo en familia), pero, sinceramente, no me lo puedo permitir. La fecha prevista de parto está demasiado cerca.

Vuelvo al ordenador y escribo algunas notas. Al teclear «sale de cuentas» me hago un lío con los dedos y acabo poniendo «sale de muerta». Me muerdo una uña rota. Al final, con el portátil bailando sobre mis rodillas, me quedo dormida sin haberme desvestido.

Me despierto con el cuello rígido. El reloj que hay junto a la cama parpadea las dos y veinte de la madrugada. Me estiro, me incorporo y me quito la ropa. Completamente desnuda me observo en el espejo de cuerpo entero. No soy más que piel y huesos. Mis caderas vacías sobresalen, y mi tripa lisa, casi cóncava, sería la envidia de la mayoría de las mujeres. Ni siquiera soy capaz de empezar a imaginarme embarazada.

# 6

Russ Goodall era un hombre flaco y nervioso. «De haber sido un perro —pensó Lorraine—, sería un galgo.» El simple hecho de estar en la misma habitación que él la alteraba, y eso no sucedía a menudo. Con el paso de los años (y sobre todo en los últimos meses) había aprendido a irradiar una calma y una serenidad que ni siquiera Adam era capaz de perturbar. Ni sus madrugones, ni sus carreras de quince kilómetros, ni esa manía de pesar el muesli del desayuno y contar la cantidad exacta de ciruelas, ni su obsesión con beber exactamente ocho botellas de agua mineral cada día, ni sus rutinarios treinta minutos de meditación (que le había visto realizar incluso en el escenario de un crimen) conseguían hacer tambalear el sólido centro de gravedad de Lorraine. Pero Russ Goodall, a pesar de su constitución enclenque y su pelirroja mata de pelo ralo, la tenía al borde del ataque de nervios con su aura asustadiza.

—Le enviaste una tarjeta para desearle buena suerte. —Lorraine estaba jugando sus bazas. El nombre de Russ no era tan poco habitual, pero sí lo suficiente para que resultase extraño que Sally-Ann conociera a más de uno.

—Ya se lo he dicho, no conozco a ninguna Sally-Ann.

—Apareces como el familiar más cercano en el expediente de su embarazo. El centro médico de Willow Park nos ha confirmado que eres el Russ Goodall al que Sally-Ann inscribió en su formulario. También eres paciente del consultorio.

—No tendrían que haber hecho eso. Es una violación de la confidencialidad.

—No. Si tengo una orden judicial, no lo es.

Lorraine intentaba respirar todo lo superficialmente que podía sin llegar a desmayarse. La habitación apestaba: una mezcla nauseabunda de olor corporal, manteca rancia de la sartén que estaba sin limpiar sobre el hornillo de gas y humo de tabaco. Seguro que los padres de Sally-Ann estuvieron encantados cuando les llevó a Russ a casa por primera vez. Sin embargo, era curioso, la habitación donde vivía Russ, en el último piso de una casa grande de esas que comparten los estudiantes (aunque él había dicho que no estudiaba), estaba bastante recogida.

—¿Te importa si abro un poco? —preguntó.

Él se encogió de hombros y observó a la inspectora mientras se peleaba con la ventana de guillotina, que al final cedió a sus decididos empujones y se deslizó hacia arriba. Lorraine se asomó y cogió una bocanada de aire fresco con la que llenó los pulmones.

—O sea que será más fácil para todos si admites que conocías a Sally-Ann. Así podrás ayudarme con lo que necesito saber.

Le echó un vistazo a la basura esparcida sobre la azotea que quedaba más abajo. ¿La habría tirado Goodall?

—¿Por qué? —preguntó él, y se encendió un cigarrillo. Estaba sentado en la cama, muy erguido, rígido, con sus piernas ridículamente flacuchas y frágiles unidas por las rodillas. Los hombros y el cuello le temblaban, lo cual hacía que su cabeza se bamboleara y se sacudiera como si fuese una espantosa bola de pelusa sudada—. ¿Qué ha pasado?

—Lo siento mucho. —Lorraine se volvió hacia él. Había dado por hecho que ya lo sabía—. Sally-Ann ha muerto.

—Y entonces ha sido cuando se ha echado a llorar como un bebé. No, de verdad, con ganas. A moco tendido. —Lorraine mordió su napolitana de frankfurt mientras Adam iba apartando trocitos de su ensalada de lentejas y judías como si fueran radioactivos. Normalmente se la hacía él mismo, pero esa era de supermercado—. ¿Cómo puedes comer esa porquería?

—Eso debería preguntarte yo a ti —repuso él.

Se detuvieron en un banco. El sol que por fin se había abierto paso entre las nubes había derretido ya la tenue capa de escarcha matutina. Hacía un frío espantoso, demasiado para estar comiendo fuera, pero les hacía falta un poco de aire fresco, espacio, un lugar neutral para discutir sobre el caso. Veinticuatro horas desde el descubrimiento del cadáver y todavía no habían avanzado ni un poco. Igual que el resto del equipo, cada uno de ellos había regresado varias veces al escenario del crimen. Habían interrogado a vecinos, les habían tomado declaración, y Lorraine todavía podía oler la pestilencia de la asquerosa habitación de Russ Goodall en el tejido de su abrigo. Tendría que comprar un espray ambientador de camino a casa.

—Bueno, el caso es que, cuando se ha calmado, ha accedido a ayudarnos. Yo creo que nadie habría podido fingir la reacción que ha tenido cuando le he dado la noticia. Para mí que no sospechaba siquiera que estaba muerta, sinceramente.

Adam enarcó las cejas con el tenedor de plástico a medio camino hacia su boca.

—Haré como si no hubiera oído esa suposición —dijo, y siguió comiendo.

—Es que ha sido una reacción muy auténtica. Ha dicho que era el padre del niño de Sally-Ann y ha accedido a darnos una muestra de ADN.

—Pero no vivían juntos. —Una afirmación más que una pregunta por parte de Adam.

—No. Los vecinos dicen que iba a verla a menudo. —Lorraine se sacudió unas migas de hojaldre de los pantalones—. Según parece, los padres de Sally-Ann se oponían por completo a esa relación y no sabían que Goodall era el padre de la criatura. Créeme, Adam, si una de nuestras hijas nos trajera a casa a un tipo así, tú mismo lo echarías a la calle a patadas.

—De nuevo vuelves a suponer demasiado. Espera a tener los resultados de las pruebas de ADN antes de catalogarlo como padre. Además, todavía no sabemos quién era el verdadero objetivo, si la madre o el niño.

—O ambos —añadió Lorraine antes de devorar el último bocado de su napolitana—. ¿Y por qué no iba a ser el padre? Sally-Ann así lo había hecho constar en su expediente médico.

—Había tachado otro nombre antes de apuntar el de Goodall en el formulario.

—¿Lo tachó Sally-Ann? —preguntó Lorraine—. ¿Quién es ahora el que supone cosas?

Adam tiró el envase de plástico de la ensalada de supermercado a una papelera que había cerca. No se la había terminado.

# 7

—¿Qué tal ha ido la clase de preparación al parto? —pregunta James. Le da unos sorbos a una copa de vino; cómo me fastidia.

—Bien. Tendrías que haber venido. —Lo he dicho demasiado arisca y lo lamento al instante—. Perdona —rectifico—. Bueno, no te sientas mal. Solo había dos padres.

Como James ha estado embarcado durante la mayor parte de mi embarazo, que se involucre en esta fase tan tardía solo serviría para recalcar el hecho de que, a menos que me ponga de parto en los próximos días, no estará por aquí para ver nacer a nuestra hija. Decidimos (mejor dicho, yo decidí) que pasar sola por todo el proceso de visitas médicas y clases de preparación al parto haría que nos resultase más fácil. Pero no puedo decir que no eche en falta que me acaricie la cabeza mientras estoy tumbada boca arriba en mi esterilla, con un cojín bajo las rodillas y otro en las lumbares, o que me masajee los hombros mientras practico las técnicas de respiración.

—Fui a tu primera cita médica, ¿qué más quieres? —Lo dice con una sonrisa irónica que levanta la comisura de sus labios solo por un lado, que forma pequeñas arrugas alrededor de sus ojos y me provoca una risa entre dientes.

—Cuánta generosidad.

Recuerdo cómo entré en la consulta, aferrando en mi mano con orgullo la barrita de plástico y la línea azul que confirmaba mi recién descubierto estado de buena esperanza: el principio del resto de nuestra vida.

—Aunque tampoco fue para tanto, ¿no crees? No es que te costara demasiado estarte allí sentado. —Tengo que parar ahora mismo, antes de enfadarme. Debería desterrar de mi mente la idea de que pasaré por todo esto yo sola. Sabía dónde me metía cuando me casé con James: una fulgurante carrera en la Armada y dos niños pequeños. Familia instantánea, cambio de vida instantáneo—. Tendrías que probar a llevar esto encima todo el día. —Se me va la mano a la barriga.

—Yo cargué con el expediente de tu embarazo cuando salimos de allí —intenta argumentar, pero se da cuenta de que está llevando la broma demasiado lejos—. ¿Por qué no me enseñas las extrañas posturas de yoga que has aprendido hoy, ahora que los niños están entretenidos? —Me guiña un ojo y entonces veo lo que me está insinuando.

—¡James! —exclamo, algo escandalizada—. Zoe está arriba y los gemelos podrían entrar en cualquier momento.

—¿Tanto mal haríamos si, no sé, te apoyo aquí y...?

Me toma con suma delicadeza por la cintura (o por donde antes solía estar mi cintura) y me guía hacia la encimera de la cocina. Me inclina suavemente hacia delante, de manera que tengo que apoyar las palmas de las manos sobre la madera. Desde atrás, él posa las suyas en mis piernas y las desliza muy lentamente un poco hacia arriba, arrastrando mi vestido. Dios mío, qué bien sienta.

—Para —digo entre risas. Le aparto las manos—. Podría entrar alguien.

—Yo podría... —Oigo cómo se baja la cremallera—. Solo... así. Enseguida habríamos terminado.

Sé que tiene razón. Han pasado siglos. Me vuelvo y le doy un beso profundo. Mi barriga queda apretada entre ambos y es rarísimo sentirla ahí, entrometiéndose entre los dos en un momento tan íntimo. Me vuelvo otra vez, la tripa me cuelga baja al inclinarme hacia delante.

—Pero deprisa —digo, rezando por que todo salga bien, rezando por no destruir todo lo que siempre he deseado por culpa de una única estupidez.

Zoe está en la cocina cuando bajo a la mañana siguiente. Llego tarde al trabajo. Los niños ya llevan puesto el uniforme del cole y están comiendo huevos revueltos con una tostada. Cada uno tiene un zumo de naranja y un plátano preparados a un lado. Me siento extrañamente prescindible al ver esta sencilla estampa. ¿Cómo me sentiré cuando entregue a mi niña cada mañana una vez se me acabe la baja por maternidad?

—Estoy impresionada —confieso.

Zoe, en el fregadero, se vuelve. El sol de primera hora, que entra a raudales por la ventana, delinea su silueta.

—Parece que fuera hace frío —añado al ver la gruesa capa de escarcha.

Se produce un silencio que a mí se me hace incómodo aunque por lo visto a Zoe no. Ella sigue con sus tareas, enjuaga unos platos y los seca. Los niños están charlando y no veo que intenten empujarse, reñir ni negarse a comer nada que no sean cereales de colores brillantes y azucarados. ¿Se están portando así de bien para ponerme en evidencia, porque aunque me quieren saben que no soy su verdadera madre?

«Nos portaremos bien con Zoe y fatal con ella...»

Sus susurros imaginarios me provocan un escalofrío. Claro que no, pienso avergonzada.

—¿A qué hora llegarás esta tarde? —pregunta Zoe, y cuelga el paño de cocina en la barra cromada de la cocina.

—Tenemos lavavajillas para todo eso, lo sabes, ¿no? —digo, sonriendo. Ella se encoge de hombros—. Sobre las seis y media. —Y mi yo paranoico se pregunta por qué querrá saberlo.

¿Será para poder liberar a los gemelos después de haberlos tenido encerrados con llave en su cuarto? ¿Para largar al tipo con el que se habrá pasado toda la tarde fornicando? ¿Para saber cuándo dejar de revolver entre mis cosas o despertar de una larga siesta?

«¡Por el amor de Dios!», me regaño. Las hormonas están haciendo estragos esta mañana.

—Después de dejar a Oscar y a Noah en el colegio pensaba acercarme a la tienda ecológica a comprar unas verduras para hacer sopa —me dice Zoe—. ¿Querréis James y tú un poco para cenar?

—Gracias. —Supongo que la servirá también con pan casero—. Seguro que está muy rica, pero no sé yo si a los niños les... —Los miro. Están rebañando los platos—. Bueno, podemos intentarlo, ¿verdad? —Me esfuerzo por sonar jovial.

El caso es que me juego lo que sea a que Oscar y Noah se volverán locos con la sopa casera de Zoe. Antes de que me dé cuenta los tendrá cultivando sus propias hortalizas y preparándola ellos mismos.

El trayecto al trabajo en coche me da un poco de tiempo para pensar. Atrapada entre el tráfico, mi egoísmo ataca de frente. Es lo que yo quería, ¿verdad? Una vida familiar perfecta. ¿Acaso no estoy viviendo mi sueño de la infancia? Tengo un marido que me quiere, dos hijos que me han aceptado como su madre, una buena carrera profesional y pronto tendré también una niñita que será mía. Mi casa parece salida de una revista de decoración e incluso dispongo de una niñera que, después de un solo día, está demostrando ser insustituible. Está claro que voy a necesitarla en mi equipo si quiero que la vida se parezca, aunque solo sea un poco, a como ha sido estos últimos años.

¿Quién habría imaginado, cuando les hice aquella visita a dos pobres bebés sin madre, que acabaría casándome con su padre? No puedo evitar pensar que todo estaba predestinado, como si alguien hubiese escrito el guión de mi vida.

Aunque ya es un poco tarde, Mark es el único que está en la oficina cuando llego. Como directora de equipo tengo a cinco empleados a mi cargo, además de otros trabajadores del departamento y equipos de planificación y protección con los que coordinarme. En cuanto entro en el edificio, cualquier sensación de baja autoestima o autocompasión queda arrinconada por el torrente de necesidades imperiosas que me llama desde las decenas de niños en peligro que están ordenadamente catalogados en pilas de expedientes. Me pregunto qué estarían dispuestos a hacer por convertirse en parte de mi vida, en mis hijos, en mi ser más querido. Es algo que pienso la mayoría de los días, pero me quito de encima la sensación de culpabilidad en cuanto cuelgo el abrigo. Es un pensamiento imposible. No podría llevármelos a todos.

—Buenos días —dice Mark sin levantar la mirada.

El espacio de la oficina es abierto, aunque cada cual tiene su zona de trabajo. No hay cubículos porque a mí me gusta poder ver las caras de mis compañeros mientras comentamos los casos de un rincón al otro, o charlamos sobre algún *reality show* o nos decimos adónde iremos de vacaciones. Siento un revoloteo en la barriga al imaginar nuestro próximo viaje en familia. En verano, mi niña tendrá unos ocho meses.

—Buenos días —digo. Me sale con desánimo—. ¿Dónde está Tina?

—La canguro se le ha puesto enferma y ha tenido que dar un rodeo para pasar por casa de su madre, así que llegará tarde. —No hay compasión en su voz. No tiene hijos y no parece probable que vaya a formar una familia en un futuro cercano. Ha estado soltero desde que lo conozco.

—Qué rabia. Iba a acompañarme a casa de Christine Lowe esta mañana.

—Pues tendrás que conformarte conmigo otra vez. —Mark apura su taza de café. Se bebe unas diez cada día—. No puedo dejar que vayas sola. No en tu estado.

Ahora que Christine ha vuelto del hospital le haremos visitas diarias, y en el pasado ya ha arremetido contra nosotros.

Cuando la conocí acababa de ser madre por segunda vez. Al cabo de una semana de dar a luz ya estábamos apresurándonos con todo el papeleo para llevarnos a los dos niños. Un bebé (un niño, si no recuerdo mal) y una niña de dos años. Un bebé precioso con una buena mata de pelo oscuro y verdugones morados en las piernas. Su hermana presentaba una decoración similar. Eso fue hará unos trece años. Desde entonces ha tenido un crío cada dos años más o menos, y se los hemos quitado todos.

—¿Te has enterado de esa historia terrible de las noticias? —comenta Mark. Veo que traga saliva, preguntándose si se ha pasado de la raya—. ¿La de esa pobre embarazada?

—¿Qué embarazada? —digo sorprendida, con lo que obligo a Mark a estremecerse aposta. Sonrío un poco para hacerle saber que estoy de broma, y que por supuesto que me he enterado.

—Es espeluznante. ¿Cómo habrán podido...? —No sabe hasta dónde explayarse. ¿Creerá que me voy a derrumbar si hablamos de ello?

—¿El asesinato de la embarazada, decís? —Diane, que ha estado aguzando el oído, sale de la cocina con una bandeja llena de tazas de café—. No me lo podía creer. ¿Y a que no sabéis qué? Resulta que mi madre conoce a la madre de la chica muerta. Fueron juntas al colegio, hace años, y siguen en contacto. Cuando sacaron la foto de la víctima en la tele se veía a su madre al fondo y mi madre la reconoció. El apellido fue la confirmación. Frith no es tan común, ¿verdad?

Diane va repartiendo las tazas, en la mía pone «Dame un pepinillo ¡YA!». Nadie sabe muy bien qué decir sobre el asesinato. En el departamento ya vemos tragedias suficientes como para añadirles otra más.

—Por mí no hace falta que evitéis el tema —les aseguro—. Los detalles no son más espantosos para mí que para vosotros. Que esté embarazada no significa que no pueda enfrentarme a la vida real. —Me encojo de hombros e intento no pensar en lo que debió de soportar esa chica antes de morir. Dos vidas perdidas innecesariamente.

—¿Han detenido a alguien? —pregunta Mark antes de dar un sorbo al café y volver a concentrarse en su ordenador.

—Creo que no —contesta Diane. Se sujeta un mechón de pelo oscuro tras la oreja y mordisquea una galleta, luego gira en la silla para encararse a su escritorio—. Mi madre iba a acercarse por allí más tarde. A ver si puede ayudar en algo. —Ya está repiqueteando en el teclado.

Entra la primera llamada del día. Un médico del barrio que está preocupado por una joven paciente. Tenemos a una adolescente en plena crisis y me toca a mí hacerla entrar en vereda.

Christine Lowe no ha cambiado mucho con los años. A pesar de sus múltiples embarazos y varios compañeros maltratadores, a pesar de que le han quitado a todos sus hijos y de estar tan enganchada a las drogas que hasta el peor politoxicómano quedaría impresionado, últimamente es una mujer tranquila y casi de buenos modales que acepta con resignación lo que le ha tocado vivir.

—Adelante —dice.

Un cigarrillo cabecea en sus labios cuando habla. Su casa no huele tan mal como antes, e incluso parece que ha hecho el esfuerzo de recoger un poco. Hay dos pastores alemanes desplomados ante una chimenea de gas. Junto a ellos, en el suelo, el bebé descansa en un moisés muy gastado. Christine ya no monta demasiado escándalo cuando nos presentamos.

—¿Y a quién tenemos aquí? —pregunto.

—A Nathan —informa con resignación—. ¿Hay alguna posibilidad de que su abuela lo vea antes de que os lo llevéis? Ha estado ingresada.

Aparta a uno de los perros tirándole del collar cuando ve que se acerca a olisquear la cara del bebé. Un impulso más maternal por parte del perro, presiento, y dudo que Christine hubiese intervenido de no estar nosotros aquí.

—Eso depende —dice Mark. Me dirige una miradita.

—¿De qué? —espeta ella. Nunca se ha llevado bien con los hombres del departamento.

—De si eres capaz de seguir al pie de la letra el plan de cuidados que te prepararemos para el niño. —Mark está haciendo anotaciones.

—¿Cuánto tiempo estará tu madre en el hospital? —pregunto, intentando despertar al pequeño. No me gusta lo que veo. Quiero sacar a este bebe de aquí.

Christine se lleva una mano a la frente y se tambalea. Está muy pálida.

—Siéntate —le digo.

Se desploma sobre el sofá hundido y un perro posa el morro en su rodilla. Ojalá los perros estuviesen al mando.

—¿Has comido algo hoy? —pregunto.

Ella niega con la cabeza.

—¿Dónde está tu compañero? —Al instante recuerdo que Mark me ha dicho que vuelve a estar en la cárcel. Es un milagro que Christine consiga quedarse embarazada.

—En la trena —confirma.

—¿Se alimenta bien Nathan? —No ha emitido ningún ruido ni se ha movido desde que hemos llegado. Sé que la enfermera de los servicios sociales pasará todos los días, pero hasta que terminemos con el papeleo estamos atados de manos.

—Sí —contesta.

Me doy cuenta de que le cuesta trabajo pensar, intenta recordar algo. Christine tiene dificultades de aprendizaje. Una parte de mí se pregunta si sabe siquiera que no es normal que te quiten a tus hijos nada más parirlos. Se queda mirando fijamente al bebé.

—Le gusta la leche —añade, como si fuera una auténtica revelación.

—¿Cuándo ha tomado por última vez? —pregunto.

Mark le está acariciando la cabeza al niño, intenta despertarlo. Se revuelve, despacio. De pronto me doy cuenta de que aquí dentro hace un calor agobiante. Falta el aire.

—Apaga el fuego —digo.

—Ha tomado un poco por la noche —contesta Christine, satisfecha consigo misma.

Está esquelética para haber dado a luz hace tan poco. Yo no he dejado de coger peso desde que me quedé embarazada.

—Tú también vas a tener uno —me dice con una gran sonrisa. Se levanta y se acerca a mí con las manos extendidas. Las apoya en mi barriga. Me ha dejado tan descolocada que no puedo moverme—. Es un niño —dice, sonriendo aún.

«Te equivocas», pienso, porque ya sé que voy a tener una niña.

Me inclino hacia un lado y le susurro a Mark al oído:

—Tenemos que sacarlo de aquí cuanto antes.

Él asiente. Los dos sabemos que, a menos que Christine acceda a ello, necesitaremos una orden judicial urgente.

—¿Te gustaría poder descansar un poco y dejar de vigilar al pequeño Nathan? —pregunto.

Aunque no hay nada que desee más que sacar al chiquitín del moisés, llevármelo a casa, darle de comer, bañarlo, mimarlo... tenemos que hacer las cosas correctamente. Hay papeles que firmar, y sé que la madre podría cambiar de opinión en cualquier momento.

Al final Christine me concede un ligerísimo asentimiento de cabeza y yo rezo en silencio dando gracias antes de que todos salgamos hacia la oficina. Llamo por teléfono para avisar al equipo con antelación. Ya tengo un agradable hogar de acogida en mente.

# 8

—Bueno, me voy —dijo Lorraine, asomando la cabeza por el despacho de Adam de camino a la salida. Él apenas levantó la mirada de su escritorio—. A interrogar a los padres de Sally-Ann, ¿no te acuerdas? —Ella puso cara de exasperación.

Adam levantó una mano en un desganado gesto de despedida. Estaba enfrascado en algo.

Lorraine se llevó consigo al agente Patrick Ainsley, su preferido de toda la sangre nueva que estaban inyectando en Investigación Criminal. Entre ellos dos, el médico que acababa de pasarse a administrarle más sedantes a la madre y un oficial de enlace con la familia bastante traumatizado habían conseguido que la señora Frith hilara unas cuantas frases coherentes. Mientras la mujer se les iba abriendo lenta y dolorosamente, Lorraine tuvo el pálpito de que sería la madre quien más los ayudaría. Más que el severo padre, algo distante, que todavía tenía que reaccionar al hecho de que su única hija estuviera muerta.

—Es que no me lo puedo creer —repetía la señora Frith una y otra vez. Tenía la voz quebradiza, apenas estaba allí—. Pellízquenme, pellízquenme por lo que más quieran. Despiértenme de esta pesadilla. —Se balanceaba aferrada a un montón de pañuelos de papel.

—La acompaño en el sentimiento, señora Frith. Es inconcebible que alguien haya hecho algo así. Por favor, tenga presente que estamos haciendo cuanto está en nuestra mano para encontrar al responsable.

«Responsable», pensó Lorraine con acritud. Quienquiera que hubiese hecho aquello no tenía ni un gramo de responsabilidad. Solo había escogido esa palabra para evitar la de «asesino».

—¿Podría decirme cuándo vio a su hija por última vez?
—Estaba lista para tomar notas. El agente Ainsley se encargaba de la grabación. Habían acordado hacerlo así: no era una declaración oficial, pero sería importante poder escuchar los comentarios de los Frith más adelante. A Lorraine nunca dejaba de sorprenderle lo que podía pasarse por alto la primera ocasión—. ¿Señora Frith?

—El sábado pasado —intervino el señor Frith con frialdad. Apenas había dicho una palabra hasta entonces—. Daphne fue a verla. Fuiste, ¿verdad? —Miró a su mujer.

Lorraine supuso que el hombre seguía conmocionado, que lloraba la pérdida a su manera, aunque sus palabras carecían de emoción alguna, como si todo aquello fuese más bien una molestia.

La señora Frith asintió.

—¿A qué hora del sábado fue eso? —le preguntó Lorraine.

Se inclinó más hacia ella con la esperanza de que la mujer contestara sin ayuda esta vez.

—Por la mañana —dijo con voz queda. No lograba controlar los temblores.

—Casi a mediodía —añadió el señor Frith.

—¿Y cómo encontró a Sally-Ann? —Lorraine miró al agente Ainsley.

—Bien. Estaba emocionada pero nerviosa por tener ya al niño.

—Le habían programado una cesárea, tengo entendido.

—Sí.

No hacía falta preguntar por qué. El hospital ya les había confirmado que Sally-Ann sufría de placenta previa: una complicación del embarazo en que la placenta se implanta obstruyendo la vía de salida natural del bebé. El tocólogo había querido explicarle a Lorraine que era imprescindible hacer una cesárea, pero se había detenido al interrumpirlo ella para decirle que sus dos hijas habían nacido también de esa forma, exactamente por la misma razón.

«Tuvo mala suerte», fue todo lo que dijo el médico, y Lorraine no pudo estar más que de acuerdo con él.

—Así que era muy importante que Sally-Ann no se pusiera de parto de manera espontánea —afirmó Lorraine.

La señora Frith asintió con la cabeza. Lorraine recordó que su tocólogo, años atrás, le había dicho que si se ponía de parto sufriría una hemorragia interna que pondría su vida en peligro, y que la niña se vería sometida a una falta de oxígeno en cuanto la placenta se desprendiera. No era una situación ideal para ninguno de los implicados, así que el parto quirúrgico planificado era la mejor opción. La programación lo era todo.

—Qué horror —consiguió proferir la señora Frith—. Que al final muriera igualmente. —Miró a su marido de reojo, como si supiera lo que se le venía encima. Se le saltaron las lágrimas.

—Dios quería llevárselos, a ella y a su bastardo, como fuera —sentenció el señor Frith, y se santiguó.

—Entiendo que es su dolor el que habla, señor Frith —dijo Lorraine para intentar suavizar el escalofrío que había atenazado la garganta de todos ellos.

—No, no es eso —dijo la señora Frith con voz lastimera—. No soportaba que Sally-Ann fuese a tener un niño.

—¿Por qué no? —Esa era la razón por la que Lorraine había decidido grabar su encuentro.

—No estaba casada —susurró la señora Frith, como si el mero hecho de decirlo fuese ya un pecado.

—Y ningún nieto mío va a nacer fuera del sacramento del matrimonio. Ya fue suficiente disgusto saber que Russell Goodall era el padre. —La cara del señor Frith se había encendido de odio e ira. Unas venas azul negruzco serpenteaban por sus mejillas y el fresón de su nariz, lo cual indicaba un estilo de vida de lo más impío.

—¿Están seguros de que Russell Goodall era el padre biológico del niño? —Las pruebas de ADN pronto lo dirían, pero ella quería conocer su opinión.

—Eso nos dijo Sally-Ann —contestó el señor Frith, que profirió algo entre un gruñido y un suspiro.

—No, Sally-Ann no estaba segura, Bill —intervino la señora Frith—. Era una chica... con mucho éxito.

—Una guarra, querrás decir.

—Siga —le pidió Lorraine a la señora Frith.

—Tenía dos novios. Era incapaz de decidirse por uno de ellos. Cuando Liam se enteró de lo del niño no quiso tener nada más que ver con ella. Dijo que no podía ser suyo —explicó la señora Frith con docilidad.

—Una zorra y una guarra, es lo que era.

—¡Bill! —exclamó la señora Frith con las pocas fuerzas que le quedaban—. Nuestra hija no era... ella no era así.

—¿Cómo se apellida ese Liam, señora Frith?

—Rider. Liam Rider.

—Y está casado y tiene su propia familia, añadiré yo. —Las manos del señor Frith se habían convertido en dos puños apretados. Inspiraba y exhalaba como si no quedase oxígeno en la habitación—. No me extraña que el sucio hijo de perra se largara corriendo en cuanto Sally-Ann se quedó preñada.

—¿O sea que no pueden estar seguros de quién es el verdadero padre? —Lorraine sabía que lo más importante era cuál de esos dos hombres creía serlo.

—Eso atormentaba a Sally-Ann. Cuando Liam dijo que no quería verla más intentó olvidarlo —dijo la señora Frith—. Quiso borrarlo de su vida, pero fue duro. Lo quería.

«Literalmente», pensó Lorraine al recordar el nombre tachado del expediente médico.

—Russell estuvo a la altura de las circunstancias. Es un joven de gran corazón —siguió explicando la madre.

—Es un muerto de hambre, eso es lo que es. —Otra vez el turno del señor Frith.

—¿Dónde conoció Sally-Ann a Liam Rider? —preguntó Lorraine—. ¿A quién de los dos conoció antes?

—Russ era su amigo desde que iban a primaria, pero a Liam no lo conoció hasta que se matriculó en ese curso de la escuela superior. Él le daba clases de contabilidad. Todo cambió cuando conoció a Liam.

—Más bien le daba clases de inmoralidad —apostilló el señor Frith.

De pronto pareció que se le hinchaban dos balones en las mejillas y su cara se tiñó de un intenso rojo remolacha, enseguida rompió a llorar con unos sollozos secos y ásperos. Se tapó la cara y agachó la cabeza. Unas grasientas greñas de pelo gris cruzaban su despejada coronilla.

Lorraine miró a Patrick. Le dieron un momento al hombre.

—Desahógate, cielo —dijo la señora Frith, pero su marido le apartó la mano que había posado en su espalda. Él tenía que hacerlo a su manera.

—Una pregunta más. —Lorraine tomó aliento pero se detuvo.

Iba a preguntar por qué creían que habría inscrito Sally-Ann a Russ Goodall como el familiar más cercano en el expediente médico, y no a ninguno de ellos dos. Pero al mirarlos, primero a uno y luego al otro, le pareció adivinarlo.

Liam Rider no estaba en casa. Una desconcertada mujer de unos treinta y cinco años les abrió la puerta con un par de niños espiando desde el fondo del recibidor. Era una casa bonita, un adosado de los años cincuenta con un jardín delantero muy cuidado y una maceta de pensamientos junto a la puerta de entrada. Los aromas de la cocina (patatas al horno, o fritas) se derramaban desde el interior mientras la señora de la casa comprobaba su identificación. Lorraine sintió un rugido en el estómago.

—¿Va todo bien? —preguntó la mujer, algo más pálida—. ¿Liam está bien?

Se agarró al marco de la puerta mientras Lorraine la convencía de que todo iba bien, de que no se había producido ningún accidente. No tuvo el valor de decir que no había muerto nadie.

—Con quien quisiera hablar es con el señor Rider —explicó la inspectora—. ¿Sabe dónde puedo encontrarlo?

—En la escuela, creo —contestó ella.

Sus ojos lanzaban raudas miradas por debajo de un recto flequillo rubio. No parecía la clase de esposa a la que se engaña. Aunque, claro, tampoco Lorraine había creído que ella misma lo fuera hasta que Adam, borracho de culpabilidad, decidió contarle que había tenido una breve («brevísima») aventura. Lorraine tragó saliva y se olvidó de ello. No era el momento.

—¿En Craven Road Campus? —preguntó.

La mujer asintió con la cabeza. Era el lugar donde su marido trabajaba, y ligaba también, aunque eso ella no lo sabía. «Usted y yo tenemos algo en común», quiso decirle Lorraine, pero se lo calló.

«Breve... No ha significado nada... Se acabó...» Adam le dijo que había sido un estúpido, que iba borracho, que atravesaba una crisis, que la otra le había ido detrás y que no había sido culpa suya. ¿Qué consejo podría darle a esa mujer, más joven que ella?, se preguntó Lorraine. ¿Escapa mientras puedas? ¿Págale con la misma moneda? ¿Desplúmalo? Aunque la casa parecía bastante bonita estaba claro que Liam Rider no tenía mucho que desplumar. Como tampoco lo tenía Adam, aunque eso a ella no le había impedido fantasear con dejarlo sin blanca.

—Si vuelve a casa antes de que lo hayamos encontrado, ¿le pedirá que me llame? —Lorraine le dio una tarjeta a la mujer—. Es urgente.

—No se habrá metido en ningún lío, ¿verdad? —Ahuyentó a los niños, que se habían acercado a la puerta.

—No. Solo necesito su ayuda en una investigación. —Lorraine le ofreció una sonrisa lacónica antes de salir hacia la escuela.

—¿Sabes lo primero que ha dicho ese tipo? —Lorraine estaba en la cocina, sentada en uno de los taburetes altos. Cuando las niñas ya estaban listas para irse a la cama, aquello se convertía en la oficina.

Su marido dijo que no con la cabeza.

—«No se lo dirán a mi mujer, ¿verdad?»

Adam hizo una mueca. No había estado en el interrogatorio.

—Natural.

Acababa de llegar de correr y, aunque la escarcha ya había empezado a invadir los pavimentos y las rejas, a él le caían gotas de sudor. Se secó la cara con el paño de la cocina. Lorraine se lo arrebató y lo lanzó al lavadero, al otro lado de la puerta.

—Eso es asqueroso —le dijo—. Y me refiero a las dos cosas.

No podía evitar lanzarle alguna pulla de vez en cuando. Todavía no hacía ni un año. Casi siempre era capaz de soportarlo, de echárselo a la espalda y seguir adelante con su vida. Pero de pronto había momentos en que no lo lograba y lo único que quería era hacerle la vida imposible a Adam, con todas sus fuerzas, durante el resto de sus días.

—¿Qué más tenía que decir Rider? —Le dio un mordisco a una manzana—. ¿Ha accedido a hacerse una prueba de ADN?

—Se había enterado de lo de Sally-Ann por las noticias; ha tenido un par de días para superar el golpe. Aun así, todavía estaba muy afectado. No ha sido una forma demasiado agradable de enterarse. Ha dicho que la chica era una estudiante prometedora, que intentaba enderezar su vida con ese curso, bla, bla, bla. —Lorraine inspiró hondo. No era el momento—. Y sí, ha accedido a darnos una muestra en ese mismo momento.

Adam se quitó el brillante top de carrera y lo lanzó al suelo del lavadero, junto al paño de cocina.

—¿Sabemos ya la hora de la muerte? —preguntó.

—He hablado con el forense. Lo más que puede decirnos es que llevaba muerta un mínimo de treinta y ocho horas y un máximo de cuarenta y una. Rider me ha dicho, sin que yo le preguntara nada, que podía demostrar dónde había estado en todo momento toda esta última semana, y ha sido entonces cuando prácticamente me ha suplicado que no se lo contara a su mujer. «La mataría», creo que han sido sus palabras.

Lorraine se mordió el interior de la mejilla. Adam no parecía incómodo ni de lejos.

—Rider dice que terminó con Sally-Ann hace varios meses, cuando ella insistió en que el niño era suyo. Quería dinero y él no tenía nada que darle. Y, desde luego, tampoco le apetecía que su mujer supiese lo de la aventura ni lo del bebé. Si quieres saber mi opinión, se arriesgó mucho dejándola. Me ha dicho que, si todo sale a la luz, él lo negará. —Lorraine bajó del taburete y se apoyó contra la encimera. Sintió que se le aceleraba el corazón—. ¿Sabes qué más me ha dicho? —Hizo una pausa—. Que, a menos que te pillen in fraganti, nadie puede demostrar nada. —En ese momento hubiese querido estamparle un bofetón.

—Pues lo recordaré —repuso Adam con amargura, y subió a darse una ducha.

## 9

Lo peor de no estar embarazada es que, de repente, todo en la vida parece tener que ver con bebés. Y lo peor de tener que inventar tantas historias, de vivir literalmente en el centro de una mentira que no deja de cambiar, es que las historias se complican más y más, cada vez son más retorcidas y falsas, así que al final me cuesta recordar quién soy yo de verdad.

Aunque, mirándolo bien, decido que por el momento ser otra persona no está tan mal; que ser mi auténtico yo sería peligroso y muy poco útil en la situación en que me encuentro. Estoy aquí por una única razón y pronto llegará mi hora. La espera en sí es una gestación.

—Bueno... —dice Pip intentando llenar el vacío.

Nos hemos quedado sin conversación. Lilly y los gemelos están en la sala de juegos. Parece que se llevan bastante bien. Oigo repiqueteos, cháchara y algún que otro «¡uy!», y por lo menos no se están matando. Pip y yo estamos sentadas a la mesa de la cocina de Claudia (pienso en todo lo de la casa como en propiedad de Claudia) y hacemos bromas sobre niños, bebés, embarazos y partos. Entonces Pip me suelta la bofetada:

—¿Y tú nunca has querido tener hijos?

Es una de esas preguntas que no se pueden contestar. Bueno, no puedo si quiero permanecer dentro de mi recién construida burbuja de mentiras y engaños, además de conservar mi trabajo, claro. Si la cago demasiado pronto, me pondrán de patitas en la calle. De nada me servirá explicarme.

Para eludirla pruebo con unas risas. Luego me escondo tras un largo sorbo de mi taza de té. Mi siguiente táctica es un grito a los niños para asegurarme de que siguen jugando pacíficamente. Consulto mi reloj y luego miro el de la pared, pero Pip solo lleva aquí diez minutos. Todavía falta mucho para que se marche. Además, no he contestado su pregunta.

«¿Y tú nunca has querido tener hijos?»

—Yo... —Titubeo. No tengo ni idea de qué decir—. Bueno...

La sonrisa de interés de Pip ha remitido y ahora también está buscando formas para evitarme tener que contestar. Mi lenguaje corporal se ha vuelto torpe: expresión afligida, brazos cruzados estrechando mi nada embarazado vientre, ambos pies repicando nerviosos sobre las baldosas. No podría dejar más claro que no quiero hablar del tema, pero tendré que hacerlo.

—Es complicado —digo. Las sílabas son cuchillas en mi boca.

Pip se limita a mirarme, se siente fatal, desearía no haberme preguntado nada. «Mírala, sentada en la preciosa silla de pino de la cocina de Claudia, tan embarazada y tan enorme y rebosante de vida y esperanza y amor. Sus pechos hinchados abultan bajo ese jersey que le va grande. Podría ser tejido a mano: una confección casera a juego con su bebé hecho en casa. Qué monada. Qué diferente a mí.»

—Todavía no he conocido a la persona adecuada.

No tengo que decir más. Debería callarme ahora mismo. Jamás lo comprendería. Así, Pip sencillamente se sentiría aliviada al ver que su metedura de pata ha pasado y podríamos hablar sobre recetas de galletas, o colegios, o cuánto hace que conoce a Claudia. En lugar de eso, por alguna razón desconocida pero espantosa, continúo:

—No es que no lo haya intentado, te lo garantizo. Ya sé lo

que estás pensando, que está claro que paso de los treinta y no tengo a un hombre en mi vida, así que debería dar un paso al frente, pero ¿cómo narices voy a hacerlo sin un compañero?

«¿Qué estoy diciendo?»

Clavo las uñas en las palmas de las manos para obligarme a callar. Sé perfectamente que hay muchas formas de conseguir un niño sin pareja. Es solo que ninguna de ellas me ha salido bien de momento.

—¿Tienes más de treinta? —pregunta Pip en un pobre y halagador intento por cambiar de tema. Tiene las mejillas de un rojo subido. Las embarazadas se sofocan enseguida.

—Treinta y tres —confieso—. Treinta y tres, solterona y sin hijos. —Me río, pero lo que sale es una carcajada demencial. Oigo las palabras de mi madre desde la tumba: «Fíjate, no está casada, no tiene hijos. Ya lo decía yo...». Luego otra risita, para aligerar un poco la situación. Aunque de alguna forma quiero que Pip (alguien, quien sea) sienta mi dolor, no puedo dejar que eso lo estropee todo. Lo último que necesito es que le diga a Claudia que soy una especie de psicópata obsesionada con los bebés. Me echaría de una patada sin pensárselo dos veces. Todo esto está calculado al milímetro. Contengo un instante la respiración—. Pero lo llevo bien. Tengo la suerte de trabajar con niños. —Otra risa. Más convincente esta vez.

—Me alegro de oír eso —añade Pip con un suspiro, que es claramente de alivio. Un signo de puntuación: un punto y aparte.

—Mamá, Noah me ha roto la Barbie —dice Lilly, blandiendo una muñeca desnuda y contorsionada en dirección a su madre.

—¡Vaya, hombre! —exclama Pip, mirándome de medio lado como si de algún modo fuese culpa mía—. Déjame ver.

—Noah —digo con una severidad forzada—. ¿Por qué has hecho eso? —En realidad me gustaría darle unas palmaditas en la cabeza y decirle que muy bien.

—Porque Barbie es idiota y no es de verdad —contesta él, leyéndome el pensamiento.

—Eso no es motivo para romperle la muñeca a nadie —le riño—. ¿Qué le tienes que decir a Lilly?

Noah se encoge de hombros. Se muerde el labio hasta que le sale sangre.

—Pídele perdón —insisto.

—Ya no está rota —dice Pip al devolverle la muñeca arreglada a Lilly—. Solo un poco retorcida.

Veo cómo Noah sigue con la mirada a Lilly y a la Barbie lisiada cuando salen de la cocina. Está claro que lo intentará otra vez. Empiezo a ver que este niño se parece mucho a mí: las cosas que son tan perfectas lo están pidiendo a gritos.

Cuando Pip por fin se ha marchado con una resentida Lilly a remolque y la promesa de convertir estas tardes de juego en un acontecimiento semanal, me pongo con la cena de los niños. Les había prometido sopa casera, ¿no?

Me asomo a la sala y veo que los gemelos están pegados a no sé qué dibujos animados. Una segunda inspección me descubre que en realidad Oscar está dormido, se ha desmoronado sobre el brazo del sofá y le cae un hilillo de baba hasta la tapicería. Noah me mira tan tranquilo (nuestro nuevo lazo empieza a estrecharse en silencio) y se vuelve otra vez hacia la tele sin abrir la boca.

Cierro la puerta y cojo el abrigo, el bolso y las llaves. Desde lo alto de los escalones de la entrada compruebo la calle a izquierda y derecha. No hay nadie por ningún lado, nadie se fijará en mí. Casi puedo ver mi objetivo y, tras una honda inspiración, me lanzo escalones abajo y cruzo la verja. Sin detenerme ni un instante me acerco a la tienda de la esquina, compro todo lo que necesito (increpo en silencio a la vieja que, delante de mí, está contando el suelto: un penique ahorrado con un esfuerzo tras otro) y antes de darme cuenta ya estoy de vuelta en el recibidor, quitándome el abrigo. Intento no jadear y me asomo otra vez a la sala. Los niños están sanos y salvos donde los he dejado, pero de pronto la inyección de adrenalina me nubla la vista. Una mano en el marco de la puerta hace que vuelva en mí.

—James —digo automáticamente. Fuerzo una sonrisa que ha quedado enterrada bajo mi sobresalto.

—Zoe —dice él, y tengo menos de un segundo para decidir si está enfadado, si sabe que he dejado a sus hijos solos en casa—. ¿Qué tal te ha ido el día?

—Bien —contesto, todavía insegura y maldiciéndome por no tener ni idea de cómo preparar una sopa.

—Parece que tengas frío —comenta mientras se levanta y se estira.

—Es que acabo de sacar la basura para reciclar —explico, y doy gracias por haberme encargado de eso antes, por la tarde, y haber tenido la presencia de ánimo suficiente para acordarme ahora. Los cubos de la basura llenos en la cocina me habrían delatado.

Con un pie empujo las bolsas de plástico de la compra por el suelo, aunque no tendría que haberme molestado, porque James vuelve a hundirse en el sofá y rodea a cada uno de sus hijos con un brazo.

—Genial —dice con torpeza. Oscar ya se ha despertado y James está más interesado en hablar con su adormilado hijo que en ocuparse de mí.

—Pues voy a prepararles la cena —anuncio, y desaparezco en la cocina.

—Algo huele estupendamente —dice Claudia.

Se la ve cansada y estresada, pero con una pátina de entereza aplicada por encima. No creo que esté del todo cómoda aún con la idea de tenerme aquí. Lo que debe comprender es que las dos lo necesitamos.

—Es la sopa —anuncio con orgullo. Una gran olla llena hierve a fuego lento en un hornillo de la cocina Aga. Gracias a una rápida búsqueda por internet pude enterarme de cómo funcionaba este maldito cacharro antes de empezar a trabajar aquí. Por lo visto, mis anteriores jefes tenían una—. Casera, claro.

Diez latas vacías (una buena sopa se cocina siempre en grandes cantidades, me dijo una vez mi tía) están ya prensadas y depositadas en el fondo del cubo del reciclaje. Solo hay que añadir unas cuantas hierbas aromáticas frescas y nadie se preguntará de dónde ha salido, sobre todo si creen que me he pasado la tarde pelando y cortando verduras.

—Pip se ha pasado antes por aquí —le digo para despistarla y que deje de fijarse en el aroma, pero ella viene directa y pone la nariz encima del guiso, apretando la barriga contra la barra de la cocina, para inhalar los efluvios de mi falsa cocina casera.

—Seguro que tienes un ingrediente secreto —comenta, cerrando un instante los ojos.

Nuestras caras están muy cerca. A solo un aliento. Y con toda esa vida nueva que zumba en su interior.

—Si te lo dijera —contesto con una sonrisa— tendría que matarte.

Más tarde, después de que los niños hayan rebañado sus cuencos y hayan pedido repetir no una, sino dos veces, después de que hayan rechupeteado su melocotón troceado y se hayan relamido lo dedos, después de un baño caliente de burbujas compartido con una docena de dinosaurios de plástico y de un cuento, después de haberles dado las buenas noches también a James y a Claudia (y haberle hecho alguna pregunta a ella en privado sobre cómo se encuentra, si cree que ya le falta poco para el gran día), me desplomo en la cama como si el cansancio y el sufrimiento me hubieran disuelto los huesos. Cuando llegan las lágrimas, tengo que enterrarlas en la almohada. Cuando llega la ira, muerdo para sofocarla y dejo pequeñas marcas de frustración con forma de dientes en el algodón bien planchado.

¿Por qué ha tenido que pasarme esto ahora?

Saco mi bolsa de viaje del fondo del armario. Abro la cremallera de un compartimento interior y saco la caja azul y blanca. «Clear Blue», dice por delante. Con una precisión superior al noventa y nueve por ciento. Dos pruebas.

Lo único que consigo es querer irme a mi casa. Lo único que consigo es sentirme vacía y completamente inservible por dentro.

# 10

—Ha estado fumando. —Recorro el cuarto de estar bamboleándome de aquí para allá.

—Tonterías —contesta James con cansancio—. No fuma. ¿No te acuerdas de que se lo preguntamos en la entrevista?

—Se lo he olido. Estoy segura.

Lo pienso un momento. James tiene razón. Nos dijo que no fumaba. Pero no quiero que los niños la vean encendiéndose un cigarrillo a escondidas en la puerta de atrás, ni que lo huelan siquiera. Antes de que nos demos cuenta pensarán que no pasa nada si ellos también lo hacen. No es así como quiero educarlos.

—Si tanto te preocupa, pregúntaselo —dice James.

—¿Cómo voy a hacer eso? —salto yo. No hago más que ir y venir desde la chimenea hasta donde está él—. No es bueno que piense que no confiamos en ella.

—No seas tonta —insiste James. Por algún motivo me señala la chimenea vacía. En esta sala siempre hace algo de frío, pero James se ha empeñado en que vengamos aquí a hablar porque es la que queda más lejos de la habitación de los niños y la escalera que va al dormitorio de Zoe—. ¿Te acuerdas de que antes ha encendido la estufa de la sala y se ha quejado de lo difícil que era ponerla en marcha? Ha dicho que la habitación se ha llenado de humo y se ha disculpado. No ha sido más que eso, Claudia. El humo de la leña que ha impregnado su ropa.

Seguro que James sabe tan bien como yo que hay una diferencia entre un humo y otro. Puede que esté embarazada, pero no he perdido el sentido del olfato.

—No, te digo que no. Te equivocas. Era humo de tabaco, en su aliento.

De pronto nos quedamos callados porque la puerta se abre con un chasquido a la vez que oímos unos delicados golpes en ella.

—Solo soy yo —dice Zoe—. Siento interrumpiros a estas horas.

Parece angustiada. ¿Nos habrá oído hablando de ella?

—Pasa —le indica James.

Ojalá no me haya oído.

—En realidad no es nada —dice, a lo mejor siente nuestra incomodidad—. Podemos hablar mañana si estáis ocupados.

Espera nerviosa en el umbral, mirándonos a uno y otro por turnos. Su expresión es de súplica y de disculpa a la vez. Algo le ronda la cabeza y no está segura de cómo contárnoslo. Parece que ya se había acostado, a lo mejor no podía dormir. Tiene el pelo algo revuelto por un lado y se ha quitado el poco maquillaje que llevaba en los ojos. En la pálida piel de sus mejillas y su frente se ve el suave brillo de la crema de noche, aún por absorberse, y su camiseta puesta del revés y los gruesos calcetines de lana son otro revelador indicio de la intención de irse temprano a la cama.

«¿Qué la habrá hecho bajar otra vez?», me pregunto.

—Tranquila, no estamos ocupados —contesto, sintiendo algo de lástima por ella. Doy unos golpecitos en el sitio libre del sofá y, cuando se sienta, insegura, miro a James abriendo un poco más los ojos. Un gesto que solo él puede percibir.

«No hay humo sin fuego», solía decir mi madre, y me viene ahora a la cabeza.

—¿Qué te preocupa? —De pronto me asalta la idea de que, después de tan solo dos días, va a presentarnos su renuncia. No se me había ocurrido pensar que pudiera dejarnos.

—No es que nada me preocupe exactamente, es solo que...

—¿Queréis que os deje solas para hablar? —sugiere James.

—Buena idea —digo yo—. ¿Por qué no pones agua en el hervidor?

James asiente con la cabeza y se va a la cocina, agradecido por el indulto.

—¿«Es solo que...»? —le pregunto a Zoe, retomando su vacilante comienzo.

—No sé muy bien cómo exponerlo. Supongo que preguntártelo directamente será lo mejor.

Zoe se toquetea las uñas, bien recortadas. Unos finos mechones de pelo le rozan el cuello. Si fuera su madre, ahora mismo se lo retiraría tras las orejas y deslizaría un dedo con suavidad bajo su barbilla para levantarle la cabeza. Miraría en sus ojos color gris lechoso y comprendería qué le ocurre antes aun de que ella misma lo descubriera. La acercaría a mí, la abrazaría, le haría comprender que me tiene para lo que necesite, sea lo que sea eso que quiere preguntarme.

—Es sobre los fines de semana. —Sus palabras son tenues y vaporosas.

—¿Sí?

—Bueno, no sé qué te parecería... es solo que me vendría muy bien que... —Agacha la cabeza aún más.

—Zoe, que no muerdo.

Por fin se yergue y me mira de frente. La línea de su mandíbula es fina y menuda, como si la hubieran esculpido unos dedos delicados. Sus pómulos recogen la precisión de sus facciones, pero al mismo tiempo dan paso a esos ojos empañados que tiene. Parece que en ellos siempre haya unas lágrimas a punto de derramarse.

—La verdad es que no tengo adonde ir los fines de semana.

Intento comprender qué supone eso, pero, antes de que me dé tiempo, ya he hablado:

—Entonces, Zoe, tienes que quedarte aquí. —Han sido los borbotones de alivio que he sentido al ver que no estaba presentando su renuncia, a pesar de mis sospechas, lo que me ha hecho decir eso.

—¿De verdad? —Su barbilla se eleva algo más y se le ilumina la mirada. Veo el resplandor de una sonrisa.

—Sí —contesto, esta vez con más dudas, porque me doy cuenta de que seguramente debería haberlo consultado antes con James, sobre todo después de haberla acusado como acababa de hacer. Pero seguro que a él no le importa. Además, pronto volverá a marcharse y es él quien insistía desde el principio en que debería tener a alguien que me ayudara—. ¿Va todo bien, Zoe? —Siento que es mi deber comprobarlo. A pesar de la entrevista, su currículum y las referencias, me doy cuenta de que en realidad sé muy poco sobre su vida privada.

—Eres muy buena conmigo. —Asiente con gratitud—. Y todo va bien. Es solo que...

Se la ve otra vez tan triste, sufriendo, tan insegura de mí...

—¿Qué, Zoe?

—Tengo una situación complicada con la persona con quien vivo. —Hace una pausa para pensar—. Con quien «vivía», debería decir. Hemos tenido problemas y no está funcionando. No quiero que creas que me aprovecho de vosotros.

—¿Una ruptura?

Se encoge de hombros y me doy cuenta de que al contratar a alguien también aceptas su vida personal.

—Más o menos —dice—. Hay cosas que no tienen solución.

Y, no sé por qué, se queda mirando con avidez mi vientre embarazado.

Estoy tumbada en nuestra cama, exhausta. Dentro de nada desapareceré en el cuarto de invitados, pero todavía no. Sé que no conciliaría el sueño. James está acostado a mi lado, casi dormido, y yo necesito hablar. Él apenas me escucha.

—No puedo decir que fuera exactamente espeluznante —digo—. Pero casi. —Le doy un ligero empujón en el hombro.

Me he tumbado por encima del edredón con mi camisón floreado, que es como una carpa de circo, y una bata gruesa que casi no alcanza a cerrar sobre el tripón que tengo ya. James a menudo bromea diciendo que la última vez que me vio desnuda fue cuando mi cintura medía unos delicados sesenta y ocho centímetros. Espero haber recuperado esa talla la próxima vez que vuelva a casa. Las mujeres de nuestro grupo de yoga prenatal siempre están comparando estrías y medidas de contorno. Yo prefiero no pensar en mi cuerpo. Si me pongo a pensar demasiado, acabo atrapada en una espiral de terror. He sufrido demasiadas decepciones.

—James, ¿me has oído? Digo que no puedo decir que fuera exactamente espeluznante, pero...

—Pues no lo digas —masculla. Tiene los ojos cerrados. Está tumbado de lado, de espaldas a mí.

—Es que ha sido esa forma de mirarme. Ha sido... —No quiero parecer una engreída—. Ha sido casi como si tuviera celos de mí o algo parecido.

James abre los ojos y se vuelve boca arriba. Me mira desde la almohada. Yo estoy incorporada sobre un codo, no demasiado cómoda.

—Es tarde. —Se le cierran los ojos—. No digas cosas raras.

—Y luego está lo del humo de tabaco... ¿Me ha mentido?

Los ojos de James vuelven a abrirse.

—Las hormonas te están ganando la batalla, Claud. Zoe no es espeluznante ni está celosa de ti, y tampoco fuma. Fin del asunto. Solo quería quedarse aquí los fines de semana. Eso podría veniros bien a las dos.

—No estoy segura, James —protesto en voz baja, pero él ya ha vuelto a cerrar los ojos.

Me dejo caer sobre la almohada y vuelvo a repasar la escena mentalmente. Ha sido cuando ha dicho eso de «Hay cosas que no tienen solución». ¿Cuánta tristeza contenían esas palabras? «Parece complicado», le he dicho yo, pero ella no ha querido desvelarme nada más.

—Y entonces ha sido cuando ha alargado el brazo y me ha tocado la barriga, James —le cuento a mi inconsciente marido—. James —repito, más alto—. Te digo que le ha puesto las manos encima a la niña.

James se vuelve otra vez y protesta.

—¿Y qué? —gruñe—. ¿No es eso lo que hacen las mujeres? —Se tapa la cabeza con la almohada.

Tiene razón, claro. Desde que se me nota (y eso no ha sido hasta los cinco meses) atraigo mucha más atención de la que me gustaría. Al principio decidí no contarle a demasiada gente que estaba embarazada, solo a la familia y los amigos más íntimos, aunque también con ellos fui con cuidado. Conociendo mi historial, decepcionar a todo el mundo con un aborto más era una carga de dolor de la que podía prescindir. Ya había aprendido la lección. Además, con una profesión como la mía, la gente está demasiado dispuesta a criticarte por querer ser madre en lugar de dedicarte a hacer simplemente tu trabajo.

—Ha sido la forma, la forma en que me ha tocado, James. Como si... —Me interrumpo y cambio de postura. Estoy cansada. A lo mejor lo que digo no tiene sentido—. Ay, no sé. Pero es que me ha puesto las dos manos aquí —me toco el vientre, aunque él no me está mirando— y las ha dejado mucho más de lo necesario. Me miraba sin pestañear, a los ojos. No me ha gustado.

—Seguro que esperaba una patadita —murmura James.

—A lo mejor —concedo con un suspiro—. Estoy cansada. Me voy a la cama. —Le doy un beso en la cabeza y me marcho a la habitación de invitados. Los dos descansaremos mejor así.

En cuanto me he lavado los dientes y estoy ya tumbada en la cama, con un calor horrible aunque he abierto la ventana un par de centímetros, le doy vueltas a la parte que no le he contado a James; la parte que, por un breve segundo, ha hecho que me diera un vuelco el corazón.

«Qué suerte tienes —me ha dicho, con las manos apretadas contra mí y los ojos llenos de lágrimas anegándose en ese gris profundo—. Qué suerte tienes de estar embarazada.»

## 11

Suelto un enorme suspiro de alivio en cuanto estoy otra vez en mi habitación. Asegurarme el alojamiento habitual los fines de semana con Claudia no ha sido tan duro como creía y me ha ahorrado una barbaridad de disquisiciones y disgustos. Me siento como si pudiera volver a respirar. Además, no quiero que pase nada cuando yo no esté. Antes de poder decirle lo contrario, ella sola ha decidido que se me dan fatal las relaciones: ha llegado a la conclusión de que soy una zona catastrófica en lo que a hombres se refiere. Al final le ha parecido mejor no preguntar. Muy sensato por su parte. Estoy bastante segura de que no intentará sonsacarme más. Por cómo me ha mirado seguro que pensaba que iba a dejar el trabajo. Y de eso no hay posibilidad alguna. Al menos, no de momento.

Desenchufo el móvil de su cargador y miro la pantalla. Ningún mensaje de texto desde la última vez que lo comprobé. Tecleo uno pero lo guardo como borrador, pensando que a lo mejor no debería enviarlo, que sería imprudente y solo causaría más problemas. Voy hasta la bolsa de viaje del fondo del armario y saco media botella de whisky. No estará bien visto en una niñera, pero yo estoy molida y me duele la espalda de tanto cargar con esos niños escalera arriba. Son buenos críos, atrevidos y con mucho interés por las cosas, pero por mi limitada experiencia con niños, yo diría que las niñas son más fáciles de llevar.

Esa sola idea me hace beber un trago de la botella (uno pequeño) y volver a coger el teléfono. Voy pasando por todos los borradores que he escrito hasta ahora para desahogarme y luego releo el mensaje que acabo de escribir. Se me revuelve el estómago y me mareo un poco al imaginarla a ella leyéndolo. Me llevo la botella a los labios de nuevo y esta vez me echo un buen trago. Con la hebra de whisky ardiendo aún mientras baja por mi garganta le doy a «Enviar». No he podido reprimirme.

«Sabes que siempre te querré», sale flotando hacia el éter.

Cuando a la mañana siguiente bajo con la manita de un gemelo insertada en cada una de las mías, Claudia ya se ha ido a trabajar. James irrumpe en la cocina con el uniforme militar puesto y los niños, que se están comiendo sus cereales Weetabix, arman un buen alboroto.

—No os preocupéis, que no me voy a marchar ahora mismo, chicos —les dice al ver que abandonan el desayuno y se lanzan a sus piernas.

Para ellos debe de ser descorazonador tener a su padre embarcado tan a menudo, sobre todo desde que murió su madre. Qué bien le vino casarse con Claudia. Qué suerte que ella me contratara a mí. Y así los niños van pasando de mano en mano. ¿Hasta cuándo?

—Hoy tengo una reunión de negocios —me dice tras un rápido «Buenos días». Aguzo los oídos. Aún no sé muy bien si le gusto. Voy a estar con su mujer y sus niños cuando él no pueda; los cuidaré cuando él no esté. Soy el nuevo hombre de la casa—. Volveré sobre las seis, y Claudia también llegará sobre esa hora. Hoy se ha ido antes porque tenía un caso complicado.

—¿Ah, sí? —digo, intentando no parecer una entrometida aunque siento curiosidad. Tengo muchísimo por descubrir sobre ellos y me queda poquísimo tiempo. Me muero de ganas de preguntarle sobre esa reunión de negocios.

Además, admito que el trabajo de Claudia me tiene intrigada. Sé que es trabajadora social y que está en el Departamento de Protección de Menores, que es jefa de equipo. Sin embargo, no tengo nada claro en qué consiste su rutina diaria. Supongo que intenta mejorar la vida de las personas, que vivan tal como ella considera correcto. No tengas a los niños desatendidos; no te quedes embarazada a los quince; no pegues a tu novia; no te drogues.

Entonces se me ocurre que debe de trabajar a menudo con la policía. Solo con pensarlo siento un subidón de adrenalina y, justo en ese instante, Noah tira su vaso de zumo de naranja. Mi primer impulso es gritarle, pero consigo mantener la calma. James aún no se ha ido. Le he oído entrar en el estudio.

—¡Mecachis! —exclamo, riendo—. Ve por la bayeta, ¿quieres, Noah?

Noah hace lo que le he pedido mientras Oscar se mete con él por ser tan torpe. Su hermano se dedica a arrastrar un dedo por el líquido derramado en lugar de secarlo.

—Dame, déjame a mí —digo. No necesito un pegajoso rastro de zumo hasta el fregadero. Fregar el suelo es lo último que me apetece. Tengo en mi lista otras cosas, más importantes, de las que ocuparme.

—¿Os gustaría a los gemelos y a ti veniros a la ludoteca con Lilly y conmigo esta tarde después del cole?

Pip da fuertes pisotones en el suelo y palmadas con las manos desnudas. Hace un frío que pela.

Siento pavor solo de pensarlo, pero de todas formas me encuentro diciendo que sí. Seguro que me veré rodeada por más embarazadas de las que soy capaz de sobrellevar, cada una de ellas acorralando a un niño de menos de dos años mientras al mismo tiempo atiende a su barriga, indefectiblemente enorme, preguntándose cómo se le ocurrió, con el trote que supone la maternidad. No hago más que encontrármelas por todas partes: embarazadas. Me lo ponen todo muchísimo más difícil, me hacen sentir mucho más que vacía; más sola, más inútil y más incapaz de conseguir nada de lo que me he sentido nunca. Me digo que no será por mucho tiempo, que esto no será así para siempre. Las cosas se solucionarán.

El móvil vibra en mi bolsillo. Aquí no puedo sacarlo. Me da un vuelco el corazón.

—Así, los gemelos estarán bien cansados para la hora de acostarse —sigue diciendo Pip. Lleva un abrigo de pieles falsas con unos puños gigantescos. Y sombrero a juego—. A Lilly le encanta ir allí. Tienen una piscina de bolas enorme en la que literalmente se pierde...

No hace más que hablar y hablar sobre la ludoteca, y yo sonrío y asiento y disparo carcajadas de aliento helado mientras intento dar con una excusa para escapar. Mis dedos enguantados acarician el móvil dentro del bolsillo.

—Ay, mira, ya entran a clase —digo al ver las filas de niños serpenteando cada una hacia su aula. Me despido agitando una mano con entusiasmo mientras los gemelos echan a andar sin mirar atrás ni una sola vez. Al fin y al cabo, no soy su madre.

—Bueno, ¿quedamos después de clase? —insiste Pip cuando salimos por la verja del colegio.

—Claro —digo, preguntándome ya cómo librarme.

Al final me dirijo hacia otro lado y dejo a Pip charlando con un grupo de madres. Espero hasta haber dado la vuelta a la esquina antes de leer el mensaje de texto del móvil.

El «Yo tb te kiero» me indica lo que tengo que hacer a continuación.

Abro la puerta, el dormitorio de Claudia y James huele un poco a desodorante, laca y perfume. La mezcla de las tres cosas junto con un leve tufillo a sueño me hace pensar que en la habitación hay alguien conmigo. Las cortinas siguen corridas, lo cual seguramente es bueno, por si algún vecino pudiera verme al descorrer las suyas. Enciendo la luz y entro enseguida. Este dormitorio es un lugar tan bueno para empezar como cualquier otro. A pesar de mi paranoia estoy segura de ser la única que queda en casa. He mirado incluso en el garaje para asegurarme de que el coche de James no está. Si quiero salir de aquí con lo que he venido a buscar, tengo que descubrir todo lo que pueda sobre ellos. No me atreveré a registrar el estudio hasta que él esté fuera del país. No puedo cagarla. Solo tengo esta oportunidad.

Entro en el baño de su habitación. El olor a Claudia es aún más intenso aquí dentro, con el vapor de su ducha matutina flotando aún en el aire como una dulce contaminación. Hay una toalla en el suelo, y el estante que cuelga sobre el lavabo es un caos: botes destapados y cremas para la cara y el cuerpo lo cubren por completo. Un trozo de hilo dental se descuelga desde allí hacia el lavabo, donde ha quedado olvidado un cepillo de dientes. Las cerdas tocan un pegote de dentífrico adherido a la porcelana, como si alguien hubiese salido con prisas.

Echo un vistazo a mi alrededor. ¿Qué se supone que debo averiguar en este santuario de la existencia de Claudia y James? Mi presencia aquí dentro casi no tiene ninguna utilidad, pero no he podido resistirme a husmear un poco. Todo ápice de información que pueda conseguir me ayudará a hacerme una composición del lugar.

Imagino a Claudia en el trabajo envuelta en una nube de perfume y padres negligentes, tomando decisiones que cambiarán la vida de unas familias desestructuradas a las que, si es sincera consigo misma, sabe que en realidad no conoce lo suficiente. Luego la veo sentada a su escritorio, mordiendo un boli, escribiendo los destinos de esas personas... y de pronto, sin previo aviso, siente que se asfixia bajo una avalancha de polvos de talco infantiles y una montaña de pañales sucios. Miles de llantos de bebé colapsan sus oídos. Se ahoga, inspira y satura su cuerpo embarazado. Claudia se lleva una mano al vientre instintivamente, se estremece de dolor porque se ha puesto de parto. Cae al suelo, las piernas abiertas, y ahí estoy yo para ayudarla...

—¡Basta!

Me miro en el espejo. Pero ¿qué me pasa? Tengo las mejillas hundidas y sombras grises bajo los ojos. He de controlarme. Inspiro hondo y apago la luz.

De vuelta en el dormitorio, el armario de Claudia está más ordenado que el desastroso cuarto de baño. A la izquierda tiene colgados los vestidos y las partes de arriba, a la derecha veo una selección de faldas elásticas y pantalones de cintura ancha. La mayoría son de colores oscuros, para contrarrestar esas amplísimas y coloridas túnicas de las que está tan bien surtida. La imagino llevando cada uno de esos conjuntos, todos perfectamente escogidos y combinados en caras boutiques. Yo, si me quedase embarazada (solo con pensarlo siento náuseas matutinas de envidia), llevaría camisetas ceñidas en tonos marrones o grises, para que se estirasen y frunciesen sobre mi tripa. Por encima me pondría una chaqueta de punto masculina, con bolsillos enormes para llevar pañuelos de papel. Llevaría montones de pañuelos de papel. Estaría muy sensible a causa de todas las hormonas que recorrerían mi cuerpo, que me controlarían, que tan pronto me enloquecerían o me entristecerían como me llevarían al éxtasis. Pero tal como están las cosas, me encuentro atrapada en el estable fiel de la no embarazada; hoy no me espera ningún loco subidón hormonal. Ya estoy bastante insensibilizada ante esa idea.

Toco uno de los vestidos de premamá y resbala de la percha. Lo miro, en el suelo del armario. Lo recojo y lo aprieto contra mí. Claudia es más alta que yo. Sin estar embarazada imagino que tendrá una talla 40 o 42, y yo una 36. El vestido es de un estampado rosa y naranja, estilo Pucci, y casi me hace desaparecer tras la sociabilidad que desprende. A mí me llega a media pantorrilla, mientras que en Claudia supongo que tendrá un largo más favorecedor, hasta la rodilla nada más. También los tonos que la caracterizan —esos mechones de pelo oscuro y su tez rosada— soportan bien la falta de armonía cromática de este vestido tan vistoso. En mí, solo corroborarían mi invisibilidad.

Lo tiro al suelo y lo pisoteo con los calcetines. Unos sollozos trepan por mi garganta, como si alguien me hubiera echado las manos al cuello y apretara cada vez más fuerte. ¿Cuándo acabará esta sensación de asfixia?

Me agarro al armario con ambas manos para sostenerme y me tranquilizo, mi cabeza sube y baja entre mis brazos. ¿En qué estaba pensando? Esta pérdida momentánea de control no forma parte de mi orden del día. Recojo el vestido y lo sacudo. No puede quedar arrugado. Vuelvo a colgarlo en el armario y estoy a punto de cerrar las puertas cuando veo algo más en el suelo. Es una bonita caja con decoraciones florales en blanco y verde, y lleva un «Recuerdos» estampado en la tapa.

Ya he visto cajas así antes. Uy, sí, muchas veces, durante mis numerosas incursiones a la sección de bebés de los almacenes John Lewis o Debenhams, o apiladas junto a diferentes modelos de «Mi primer álbum» y suaves cuentos de tela en esa pequeña boutique infantil tan de moda que hay cerca de mi casa. Bueno, de mi antigua casa.

Me detengo e inclino la cabeza hacia el techo para intentar que las lágrimas vuelvan a entrar.

Inspiro. Es una de esas cajas donde se guardan las fotos del recién nacido, sus primeros peúcos y un mechón de pelo atado con cinta de algodón. Es un lugar donde conservar los dientes de leche caídos —diminutos y afilados— y esas instantáneas sacadas justo después del parto que la madre no quiere exhibir en el álbum familiar. Es donde se atesoran las primeras tarjetas de felicitación por el nacimiento del bebé y un recordatorio del bautizo, o los primeros trazos vacilantes hechos sobre un papel sosteniendo el lápiz de colores aún con torpeza. Esta caja contiene los recuerdos más antiguos, los objetos más especiales, el principio mismo de una vida. Se abre solo cada varios años y se le van añadiendo cada vez menos cosas a medida que pasa el tiempo.

La levanto. Pesa más de lo que esperaba. La sacudo un poco. Tiene algo dentro. ¿Ha empezado Claudia a recopilar ya recuerdos de su embarazo? O a lo mejor lo que hay aquí es de los gemelos, objetos guardados por James y su primera mujer. La tapa está barnizada por una película de polvo, lo cual indica que hace mucho que no la sacan.

Soplo con fuerza sobre la caja, la dejo sobre la alfombra y me arrodillo a su lado. Me detengo. Presto atención. ¿He oído algo, a alguien? Siento el corazón, que me palpita en la garganta como un segundo pulso culpable. ¿Qué haría si ahora Claudia volviera a casa, entrara de pronto en su dormitorio y me encontrara revolviendo en su armario? «Lo siento, Claudia. Solo quería saber qué se siente estando embarazada; teniendo cosas de embarazada; llevando ropa de embarazada.» ¿Cómo se lo tomaría? ¿Entendería que seguramente quiero... no, que necesito a su bebé más que ella?

Levanto la tapa. Miro lo que hay dentro.

Me siento como si estuviera espiando en el interior de un útero, el sanctasanctórum mismo que contiene la tan preciada vida. Mis dedos se mueren por recorrer esta caja de... de... ¿qué son? ¿Recuerdos? ¿Tesoros? Se me nubla un poco la vista al mirarlos.

«Ay, Dios mío.»

Mi corazón se acelera más aún, si es que eso es posible. Contengo el aliento y me encorvo sobre la caja. Encima de todos los artículos que guarda hay una fotografía. No está muy bien enfocada pero es de un bebé (un bebé diminuto, desnudo, de piel flácida) en la cuna de plástico transparente de un hospital. Está azul-gris-violeta y no lleva pañal que cubra sus piernecillas de rana. Una pulsera de plástico blanco empequeñece su leñoso bracito.

Alguien ha escrito en rotulador azul: «Charles Edward. Nacido premat. a las 22 sem. 20/9/07-24/9/07».

Cojo la foto con dedos ateridos. Estoy temblando. Debajo encuentro un minúsculo gorrito de lana tejido con un finísimo hilo azul celeste. Entre los pliegues de su lana queda protegida una pinza para cordón umbilical amarilla manchada de sangre. Luego veo la tira de imágenes impresas de una ecografía que el tiempo ha amarilleado por los bordes. Ya había visto algunas por la tele y confieso haberlas buscado también en internet, preguntándome cómo sería que un médico me explicara dónde queda cada extremidad, si es niño o niña, que me mostrara el aleteo de las sístoles y diástoles de ese corazoncito que bombea la poquísima sangre que se ha formado ya en las diminutas venas.

La pequeña impresión digital de la oscura imagen dice «Claudia Brown». Las ecografías son suyas, pues, pero la fecha que aparece en ellas (19/4/2003) me revela que no son de este embarazo. En ellas se distingue la matriz (una oscura zona ovalada) y dentro de ese espacio se ve un borrón gris blancuzco, muy desenfocado. Si es un feto, no parece muy grande. Estoy contemplando el interior del útero de Claudia. Esta idea me hace estremecerme más aún. Por detrás alguien ha escrito: «Baby Ella. 18 semanas. Nacida muerta».

La saliva inunda mi boca como si fuera a vomitar.

Sigo dragando en la tragedia. La caja está repleta de recuerdos similares, cada uno de ellos en memoria de un niño perdido. Hay imágenes de tres ecografías más, cada una de un embarazo diferente, realizadas alrededor de las catorce semanas de gestación y todas con la fecha del aborto natural anotada en el reverso. Hay poemas compuestos por una mente desconsolada y en duelo —«Mis brazos vacíos ansían estrecharte... Los diminutos dedos, la preciosa naricilla... No hay mujer más yerma que yo...»—, y un trozo de papel arrugado con dos huellas de pies: «James Michael, fallecido el 7 del 10 de 2008».

—Son las huellas de un muñeco —susurro, mirando maravillada esos diez deditos perfectos.

La desgracia de Claudia, su vacío interior y el odio que

siente hacia sí misma son evidentes en estos desgarrados poemas. Sin dejar de arrastrar mi mirada por el dolor que contienen, doy por supuesto que fue ella quien los escribió. ¿Cómo puede una mujer sufrir semejante pérdida y, aun así, seguir intentando tener un hijo? Dejo caer las manos en mi regazo. Hace que me sienta más despreciable todavía por lo que voy a hacerle a esta familia. «Pero todo esto la ha hecho fuerte», me digo, acariciando un lateral de la caja de recuerdos mientras intento apaciguar mi culpabilidad.

De pronto me quedo inmóvil. ¿He oído a alguien? Ahí está otra vez.

Vuelvo a tapar la caja y la empujo a su sitio, dentro del armario. Salgo enseguida del dormitorio y bajo corriendo la escalera. Alguien está aporreando la puerta. Abro y veo a un mensajero en el último escalón, tamborileando con los dedos sobre un gran paquete que sujeta apoyado en una pierna.

—Firme aquí, por favor —dice con impaciencia mientras me acerca un cacharro electrónico y una varilla.

Firmo y me entrega la caja. Él se marcha sin decir una palabra más y yo arrastro el paquete al recibidor.

Va dirigido a Claudia y tiene un extremo hundido y estropeado. Por la ranura que se ha abierto veo algo que parece hecho de paja, pero envuelto en plástico. ¿No dicen que hay que comprobar inmediatamente los artículos entregados por correo? ¿O es solo que me puede la curiosidad? En cualquier caso, lo que no quiero es meterme en un lío.

Empujo la caja hasta la cocina y corto la cinta adhesiva que le queda. Aparto las solapas de cartón y dentro encuentro un moisés de mimbre envuelto en polietileno. Lo saco de su envoltorio y veo que hay también un juego de sábanas blancas y colgaduras, todas almidonadas. Visto la cunita y la monto sobre el soporte blanco de metal que venía con ella.

Doy un paso atrás para admirar mi trabajo e intento imaginarme a la niña recién nacida de Claudia durmiendo ahí. Por algún motivo, no soy capaz.

—¿Qué estás haciendo en mi habitación?

Me vuelvo de golpe. Me tiemblan las manos. Me ha pillado, aunque estoy haciendo algo bonito para ella, y no revolviendo entre sus efectos personales.

—Ha venido un mensajero a entregarlo —explico—. ¿No es precioso? Se me ha ocurrido sorprenderte y montarlo. El paquete se había roto y quería asegurarme de que el contenido estuviera en buen estado. Luego he pensado que, ya puestos, podía subírtelo aquí arriba. —Me hago a un lado y dejo ver el moisés. Las cortinas de Claudia siguen corridas y fuera ya está oscuro—. ¿A que es precioso? —insisto mientras ella se acerca en silencio a la cestita. La he colocado junto a su cama.

—Sí —dice con un hilo de voz, mirándome de soslayo como si no confiara en mí.

Todavía lleva puesto el abrigo y los guantes de piel de conducir. El bolso le cuelga de un hombro y huele a invierno. Le da un empujoncito al moisés y luego me mira fijamente, directa a los ojos. En su mejilla veo temblar un pequeño músculo.

## 12

Liam Rider estaba sentado en la zona de espera con las piernas separadas y un codo apoyado en cada rodilla. Tenía la cabeza caída hacia delante; su pelo negro y gris, despeinado y sucio, raleaba en la coronilla. A primera vista no parecía más que el detenido de una redada de sábado por la noche, solo que entre semana: un maleante borracho tambaleándose en la cuerda floja entre vomitar o caer inconsciente. Tardó un rato en levantar la vista cuando Lorraine lo llamó por su nombre. Los demás ocupantes de la zona de espera se lo quedaron mirando. La mujer de los piercings con un niño pequeño en plena rabieta, el hombre de traje, la pareja de chavales con chándal: a todos ellos les habría encantado saltarse la cola y entrar en su lugar.

—Señor Rider —repitió la inspectora—. Puedo atenderlo ahora.

Lorraine sostuvo abierta la puerta de seguridad hasta que Rider volvió en sí y se dio cuenta de que lo estaban llamando. Se puso en pie lentamente, con todo el esfuerzo requerido por un hombre cuya vida estaba a punto de hacerse añicos. Lorraine no pudo reprimir una ligerísima sonrisa interior. Ese tipo había acudido voluntariamente, al fin y al cabo, así que ella se había prometido ser... ser amable con él, ver qué tenía que contar. Cruzó la puerta y ella percibió una leve vaharada a hombre ante el abismo, un hombre cuyos hábitos de higiene habían bajado de golpe en su lista de prioridades. ¿Y todo por qué? Por echar unos cuantos polvos con una de sus alumnas. Se preguntó si Rider creería aún que había merecido la pena.

—Siéntese —le dijo cuando ambos estuvieron dentro de la sala de interrogatorios.

Era un espacio gris y tenue, sin demasiada luz natural. No se molestó en encender los fluorescentes.

—¿Para qué quería verme? —preguntó medio apoyada en una esquina de la mesa auxiliar que había en la sala.

Sentarse frente a él habría transmitido de algún modo que aprobaba su presencia allí, y eso, a su vez, su conducta. Lorraine no podía tolerarlo. Si Rider tenía que decir algo útil para la investigación, bien. Si no, quería despacharlo deprisa.

—Yo era el padre del bebé de Sally-Ann —dijo sin voz apenas, y con ello sacudió a Lorraine y la devolvió a la realidad. Sus manos, unidas con fuerza (dedos entrelazados como ansiosos amantes), asomaban desde los extremos de sendas mangas de tweed—. No se acostaba con nadie más.

«Esto es una auténtica caricatura», pensó Lorraine mientras asimilaba el engreimiento de lo que acababa de decir Rider. ¿Cómo sabía él que Sally-Ann no se había acostado con algún otro? Igual que su mujer creería sin duda en la fidelidad de su marido, supuso Lorraine. Lo imaginó codeándose con profesores de universidad, intercambiando ocurrencias académicas, interminables e ingeniosas salidas. Entonces recordó que solo daba clases en una escuela de estudios superiores (no es que pudiera compararse con un catedrático de Oxford), y las coderas de cuero, el pelo rebelde y las gafas de montura fina perdieron de repente todo su atractivo intelectual. Se preguntó qué habría visto en él Sally-Ann, una joven guapa.

—Eso ya lo sé —repuso. Acababan de llegarle los resultados del laboratorio.

—Pero juro que yo no la maté. —Agachó la cabeza.

«Eso también lo sé», pensó Lorraine, pero no lo dijo. Había comprobado sus coartadas. El día en cuestión, Rider estuvo dando clase en la escuela, y tenían imágenes de las cámaras de seguridad para demostrarlo. Los movimientos de Russell Goodall, sin embargo, no habían sido tan fáciles de rastrear.

—¿Por qué debería creerle? Tiene un móvil muy poderoso.

—Puede que la haya cagado con mi mujer y Sally-Ann, pero no soy un asesino, por el amor de Dios. —Rider se agarró a la mesa y, por un segundo, Lorraine pensó que iba a echarse a llorar—. Habría encontrado la manera de hacer lo correcto con ella y con el niño. Habría buscado un segundo trabajo o algo así. Pero no se lo diga a mi mujer. —Volvió a dejar caer la cabeza—. Por favor.

—¿Esa es la única razón por la que quería verme en persona? —De pronto Lorraine se sintió poderosa. Había ido a suplicarle.

—No. —Levantó la mirada de nuevo. Tragó saliva—. Tengo el nombre de alguien que quizá pueda ayudarlos.

—¿Ah, sí? —«Cabrón», pensó—. ¿Conque quiere que le prometa que no le contaré a su mujer lo de su desliz a cambio de esa pequeña píldora de información?

Rider asintió.

—¿Se da cuenta de que podría detenerlo ahora mismo por esto?

El hombre tragó saliva.

—Yo... no estoy ocultando nada. Solo quiero que esto sea justo. Sally-Ann y yo...

—Estaba engañando a su mujer, señor Rider. ¿Por qué tendría que ser justo nada de todo esto? —Lorraine sintió que se le aceleraba el corazón. Era como una droga que no podía expulsar de su organismo; una droga de la que desearía no haber oído hablar jamás.

—Justo para mi mujer —precisó él—. Ya sé que lo que hice fue una putada. Pero se acabó.

—Evidentemente —espetó Lorraine.

—Así que no hay motivo para que Lesley se entere, para hacerle daño, ¿no? —Se reclinó contra el respaldo de la silla plegable de plástico.

—Eso será mejor que se lo pida a los periodistas —dijo Lorraine. Consultó su reloj—. Publicarán lo que quieran.

—Mire, Sally-Ann iba a esas clases de preparación al parto. Las había visto anunciadas en el periódico local. Una o dos veces me había pedido que la acompañara, pero, por supuesto, yo me negué. No habría estado bien. Me parece que veía algún tipo de futuro para ambos, esperaba que dejara a Lesley y a mis hijos. Yo de ninguna manera pensaba acceder a eso. El caso es que Sally-Ann hizo amigas nuevas en esa clase e intimó mucho con una mujer en concreto. Amanda Simkins. Congeniaron desde el primer momento.

—¿Y qué? —Lorraine se había perdido—. ¿Llegó a conocerla usted?

—La vi varias veces —respondió Rider—, pero nunca me gustó.

Lorraine no acababa de encontrarle la relevancia a todo aquello, pero dejó que continuara.

—Solían hacer respiraciones y yoga juntas, aprendían a identificar las señales del parto y a cambiar pañales. —Rider hizo una pausa—. Todas esas cosas. —La mueca que puso transmitía que él nunca lo entendería.

—A mí eso me suena muy normal —dijo Lorraine, bajando del borde de la mesa. Cruzó los brazos—. Unas embarazadas que van a clases de preparación al parto y se hacen amigas. No me diga más, seguro que también iban a tomarse un café después —añadió con una risa irónica.

—Pues sí —admitió Rider—. Pero ¿quiere saber algo raro de esa mujer? —insistió, y se levantó también.

Era bastante más alto que Lorraine, así que ella tuvo que alzar la mirada hacia su rostro sin afeitar.

—Adelante, dígamelo. —Tenía una mano en el picaporte. Estaba impaciente por salir de allí.

—Amanda Simkins ni siquiera estaba embarazada.

No avisaron a la monitora de que iban. En lugar de eso, esperaron en el pasillo, frente a la sala parroquial de la vieja iglesia baptista, echando algún que otro vistazo por la abertura de cristal que había en la puerta mientras más o menos una docena de mujeres en diferentes fases de embarazo se contorsionaban sobre esteras de yoga.

—Tú no hiciste nada parecido cuando estabas embarazada —dijo Adam con una sonrisa amarga.

—No —repuso Lorraine—. Estaba demasiado ocupada atrapando criminales y no tenía tiempo para estos lujos.

La mujer que daba la clase, Mary Knowles, no hacía más que mirarlos por los treinta centímetros de la abertura, cada vez con un ceño más marcado en su rostro. Al final, la curiosidad pudo con ella y, en cuanto hubo dejado a las mujeres tapadas con mantas, corrido las cortinas y bajado las luces, se acercó a la puerta y la abrió de golpe.

—¿En qué puedo ayudarlos? —preguntó la mujer en un fiero susurro.

—Soy la inspectora Lorraine Fisher y este es el inspector Adam Scott. —Le enseñaron sus identificaciones—. Somos de Investigación Criminal. —Hizo una pausa para que la mujer digiriese esa presentación—. Íbamos a esperar a que terminara la clase, pero... —dejó la frase en suspenso y levantó las cejas.

—Es por la pobre Sally-Ann, ¿verdad?

Lorraine asintió.

—Nos interesa todo lo que pueda decirnos de ella. Sobre todo de qué mujeres se hizo amiga en sus clases, como Amanda Simkins.

—Ah, ya veo —dijo Mary Knowles, casi como si se disculpara—. Eso fue en mi clase de Bordesley Green. Doy varias, en diferentes zonas de Birmingham. Están muy solicitadas.

—Podemos esperar a que haya terminado si lo prefiere —dijo Adam, mirando por el cristal a todas esas mujeres tumbadas boca arriba—. Después de la clase hablaremos con más tranquilidad. —Muchas de ellas cambiaban de postura, incómodas.

—Solo faltan cinco minutos —explicó Mary—. Ahora ya se están relajando. Es importante.

Lorraine y Adam se retiraron hasta un banco de madera y esperaron allí. Lorraine deseó poder relajarse. Soltó un gran suspiro y se volvió hacia un lado. En el tablón de corcho que les quedaba por encima de la cabeza había muchos carteles de actos que se celebraban en la sala parroquial, todos colgados con chinchetas. Un mercadillo de segunda mano, una venta de brownies, una discoteca para jóvenes. Un par de ellos habían quedado desfasados porque ya habían tenido lugar. En otro se anunciaban las clases de preparación al parto de Mary Knowles. Por lo visto también alquilaba piscinas de parto como negocio suplementario.

—¿Te trae recuerdos? —le preguntó Adam mientras esperaban.

—La verdad es que no —dijo Lorraine, aunque le hubiera gustado poder contestar que sí al ver que las puertas se abrían y que salía una procesión de bamboleantes embarazadas charlando. Algunas tenían que abrir los dos batientes para pasar.

Sus hijas tenían catorce y diecisiete años, eran ya dos jovencitas, y Lorraine se entristeció al pensar en el implacable paso del tiempo. Aquellas mujeres estaban empezando, tenían por delante noches en vela, una infinidad de pañales y esa sensación de ineptitud que acaba desembocando en culpabilidad. Pero de pronto sintió alivio porque ella había llegado a ese punto de su vida sin demasiados traumas maternales. Había sido buena madre, ¿verdad? Y ahora que las niñas ya eran mayores y más independientes, además de guapas, cariñosas, con muchos amigos y muy trabajadoras, ella tenía más posibilidades, técnicamente, de hacer lo que quisiera con el poco tiempo libre del que disponía. Solo que nunca disponía de tiempo libre. «Aunque los demás bien que lo tienen, caray», pensó, fulminando a Adam con la mirada.

—Ya pueden pasar —dijo Mary desde el interior de la sala, cuando salió la última de las mujeres.

Había descorrido las cortinas de los altos ventanales y el bajo sol invernal entraba por ellos rozando el polvoriento suelo de madera. Los inquietos brazos de la monitora se metieron en una sudadera gris que arropó sus pechos respingones al cerrar la cremallera. A Lorraine no se le escapó cómo se había fijado Adam en ese gesto. Qué triste.

¿O era ella la triste, por fijarse en cómo se había fijado él?, se preguntó. Puede que a Adam ni siquiera le hubieran llamado la atención sus pechos, como había creído ella. Eran paranoias, pues. A lo mejor sí que les vendría bien probar otra vez con un consejero matrimonial, después de todo.

—Bueno —dijo Mary con una voz bastante autoritaria, como si fuese ella la que iba en busca de información—. Sally-Ann Frith.

Descompuso su nombre en sílabas tan precisas que de algún modo casi consiguió que la pobre muchacha pareciera viva todavía, pensó Lorraine. Recordó a la madre, Daphne, el extraño autocontrol que había demostrado a pesar del terrible asesinato de su hija. Si hubiera sido una de sus niñas... Se estremeció y ahuyentó ese pensamiento de su mente. Regla de oro: no personalizar los casos. Nunca.

—Iba a salir de cuentas un día de estos, si no recuerdo mal. Déjenme pensar... sí, creo que le iban a hacer una cesárea, ¿verdad? —Mary Knowles miraba a Lorraine y Adam desde unos ojos situados en lo alto de una afilada nariz. Tenía la cara alargada, como un caballo, pensó Lorraine.

—Sí. Me temo que alguien se adelantó al hospital, como sin duda sabrá usted —dijo la inspectora.

—Verán, mis chicas están un poco agitadas con todo esto —repuso Mary, como si los regañara por no haber atrapado aún al asesino.

—¿Agitadas? —repitió Adam como un tonto. A lo mejor pensaba que se refería a un efecto secundario del embarazo.

Un fino dedo con una uña roja e inviablemente larga apartó un mechón de pelo.

—¿Y si vuelve a atacar? ¿Y si es un asesino en serie cuyas víctimas son embarazadas? —Su voz casi le suplicaba a Adam que la salvara, pensó Lorraine.

—Una... embarazada. —Lorraine quería subrayar el hecho de que se trataba de un caso aislado. Desde luego, para aliñar el sucinto comunicado que la policía había lanzado a la prensa de momento, muchos periódicos habían escarbado en casos similares de Estados Unidos en los que habían arrancado a niños del útero de su madre en un virulento ataque de rapto fetal. Eso había bastado para azuzar las especulaciones—. No tenemos ningún motivo para pensar que Sally-Ann fuese elegida por estar embarazada. Lo que nos sería muy útil es que pudiera decirnos usted algo que no sepamos sobre la señorita Frith.

Mary lo meditó un momento.

—Era encantadora, y una alumna muy popular en mi clase. —Le temblaba un poco la voz—. Cuidaba mucho al bebé y se cuidaba a sí misma. Ya saben, se preocupaba por su salud y comía todo lo que tenía que comer. No creo que fuera un embarazo buscado, pero se había hecho a la idea de que iba a ser madre.

Lorraine asintió.

—¿Qué me dice de Amanda Simkins? ¿La conoce? ¿Venía a sus clases?

—¿Qué quieren saber de ella? —dijo Mary, riendo pero sin llegar a contestar las preguntas directas de Lorraine—. Menuda una está hecha...

—¿Qué quiere decir con «menuda una»? —preguntó Adam.

—Ya saben, una buena pieza. Alguien que destaca, aunque no necesariamente por motivos agradables.

—¿En qué sentido destaca?

Mary miró por la ventana, como si eso fuese a ayudarla a encontrar las palabras. Arrugó la nariz.

—Es lo que yo llamo una «metomentodo» —dijo al final—. Siempre intentando estar en el ajo y no perderse nada, desesperada por ser el centro de atención. Ya saben.

—Comprendo —dijo Adam, aunque Lorraine se dio cuenta de que no comprendía nada de nada.

—En resumen, yo la definiría como necesitada. —Mary parecía satisfecha con su descripción.

—¿Para cuándo espera ella a su niño? —preguntó Lorraine al recordar el extraño comentario que le había hecho Liam Rider poco antes. Miró a Adam.

—A eso me refiero —dijo Mary—. Ni siquiera está embarazada. Viene a mis clases porque cree que le ayudará. A quedarse embarazada. —Y en un susurro añadió—: Me parece que lo están pasando mal, su compañero y ella. Ya saben...

—¿No es un tanto extraño ir a una clase de yoga prenatal sin estar embarazada? —Al menos a Lorraine se lo parecía.

—Un poco, puede, pero no es la primera vez que me pasa. Ya he tenido a una o dos chicas que venían nada más que por la relajación. No seré yo quien les niegue la entrada.

—Embarazo por poderes —comentó Adam, sin ninguna delicadeza.

—Justamente —fue la contestación de Mary—. Esa es la clase de mujer que es. Una «metomentodo». Pero tenerla en la clase son cinco libras más a la semana, y su dinero vale tanto como el de cualquier otra.

—¿Podría darnos su dirección, por favor? —pidió Lorraine.

—De ninguna manera —espetó Mary. Cogió la carpeta que había en la mesa y la guardó en una bandolera de tamaño extragrande—. Los datos personales de mis alumnas son confidenciales.

—Mary —dijo Adam, adelantándose a Lorraine—, somos la policía. Esto es una investigación de asesinato.

Los dos se quedaron mirándola. Lorraine de pronto se acordó de que Grace tenía una práctica de conducción a la hora de la comida y ella se había olvidado de darle el cheque esa mañana. Adam carraspeó con fuerza, con impaciencia.

—De acuerdo —dijo la monitora mientras a su rostro asomaba una ligera expresión de temor—. Pero no le digan que se la he dado yo. No puedo permitirme perder a otra.

—¿Otra? —preguntó Lorraine sin pensar.

Mary sacó la carpeta de la bolsa. La abrió con un solo gesto y escribió una dirección en una libretita. Luego arrancó la hoja.

—Bueno, Sally-Ann tampoco vendrá más a mis clases, ¿no?

# 13

—En nuestra habitación, estaba en nuestra habitación, James. ¿Es que no me oyes bien?

Estoy temblando. ¿Es de rabia o de miedo? Me bebería un lingotazo de algo fuerte pero no puedo.

—¿Y qué? —James no ve el problema—. Trabaja para nosotros, Claudia. Ahora vive aquí. Tendrás que acostumbrarte a que aparezca en sitios extraños en momentos extraños. Espera a que me la encuentre en el baño, o a que la pillemos dándose el lote con algún individuo en la entrada.

Está salteando unos hígados de cordero. Tanto su aspecto como su olor es vomitivo.

—Espero que ya haya superado esa fase, la verdad —suelto, calmándome un poco—. Por eso busqué a alguien un poco mayor y, por tanto, espero, más sensato.

—Exacto. ¿Le has preguntado qué hacía en nuestra habitación?

—Estaba montando el nuevo moisés. Lo han traído hoy.

—¡Oh, no! —se burla James—. Está claro que eso merece el despido directo.

Blande la espátula de madera hacia mí y yo le saco la lengua. Ya ha preparado una salsa de cebolla roja caramelizada que huele estupendamente, y también hay un cazo de cremoso puré de patata sobre un hornillo (para que se mantenga caliente) y unos brotes de brócoli haciéndose al vapor. Sin embargo, esos filetitos de hígado no tienen muy buena pinta, rebozados de harina y quemándose por los bordes a medida que James los pasea por la mantequilla.

—¡Los dos niños han caído como si los hubiera apagado con un interruptor! —Zoe nos sobresalta al llegar proclamando su éxito—. Estaban agotados de la sesión de juegos de antes. —Ha hundido las manos hasta el fondo de los apretados bolsillos de sus ceñidos vaqueros grises.

Como parte de arriba lleva una camiseta verde descolorida y un forro polar con cremallera. Parece mucho más joven de los treinta y tres años que tiene. Su piel es lisa y suave, aún sin arrugas, lo cual me hace sentir veinte años mayor que ella, en lugar de los seis que nos llevamos en realidad. Me aliso el arrugado vestido estilo pichi en el que he conseguido meter mi barriga hoy. Con unos leotardos gruesos y botas hasta el tobillo, esta mañana no estaba nada mal, pero un día entero de reuniones de esas que no se terminan nunca y una visita domiciliaria bastante desagradable no le han hecho ningún favor a mi aspecto, ni a mi estado de ánimo. Me siento cansada e irritable.

—Hemos ido a la ludoteca Tumblz con Pip y Lilly —anuncia orgullosa, como si acabara de darse un paseo por la Luna—. Ha sido divertidísimo. He terminado metida en la piscina de bolas, completamente enterrada. —Ríe y se pavonea por la cocina—. Oye, siento haberte molestado antes, Claudia. No se me ha ocurrido pensarlo, pero no tendría que haber entrado en vuestra habitación.

James me mira con expectación. Yo levanto las manos.

—Tranquila, no pasa nada —digo—. Has sido muy amable al subir el moisés arriba por mí. Es una cucada, James. Casi no me creo que vayamos a tener una niña dentro de solo un par de semanas.

Trago saliva para hacer bajar el nudo que siento en la garganta. Detesto decir esa clase de cosas, tentar al destino. ¿Y si algo se tuerce? Con mi historial no respiraré tranquila hasta que tenga en mis brazos a una niña sana.

—El parto podría retrasarse —dice Zoe, como si fuera una experta en estas cosas—. Así que podría faltar hasta un mes, ¿no? No te lo provocan hasta que no pasas de las cuarenta y dos semanas.

—Tienes razón —digo.

—Existe mayor peligro de mortalidad infantil tanto pre como posnatal en los niños que nacen de una gestación demasiado larga. Luego también está el peligro de otras complicaciones, como la insuficiencia placentaria o la hipertensión.

—Mi comadrona se ocupa muy bien de mí —le aseguro, impresionada ante sus conocimientos sobre los embarazos avanzados, aunque no puedo evitar preguntarme cómo sabe tanto.

Llegado el fin de semana ya me he acostumbrado un poco más a la presencia de Zoe. Más me vale, porque a partir del lunes estaremos solo los chicos, ella y yo. James ha propuesto que salgamos a pasar el día todos juntos, y a mí enseguida me viene a la cabeza uno de esos lugares para fomentar el trabajo en equipo en las empresas, esos sitios en los que hay que construir una balsa entre todos, o hacer un puente con palitos de piruleta lo bastante resistente como para sostener a un adulto. Sé que lo hace para acallar su conciencia antes de irse. Una última comprobación de que no me está abandonando en brazos de la niñera psicópata.

—¡Pero si llueve a cántaros! —protesto. En la cama se está tan calentita que da pereza salir y, aunque ni siquiera hemos descorrido las cortinas, oigo el repiqueteo de la lluvia en el tejado, en los coches, en la tierra ya encharcada.

—Qué va, solo un poco.

James se da la vuelta e intenta pasarme un brazo por encima de la tripa. Yo lo aparto con suavidad. Es que no es cómodo. O más bien, tengo que reconocerlo, no es cómodo saber que no podemos terminar lo que vamos a empezar, y está claro que no es cómodo que tenga que irse tan pronto. Me acurruco en el hueco de su hombro. Huele a sueño y a desodorante y me mata y me hiela la sangre saber que estaremos separados tanto tiempo.

—Ha sido una bonita sorpresa encontrarte aquí al despertarme —murmura.

Se refiere a que me he colado en la cama, a su lado, a las cuatro de la madrugada. Llevaba despierta desde las tres. Mi cabeza no deja de darle vueltas a todo lo que me espera.

—¿Por qué tenemos que ir a ningún sitio hoy? Hace mucho frío y el día está horrible. —Yo solo quiero quedarme aquí dentro para siempre con James acostado junto a mí.

Me siento más enorme que nunca, arropada por mi grueso pijama de invierno y mi albornoz para protegerme de las gélidas temperaturas. James siempre se ríe de mí. Tan pronto me quejo de que tengo calor como protesto porque hace un frío que pela.

Baja la voz, aunque es imposible que Zoe nos oiga:

—Creo que estaría bien que saliéramos todos juntos. Así tendré una última ocasión para comprobar que es la persona adecuada antes de irme. Lo hago para que te quedes tranquila.

—¿Y qué hacemos si no nos convence? —James no responde, pero casi puedo oírlo diciéndome que tendré que dejar de trabajar—. Mira, te seré sincera. ¿Sabes por qué he venido tan temprano en realidad?

James profiere una risa profunda y sonora.

—¿Para compartir tu insomnio?

—He oído ruidos en el piso de arriba. —Ahora soy yo la que susurra.

—Eso será porque tenemos a la niñera viviendo allí, Claud.

—Estaba dando porrazos por todas partes. Te lo digo yo, que el cuarto de invitados queda justo debajo del suyo.

—A lo mejor ha ido al baño. O tenía hambre. O a lo mejor lo que pasa es que todavía se siente algo inquieta porque hace muy poco que se ha venido a vivir con una familia nueva y tampoco podía dormir.

—No. No era nada de eso.

—Estás muy segura, ¿no te parece? —James se da media vuelta y se incorpora sobre un codo.

—No he oído la cadena del váter. Ya sabes el ruido que hacen esas cañerías tan viejas. Si hubiese tenido hambre, habría bajado, y no lo ha hecho. Conozco todos los ruidos de esta casa. Y te aseguro que no está nerviosa por eso de vivir aquí. Ni mucho menos. Me ha pedido quedarse los fines de semana, ¿no? —Ya me estoy arrepintiendo de haberle dicho que sí. Un par de días sola con mis hijos cada semana era lo que había planeado.

—Tienes razón, seguro. —Intenta abrazarme—. Está claro que es una asesina psicótica insomne que va a acabar con todos nosotros en plena noche.

—James, no hagas eso. —Me aparto de él, bajo las piernas de la cama e izo el resto de mi cuerpo antes de que pueda volver a abrazarme. De pronto no me apetecen las carantoñas.

Descorro las cortinas y refunfuño. No está el tiempo para pasar el día fuera. La lluvia racheada cae a plomo desde un cielo bajo y de un gris verdoso que parece fundirse con los tejados como en una acuarela emborronada. Miro a un lado y a otro de la calle. A pesar del día que hace, la gente no ha cancelado sus habituales recados del sábado por la mañana. Veo al señor Ford, el anciano que vive enfrente, llevando a Ned, su terrier, atado a una larga correa, por su camino de entrada. Una vez me explicó que había nacido en esa casa; que toda su vida había tenido lugar allí: «Muertes, matrimonios, divorcios, peleas, historias de amor, risas y lágrimas», dijo mirándose los pies con tristeza. «Esta casa una vez estuvo llena de gente, Claudia, tesoro.» Se tomó la molestia de venir a presentarse nada más mudarme yo a vivir con James. «Aquí siempre había tanto jaleo y tanta vida, tanto ruido y tanta cháchara: el chirrido de un violín con el que alguien practicaba o un piano a punto de morir aporreado.» Se rió con una mueca desdentada y yo le vi un lagrimón en cada ojo. El señor Ford sorbió por la nariz para ahogarlos. «Ahora ya solo quedamos Ned y yo.»

Me lo imagino recorriendo inquieto ese caserón victoriano de seis dormitorios con sus barandales pintados de marrón, sus puertas rechinantes y una cocina de los cincuenta en la que ya solo se calienta platos precocinados individuales en el microondas. «Todo está vacío...», terminó de decir, dándose unos golpecitos en el corazón, y yo supe exactamente a qué se refería.

James está a mi lado, mirando la calle.

—Vecina cotilla —bromea con cariño. Me ha rodeado con sus brazos, que ciñen mi torso como una cintura estilo imperio. No puedo respirar, así que me zafo de él.

—Pobre hombre, está muy solo —digo mientras el cuerpo encorvado del señor Ford, envuelto en un llamativo impermeable marinero, avanza despacio por la calle convertido en un borrón amarillo.

—Está perfectamente. Sale a buscar su periódico, a pasear un poco a Ned. A su edad todo son rutinas.

—Supongo que sí —digo, me vuelvo y le doy un beso. Tiene la boca cálida y profunda, y yo siento una felicidad absoluta y una enorme gratitud por formar parte de esta familia.

Dos horas después estoy cara a cara con un pez martillo. No puedo evitar sentirme impresionada y también algo atemorizada ante las dos criaturas de ojos redondos y brillantes que nadan cerca del cristal. Oscar y Noah contienen la respiración ante la absurdidad de esos rostros y la proximidad del peligro. Los escualos son horribles y hermosos a la vez, y no tienen ni la menor idea de que se encuentran en el centro de Birmingham. Parecen bastante felices a pesar de estar tan lejos de su hogar.

—¿Pueden vernos? —pregunta Oscar, que mete dos dedos en una minúscula caja de pasas.

—No lo sé. ¿Tú qué crees? —Zoe está acuclillada junto a los gemelos y los va mirando a ellos y a los tiburones. Se hace un poco atrás cuando uno de los animales se acerca al cristal a gran velocidad y no vira hasta el último segundo.

—Que sí, y que se creen que nosotros estamos en un zoo —responde Noah de una forma muy intuitiva.

Engarzo mi brazo en el de James mientras nuestro hijo suelta unas risillas alegres al imaginarnos a todos en cautividad.

—Pero ¿y si se escapan? —pregunta Oscar.

—¡Pues tendremos que correr! —dice Zoe, poniendo una cara divertida.

—Pero ¿por qué? —pregunta Noah, que estruja su caja de pasas vacía—. No pueden perseguirnos. No tienen piernas. Yo me quedaría a ayudarlos.

—Eso está muy bien, cariño —dice James—. ¿Queréis que os saque una foto con los tiburones?

—¡Sí! —exclaman los dos niños al unísono. Se aprietan contra el cristal.

—Venga, Zoe, tú también —dice James—. Para el álbum familiar.

—Bueno, ahora ya es el Flickr familiar, ¿no? —comento yo. James ha estado escaneando un montón de viejas fotografías y las ha subido a internet para que el resto de la familia pueda ver cómo crecen los niños.

—Ay, no, entonces mejor que no salga yo —dice Zoe con timidez. Se le sonrojan las mejillas y se aparta a un lado.

—Claro que sí, tienes que salir —insiste James—. Venga, ponte entre los dos niños.

—No, de verdad. No quiero.

Me doy cuenta de que ahora está muy colorada y ha empezado a sudar.

—No la obligues, James.

—Tengo que ir al baño —dice ella, y se escabulle.

—Pero si no es más que una maldita foto, por el amor de Dios. —Se siente algo avergonzado por haberla molestado. Saca un par de instantáneas más de Oscar y Noah.

—No seas tan bruto —le riño. No sé por qué, pero quiero defender a Zoe aunque su comportamiento haya sido bastante extraño.

—No has cambiado de parecer, ¿verdad? —James me mira a los ojos y luego repasa las fotos con Oscar y Noah, intentando ver algo en la pantalla de la cámara. Los niños no hacen más que saltar a su lado.

—¡Mira, somos nosotros! —exclama Noah, entusiasmado.

—Pero no sale el tiburón —se lamenta Oscar. Es verdad. Solo se ve un borrón en el fondo azul difuminado, pero nada que pueda identificarse como un pez martillo.

—Saca otra, papá —pide Noah, pero Zoe regresa y James lo hace callar.

—Bueno —digo yo—. ¿Queréis que vayamos a buscar a los calamares?

—¿Son romanos? —pregunta Oscar, como si las criaturas marinas tuvieran nacionalidad.

Yo todavía estoy pensando qué querrá decir cuando Zoe se da cuenta.

—¿Te refieres a si son calamares a la romana? —dice, riendo. Parece que ya se ha sobrepuesto.

—Se comen con mayonesa —dice Noah, relamiéndose.

—Los niños los descubrieron el año pasado de vacaciones —le explico a Zoe—. Al principio pensaron que eran aros de cebolla —susurro, y me abrazo a mi barriga mientras avanzamos entre expositores y acuarios. El despliegue de colores y las ondas del agua a través del cristal me marean, así que me cojo del brazo de James.

—¿Estás bien? —me pregunta algo preocupado.

Asiento con la cabeza para contestarle.

—¡Anda, caray! ¡Mirad eso! —Zoe agarra a los dos niños de la mano y los arrastra a toda velocidad por un pasillo donde casi no hay luz.

Oigo sus gritos ahogados de emoción mientras ella señala al interior de un enorme acuario. Nosotros nos acercamos sin prisa y llegamos justo cuando el cangrejo más grande que he visto en la vida lanza una pata larga y finísima en dirección a nosotros.

Oscar grita y se tapa la cara.

—Eres un cobardica —dice Noah—. Solo es un cangrejo tonto. —A pesar de sus bravatas veo que su mano pecosa aprieta más los dedos de Zoe.

Zoe lleva las uñas cortas y prácticas, y un único anillo.

—No es verdad —se defiende Oscar. Se ha aferrado a la pierna de James.

—Mira qué ojos tiene —exclama Noah, fascinado—. ¿Están hechos de caviar grande?

Todos nos reímos, pero Oscar gimotea.

—Es como una araña horrible —dice. Se vuelve de espaldas al acuario, que está repleto de otros peces y crustáceos.

Mientras continuamos la visita y atravesamos un túnel, con peces nadando por encima de nosotros como si fueran pájaros, con corales brillantes como joyas y criaturas inidentificables aleteando y remando a nuestro alrededor, Oscar se echa a llorar.

—¿Qué te pasa, cielo? —pregunto, haciendo lo que puedo por agacharme hasta su altura. James tendrá que ayudarme a ponerme en pie.

Oscar oculta el rostro en el abrigo de James, retuerce el tweed de lana entre sus dedos y restriega los mocos sobre el oscuro tejido.

—Aquí hay sombras por todas partes —dice, hipando entre sollozos. Se asoma y lanza una mirada por el túnel.

Es verdad. Unos colores descabellados giran en torno a nosotros junto con hebras de oscuridad, como si de verdad estuviésemos en las ignotas profundidades del océano. Es hermoso, pero también aterrador para un niño de cuatro años y medio.

—No pueden hacerte nada —le digo, y ya tengo a Zoe a mi lado, ofreciendo pañuelos de papel y consuelo y todos los abrazos que el pequeño Oscar esté dispuesto a aceptar—. Son estas luces, que nos hacen verlo todo con colores raros. Y eso de ahí solo son reflejos. —Da un salto al ver a otra familia que nos adelanta; sus caras son demonios que flotan en el cristal—. No tienes que preocuparte por nada.

—Tengo miedo, mamá —dice, trasladando el apretón del abrigo de James a mi mano—. Esa sombra es como la persona mala que vino a mi habitación anoche.

Le lanzo una mirada a James justo al mismo tiempo que los ojos de Oscar se abren como platos. No sé si es estupendo que me haya llamado «mamá», o si es más que preocupante que diga que anoche alguien entró en su habitación.

## 14

Seguramente me despedirán ahora que creen que me dedico a colarme en el dormitorio de sus hijos para matarlos de miedo. Seguro que piensan que soy una tarada porque me he negado de una forma bastante violenta a salir en esa foto propuesta en pleno arrebato de nostalgia familiar. De camino al aparcamiento he oído que Claudia comentaba algo de unos ruidos que salían anoche de mi cuarto. James, en un susurro escueto, le ha dicho que no fuera tonta, que eran paranoias, que eran las hormonas.

«Claro que ha sido eso», me siento tentada de decirle ahora, en el silencioso trayecto hasta casa.

Entre James y yo sacamos a Oscar y a Noah dormidos del capullo que forman sus asientos infantiles, pero para cuando los hemos entrado a cuestas y hemos liberado el peso muerto de sus cuerpecillos de las gruesas ataduras de sus abrigos y bufandas, ya se han despertado. Están gruñones, y Oscar se ha hecho pis encima.

—Yo lo cambio —digo al ver cómo se arruga la cara de Claudia solo con pensar en ocuparse del accidente de su hijo.

Se la ve agotada. Me juego cualquier cosa a que cree que es culpa mía que haya ido sentado en su pipí, que ahora haya que lavar la funda de su asiento infantil y que su hermano se esté riendo de él con malicia por ser un bebé. Cree que fui yo la que anduvo merodeando por su habitación anoche cual misteriosa criatura submarina y le provocó pesadillas y lo asustó hasta el punto de que se ha meado dormido.

—Sí, no me importa —contesto cuando me pregunta si estoy segura. Así contribuyo a apagar la mecha de culpabilidad.

—Pues entonces yo iré a preparar unos macarrones con queso —dice Claudia, aliviada, y se aleja hacia la cocina con sus andares torpes, mientras James cuelga los abrigos y lanza los zapatos al estante bajo de la galería.

Me pilla mirándolo cuando me llevo a los niños arriba, gimoteando los dos. Le veo un tic en la suave piel grisácea de una de sus ojeras.

Media hora después, los gemelos y yo volvemos a bajar de mucho mejor humor. El baño los ha hecho entrar en calor y los ha despertado, mientras que los pijamas limpios, las zapatillas de sus personajes de dibujos preferidos y el olor de los macarrones bañados en salsa de queso los hacen llegar correteando a la mesa.

—Justo a tiempo —dice Claudia, sirviendo cucharones de pasta cremosa en cinco platos. La mesa ya está puesta: zumo de manzana en una jarra, una botella de vino blanco abierta, copas y vasos, cuchillos y tenedores dispuestos con una servilleta de papel a cuadros entre cada pareja.

—Yo no cenaré —digo antes de que sirva el último plato. Se detiene. Me mira—. Voy a... Esta noche voy a salir. Si os parece bien. —Agacho la cabeza. Ha sido improvisación total. Es una locura, es peligroso, lo sé, pero no puedo evitarlo. Siento que se me sonrojan las mejillas.

—¿No vas a probar nada antes de irte? —me pregunta Claudia con dulzura—. Hay mucha comida. —Hace un gesto con el cucharón y un pegote de macarrones se escurre hasta el plato.

—Ya comeré algo por ahí.

Es mentira. No me apetece meterme nada en el cuerpo, ni en casa ni fuera.

—No pasa nada —repone ella. No puedo evitar fijarme en la ligera nota de alivio que contiene su voz. Así podrán cenar sin mí, los cuatro en familia, igual que hacían antes de mi llegada—. Pásales esto a los niños, James —sigue diciendo Claudia, y su marido, sin decir nada, pone un plato de comida delante de sus hijos. Todos ellos me miran mientras salgo de la cocina.

Después de ir arriba a por el abrigo y el bolso, me despido entonando el «adiós» más alegre de que soy capaz. Ya he cerrado la puerta de la entrada antes de poder oír su contestación.

El pub está abarrotado, pero estoy segura de que ella no ha llegado aún. No tengo los nervios a flor de piel, no me duelen como si me los hubieran descarnado, y mis pupilas no se dilatan como platos al verla. El vello de mi nuca no se eriza de expectación y no detecto las notas almizcleñas de su triste perfume.

—Un gin-tonic, por favor —le digo al chico que está tras la barra cuando por fin consigo abrirme paso hasta ella.

Tiene el pelo largo y alborotado, y en la camiseta que lleva se lee «God Save the Queen». Da media vuelta para coger un vaso del estante. No suelo beber ginebra, pero esta noche me da la sensación de que debo hacerlo. No sé por qué, pero parece lo más apropiado. Me sirve la copa sobre un posavasos blanco de papel y yo le paso el dinero.

Me vuelvo dando un sorbo a este amargo burbujeo y busco una mesa vacía. Lo que necesitamos es un rincón tranquilo para dos, un nicho escondido donde nadie pueda vernos. No quiero que nadie nos sorprenda juntas, pero lo único que veo es un pub lleno de cuerpos: casi todos hombres, la mayoría contándose divertidísimas batallitas a rugidos antes de que llegue la hora de volver a casa con sus familias. Repartidos por el establecimiento hay varios grupos de mujeres que llevan tacones de altura imposible y vestidos que más bien son tops. Paso apretándome por entre un grupo de hombres de negocios y me pongo de puntillas para ver si encuentro una mesa. No veo ninguna. No he elegido el mejor lugar para reunirnos.

Mi mensaje de texto ha sido impulsivo, aunque había pasado toda la noche anterior pensándolo, caminando de un lado a otro, incapaz de dormir a causa de la preocupación.

> Kiero verte. A las 8 en The Old Bull, esq. Church y Brent Rd. Bsos

No he recibido su respuesta hasta que salíamos del acuario entrecerrando los ojos para evitar el bajo sol de invierno que por fin ha hecho su aparición tras la lluvia de la mañana. El mundo era de pronto como un espejo: reluciente, peligroso, parecía reflejar todo lo que yo estaba intentando obviar. Los sentimientos que guardaba en mi interior no estarían ocultos para siempre.

Ha accedido a verse conmigo. «OK». La más breve de las respuestas, y sin los habituales «Bsos» al final. Solo eso ha hecho que me precipite en una auténtica espiral de preocupación por ella.

Hay un pequeño hueco cerca de la puerta, así que voy y lo ocupo con la esperanza de verla cuando entre. Casi no tengo sitio para respirar. La gente me rodea por todas partes, me empuja y me aparta al abrirse paso para salir a fumar un cigarrillo o ir al lavabo.

Su pelo, como siempre, es lo que veo primero. Es como si en el pub se hubiera prendido fuego y todos ardiéramos en llamas.

Sacudo la cabeza. Pienso tonterías.

—¡Cecelia! —grito, demasiado alto. Lanzo la mano por encima de mi cabeza y saludo como una energúmena. Todo el mundo me mira. La bajo en cuanto me ve, y entonces siento cómo me asoma el rubor.

La veo venir hacia mí cruzando el gentío con facilidad. El mundo pasa a cámara lenta mientras ella avanza arrastrando toda nuestra historia tras de sí.

—Heather —dice. Su voz, grave y dulce como si hubiera bebido almíbar, me coge desprevenida aunque no hace tanto que la oí por última vez. Levanta hacia mí un vaso casi lleno y me pregunto cuánto hace que ha llegado, cómo puedo no haberla visto.

Se produce un momento cortante en el que ninguna de las dos sabe si acercarse o no para darnos un beso, pero entonces un imbécil zanja nuestra indecisión empujándome y haciendo que se derrame la copa sobre la mano. Me gotea hacia el codo. Fulmino a ese tipo con la mirada y un segundo después tengo a Cecelia secándome con un pañuelo de papel. Suelto una risa nerviosa. Esto es muy poco propio de ella.

—Me alegro de que hayas venido —le digo. Las palabras tropiezan unas con otras. Debe de pensar que estoy borracha.

—Tu mensaje parecía... urgente —repone ella—. He pensado que algo iba mal.

Cómo ha deducido eso de un simple mensaje de texto, no lo sé, pero así son las cosas entre nosotras. De repente me acuerdo de los gemelos y en cómo parecen saber lo que está pensando el otro. Ya ha ocurrido varias veces desde que trabajo para Claudia, como si su conexión llegase mucho más allá de haber compartido espacio mientras crecían en el útero.

Ay, madre mía. «Claudia.»

Se me hace un nudo en el estómago, se me revuelve como si hubiera pillado algún virus. No quiero pensar en ella ahora mismo, pero aquí estoy, acallando mi cargo de conciencia por estar a punto de romper en mil pedazos el hogar de los Morgan-Brown. No es cuestión de si lo hago o no. Es cuestión de cuándo lo haré.

—He estado buscando una mesa, pero no hay ninguna. —Decírselo así, de pie, no me parece bien. Es lo que pasa siempre con Cecelia, como si no lo supiera yo ya: todo tiene que ser perfecto. Igual que este estilo suyo, algo así como entre «recién recogido de la basura» y «descubierto en una tienda *vintage»:* la imagen de Cecelia está ideada con mucho cuidado, hasta las uñas pintadas con esmaltes diferentes en cada dedo y esos estremecidos mechones de pelo rojo que parece no haberse peinado desde hace una semana pero que, en realidad, le ha costado media hora o más convertir en sus greñas despeinadas.

—Los pies me están matando —comenta, y yo miro abajo. Ni con los zapatos grises y amarillos de cuña ridículamente alta y maciza que lleva consigue alcanzarme en altura.

—Pobre —digo, aunque la verdad es que no lo pienso. Estoy molesta con ella.

Haciéndome la despistada, me pongo de puntillas otra vez y veo una mesa cubierta de vasos vacíos.

—Deprisa —le digo casi al oído. Huele a canela—. Ahí hay una libre. —No me disculpo por salir corriendo y lanzarme sobre una de las tres sillas justo cuando otra pareja está a punto de sentarse. No puedo evitar fijarme en que la mujer está embarazada. Miro para otro lado, fingiendo no haberla visto.

—Bien hecho —me felicita Cecelia.

Lleva unas mallas fucsia y una minifalda de *patchwork.* Se la estira hacia abajo al sentarse y dobla remilgadamente las piernas apartándolas de mí.

No sé por dónde empezar, así que doy un sorbo a mi copa. Ojalá la hubiera pedido doble. Triple. La botella entera. Una destilería.

—¿Qué tal va el trabajo? —pregunto, y ella enseguida tuerce la cabeza a un lado y se retira el pelo para enseñarme la oreja—. ¡Vaya, caray! —exclamo—. Son alucinantes.

—Es Diana. Una diosa de la fertilidad.

Siento el nudo que empieza a formarse en mi cuello, justo en el pulso. ¿Se los ha puesto para decirme algo? Me inclino hacia los pendientes y los miro más de cerca. Cualquier cosa con tal de distraerme.

—Es mitad árbol. —Parezco idiota.

—Le he transformado las piernas en un roble. Diana también era cazadora. Para mí es una especie de heroína. —Lo dice proyectando una risa lenta justo por encima del borde de su copa mientras da un sorbo.

Ya me sé esa historia. Me la ha contado un millón de veces. De pronto me siento muy fuera de lugar. Cecelia tiene mucho talento. Descruzo los tobillos y le doy un golpe en la pierna con mi bota.

—Perdón.

—¿Y a ti? ¿Cómo te va en tu nuevo empleo?

No puedo creer que me lo pregunte. Arrugo la nariz y separo los labios, pero no consigo decir nada. ¿Qué se supone que debo contarle?

—Era de tu trabajo de lo que hablábamos —insisto.

Cecelia parece contenta de volver al tema de sus joyas. Es parte de ella, algo que nace de su interior y conforma su día a día.

—Hoy me han hecho otro encargo.

Asiento.

—Qué bien.

Imagino a la clienta escogiendo entre sus extravagantes piezas. Una vez diseñó una colección muy polémica que tituló «Violación». Apareció incluso en un par de suplementos dominicales. Al día siguiente hubo montones de quejas por las fotografías que acompañaban el artículo. ¿Qué había esperado? La modelo estaba medio desnuda, cubierta de lo que parecían ser condones usados y sangre, y atada con esposas mientras un hombre enmascarado, también medio desnudo, se cernía sobre ella con aire amenazador. Sus diseños relucían aquí y allá en mitad de aquel estropicio. La acusaron de exaltar los delitos sexuales en nombre del glamour. No puedo decir que las joyas fuesen especialmente bonitas ni llevables, aunque está claro que le dieron mucha publicidad como diseñadora. Gracias a eso, un par de tiendas de Londres le hacen pedidos con regularidad, aunque lo que les sirve no es tan llamativo como aquellos collares fálicos con partes del cuerpo femenino extraíbles. Aquello era de cuando Cecelia todavía se drogaba.

—Bueno, y ¿cómo te va? —pregunto con docilidad, solo para posponer lo inevitable.

—Sí, pues como te decía, estoy bien —contesta, espiándome desde el borde de su copa mientras da otro trago de vino.

—Cecelia... —Alargo una mano hacia ella, pero una mirada suya la detiene.

—No hace falta —dice con un tono cantarín. Ladea la cabeza—. En fin, ¿para qué querías verme?

Apura el resto de la copa. Una señal inequívoca de que se está enfadando. Una señal inequívoca de que he hecho lo correcto al irme del piso.

Bueno, pues ya está. Esto sí que es el final. No hay vuelta atrás. Será mejor que me lo quite de en medio.

—He pensado que deberías saber que, después de todo —«después de todas tus esperanzas, tus planes, tus sueños»—, no estoy embarazada.

Se me queda mirando largo rato antes de levantarse e irse.

# 15

Lorraine dejó a Adam en el trabajo. Aunque esos días el caso Frith acaparaba gran parte de su tiempo, él le había dicho que aún tenía que ocuparse de algunos asuntos. Ella se había quedado allí de pie anudándose la bufanda alrededor del cuello y deslizando las manos en el interior de los guantes de piel de conducir, para después echarse el bolso al hombro. Había esperado que Adam la acompañara.

—Lo siento —se había disculpado él, levantando la mirada desde detrás de montañas de informes.

Lorraine salió de su despacho sintiéndose vacía, algo desconsolada y triste. Era la primera vez que se sentía así con él desde hacía siglos. Desde que se lo había confesado, concretamente.

—¿Grace? —llamó al llegar a casa—. ¿Stella? ¿Hay alguien?

Encontró a su hija mayor en la cocina, sentada a la mesa con varias carpetas del colegio y un libro de texto abierto frente a ella. A su lado había un plato con una tostada quemada sin probar y un vaso de agua. Lorraine se preguntó cómo podía estudiar con tan poca luz. La lámpara del techo estaba apagada y solo las bombillas de debajo de los armarios emitían un vago resplandor.

—Hola, tesoro. Eso tiene que alimentar mucho. ¿No has visto mi nota? —Agitó ante la cara de Grace las instrucciones que había garabateado a toda prisa esa mañana—. Hay estofado en la nevera. Cinco minutos de micro. ¿Demasiado complicado? —Estuvo a punto de preguntar dónde estaba Stella, pero entonces recordó que se había ido a pasar la tarde a casa de su amiga Kate. Seguro que la llamaría a eso de las diez para que fuese a recogerla.

Grace no decía nada. A Lorraine le dio la sensación de que estaba preocupada, sentada allí como un animalito abandonado, jugueteando con el lápiz y sin prestarle atención a sus libros ni por casualidad. Estaba decidida a solicitar plaza en la universidad, pero en esos momentos no se parecía en nada a la niña estudiosa que ella conocía.

—¿Te encuentras mal, tesoro? —Lorraine se colocó detrás de la silla de su hija y le retiró el pelo de la cara con delicadeza. Estaba un poco grasiento. Grace se apartó, así que Lorraine rodeó la mesa y se sentó frente a ella—. ¿Qué te pasa, Gracie? ¿Un mal día? —Y soltó aire con un enorme suspiro para hacerle ver que también ella había tenido uno complicado y que a lo mejor podían compararlos, compartir unas risas como hacían a veces—. ¿Gracie?

Era más que evidente que Grace no estaba leyendo sus apuntes. Miraba fijamente la mesa. En la vieja superficie de pino se veían las manchas de años de vino derramado, cercos de tazas de café caliente, surcos abiertos por las niñas a lápiz, a compás, a uña en pleno ataque de aburrimiento, y lo que parecía ser un resto de la cena del día anterior pegado aún en un mantel individual. La historia contenida en aquel mueble no podía ser ni mucho menos tan cautivadora. No, los ojos de Grace estaban contemplando algo muy lejano, y allí sentada, con su uniforme arrugado (detestaba que en su colegio todavía les hicieran llevar uniforme a los de último curso, cuando en otros centros de la ciudad se olvidaban de ellos al empezar el bachillerato), podría haber pasado por una desgraciada niña de catorce años en lugar de la joven feliz y prometedora de diecisiete que Lorraine sabía que era.

—Será mejor que te planchemos una limpia para mañana —le dijo a su hija, inclinándose hacia delante y deslizando un dedo sobre la camisa blanca del uniforme—. Se ve un poco usada. —Le dio unos golpecitos en la nariz, pero Grace volvió a rehuirla—. ¿Te apetece un té?

Nada. Ninguna respuesta.

Lorraine ya había tenido bastante. Se levantó.

—Si no me cuentas lo que te pasa no podré ayudarte, así que no diré ni una palabra más.

—¿Es así como interrogas a tus delincuentes? —preguntó Grace de pronto. Su voz temblaba al pasar por encima de cada palabra.

—No, con ellos soy mucho más blanda. —Lo dijo intentando quitarle hierro al asunto mientras colocaba el hervidor de agua en su base y lo encendía.

Se apoyó contra la encimera y, al ver la espalda de Grace, notó que tenía la columna un poco encorvada, lo cual hacía que sus hombros se adelantaran en un gesto protector y llegaran casi a taparle las orejas. La camisa se le había salido de la falda gris plisada, que ella insistía en llevar ridículamente corta. Sus leotardos negros de lana terminaban en unas zapatillas de andar por casa de velvetón rosa con unos lazos a cuadros rojos encima. Estaban viejas y muy gastadas en la punta.

«Sigue siendo una niña», pensó Lorraine.

—¿No tienes hambre o es que le pasa algo a lo que cocino?

—A la comida no le pasa nada —respondió Grace.

—¿Te caliento un poco? A lo mejor ceno algo contigo. Hoy papá volverá tarde. —Fue con cuidado para no imprimir resentimiento en su tono.

No habían compartido la confesión de él con las niñas, y ambos tenían la intención de que siguiera siendo así. Pero a veces, solo a veces, a Lorraine le hubiese gustado desahogarse con Grace, que su hija le acariciara la cabeza, para variar, que le trajera pañuelos y una bolsa de agua caliente y luego vieran juntas una película mala mientras se zampaban una tonelada de chocolate. ¿Cuántas veces no había hecho ella eso por sus niñas a lo largo de los años?, pensó mientras en su mente se agolpaban los recuerdos de incontables sesiones de consuelo tras la pérdida de mejores amigas, o unas malas notas en el cole (Stella) o males de amores (en el caso de Grace). Cada uno de esos disgustos había sido para sus hijas, a su manera, tan enorme como la mierda en la que estaba ella metida hasta el cuello con Adam. Y lo más idiota de todo era que aún lo quería.

—¿Qué? —Grace cambió de postura en la silla, se volvió y vio que su madre la estaba mirando.

Ay, por Dios, no habría dicho todo eso en voz alta, ¿verdad?, se preguntó Lorraine.

—Estás pálida y se te ve cansada. No pienso aceptar un no por respuesta. Voy a calentar el estofado y...

—Me voy —dijo Grace con firmeza, y se volvió de nuevo hacia sus libros, como si algo la ilusionara de pronto.

Lorraine frunció el ceño y empezó a calentar la cena.

—Seguro que tienes tiempo de comer algo antes de irte. —Mentalmente iba repasando el horario de su hija. ¿Cómo que irse? ¿Qué tenía esa noche? ¿El club de teatro? ¿Iba a recogerla Matt? ¿Iban a salir... al cine, a la bolera?

A medida que el estofado se calentaba, un reconfortante aroma a cebolla, ajo y vino tinto se extendió por la cocina. Lorraine se sirvió una copa de merlot.

—Quiero decir que me voy, mamá.

—Hoy no tienes teatro, ¿verdad? —preguntó Lorraine, desconcertada. Grace no contestó. Bueno, debía de haber quedado con Matt—. ¿Y adónde vais, tortolitos? Intenta volver a casa antes de las nueve y media.

Más de una vez había tenido que impedir que Adam bajara la escalera a la carga y saliera a la calle para arrancar la boca de Matt de los labios de su hija mientras ellos se dedicaban una larga despedida. Matt era un chico agradable, pero al ser mayor que Grace y tener su propio coche, gozaba de mucha libertad. Una libertad que pretendía disfrutar al máximo con su hija.

—No voy a salir a ningún sitio esta noche —dijo Grace con impaciencia—. Me voy de casa. Para siempre.

A Lorraine se le cayó la cuchara de madera en la cazuela. La miró mientras se hundía. Dio un largo trago de vino y caminó hasta el interruptor de la luz. Con un contundente clic iluminó toda la cocina.

—¿Qué narices estás diciendo?

—No puedo hablar más claro, mamá. —Sus ojos volvían a perderse en la nada—. Es que estoy harta de vivir aquí.

Lorraine se quedó mirando a su hija, intentando leer el resentimiento oculto tras sus ojos cansados. Parecía agotada. ¿Habría estado comiendo como Dios manda? Lorraine no podía estar segura y, con toda la presión de los exámenes que se acercaban y la carga de actividades extraescolares a las que estaba apuntada, no era de extrañar que se le hubieran fundido los plomos y anduviera ideando locuras. Seguro que, por la mañana, todo habría pasado ya.

—Entiendo muy bien cómo te sientes —dijo. Una frase estándar sacada directamente de un manual de cómo ser padres. Sabía que en realidad no significaba nada; y no significaba nada porque, si era sincera consigo misma, no tenía ni idea de cómo se sentía Grace.

—Mamá, no te molestes. Me voy a vivir con Matt. Lo tenemos todo pensado. Dejaré los estudios y nos casaremos.

«¡No!», Lorraine se obligó a no exteriorizar su explosión. Era todo tan repentino, sonaba tan terminante... ¿Qué mosca le había picado a Grace? Se sirvió más vino en la copa y, al volverse, se encontró con su hija de pie y recogiendo los libros.

—¿Qué haces? —Lorraine se llenó otra vez la boca de ese merlot que le ardía en la garganta.

—Guardar mis cosas. Y no te molestes en intentar hacerme cambiar de opinión.

—¿Y exactamente de qué crees que vas a vivir? —Temblaba solo con pensarlo. Su hija, su pequeña Grace, se iba de casa, dejaba los estudios y ¡se casaba! Un mal día que se había convertido en un día de mierda. El peor de su vida.

Grace consultó su reloj.

—Matt y yo buscaremos trabajo, claro. Yo ya he contestado a algunos anuncios. —Sonrió con languidez, lo cual hizo que Lorraine se sintiera como si todo fuese culpa suya. ¡Pues claro que era culpa suya, joder!—. No te preocupes, ya lo tenemos todo pensado.

—¿Y qué crees que tendrá que decir tu padre de este plan disparatado? ¿Y los exámenes, y la universidad, y el resto de tu vida? ¿Lo saben los padres de Matt? —Lorraine se puso colorada y notó que empezaba a salirle un sarpullido de sudor. En el otro extremo del espectro hormonal, no era momento para sufrir un sofoco.

—Mamá —dijo Grace con una risotada (¡una risotada!)—, estás exagerando tu reacción, como siempre. No puedes impedirme que haga lo que quiera. Y sí, por supuesto que los padres de Matt lo saben. Nos van a dejar una habitación para los dos hasta que encontremos piso.

Lorraine se sintió de pronto diez años mayor que al llegar a casa.

—Ni siquiera sabía que Matt y tú ya... —No terminó la frase, intentando rechazar la imagen de su hija y Matt juntos en la cama—. No me había dado cuenta... —«de que ibais tan en serio», pero no fue capaz de decirlo—. ¿Qué tiene de malo vivir aquí con nosotros, tu familia? ¿Y Stella?

—Mamá, que lo dejes ya. —Grace se echó el pelo hacia atrás—. Nos queremos y estamos prometidos. —Alargó de pronto la mano izquierda para exhibir un fino anillo de oro con una piedrita que brillaba débilmente—. Me comprará uno mejor cuando se lo pueda permi...

—¡Tú eres tonta! ¡Eres una niña tonta! —gritó Lorraine—. ¿De verdad crees que tengo tiempo para esto? —Temblaba a ojos vista—. Quítate esa idea ridícula de la cabeza ahora mismo y vete a acabar de estudiar o a hacer algo útil, como plancharte una falda.

—Ya se te ha olvidado, ¿verdad, mamá? —Grace estaba de

pie con los brazos en jarras, sacando la barbilla hacia delante y con las cimas de sus prominentes pómulos ruborizadas. Todavía tenía los ojos hundidos y subrayados por unas ojeras grises, y Lorraine no pudo evitar fijarse de nuevo en lo delgada que estaba. ¿No hacía siglos que llevaba esa misma falda de uniforme?—. Una vez me prometiste que, pasara lo que pasase, hiciera lo que hiciese o me convirtiera en quien me convirtiese, siempre me querrías y me apoyarías y me respetarías.

Las palabras eran balas que se hundían directas en el corazón de Lorraine. Era cierto que había pronunciado esas frases una vez, seguramente cuando su hija tenía unos seis o siete años.

—Pues demuéstrame que lo decías de verdad —remató Grace antes de salir de la cocina y cerrar la puerta despacio.

Cuando Adam llegó a casa, ella ya se había terminado casi toda la botella.

Una hora antes había subido algo de comida al piso de arriba.

—¿Tesoro? —Había llamado a la puerta del cuarto de Grace y le había dejado una bandeja en el suelo—. Aquí tienes algo de cena. —Se había ido otra vez abajo sabiendo que su hija, igual que un animalillo salvaje, estaría más tentada de abrir la puerta y aceptar la comida si ella no estaba allí mirando, esperando para saltarle encima. Después se había servido más vino.

Dios mío, cómo le apetecía un cigarrillo. Entonces se acordó del paquete de emergencia que tenía escondido en el fondo del mueble bar, sobre todo para cuando invitaban a cenar a sus amigos Sal y Dave. Apostados en el escalón de la puerta de atrás inhalaban el humo y lo expulsaban otra vez entre risillas etílicas mientras Adam, que no fumaba, se quedaba solo a la mesa, lanzándoles insultos y estadísticas sobre salud. «El pobre Adam echa humo a su manera», había comentado Sal una vez con una risa burbujeante. En aquel momento les había parecido graciosísimo.

Lorraine hizo a un lado botellas pegajosas de Baileys y Southern Comfort que solo bebían en Navidad. Allí estaba. Al fondo. El inconfundible diseño blanco y rojo de un paquete de Marlboro. Alargó una mano y lo sacudió. No estaba ni mucho menos lleno, pero aún quedaba algún pitillo.

Unos momentos después estaba en el jardín de atrás, oculta a la sombra del cobertizo, tiritando, helada, deseando haberse puesto unos guantes además del abrigo y la bufanda, dando unas caladas todo lo fuertes y profundas que podía al primer cigarrillo que se fumaba desde hacía siglos. Joder, qué gloria.

Mientras pateaba el suelo para hacer entrar los pies en calor fue asimilando la bomba que le había soltado Grace. «¿Que se va de casa? ¿Qué quiere casarse?» Su hija estaba decidida. Adam todavía tenía que enfrentarse al golpe de recibir la noticia; por lo menos ella iba un paso por delante, aunque se arrepentía de haber estallado como lo había hecho. Sabía que había reaccionado de forma exagerada, pero el anuncio de Grace la había hecho saltar como un interruptor. ¿Tan insoportable era la vida de su hija que quería irse a vivir con otra familia? Si lo pensaba con sinceridad, era eso lo que más le había dolido.

Oyó un ruido. La puerta de atrás se abrió y un haz de luz cayó sobre la oscuridad del césped.

—¿Ray? —«¡Que no me llames así, maldita sea!»—. ¿Eres tú la que está ahí fuera?

Lorraine oyó entonces unas palabras apenas masculladas, seguidas de un:

—... se suponía que ibas a recoger a Stella.

La puerta se cerró de golpe.

«Mierda.»

Tiró el cigarrillo a medio fumar, apuró la copa de vino y la dejó en el murete que había junto al cobertizo. Regresó corriendo a la puerta de la cocina con la sensación de estar temblorosa y andar inestable. Entró justo cuando Adam salía de la cocina con un brazo sobre los hombros de su hija pequeña.

Se volvió y la fulminó con la mirada.

—Te has olvidado de ella. Te ha estado llamando pero no le cogías el teléfono.

—Stel, lo siento, tesoro. Se me ha echado el tiempo encima y... —Abrió el grifo, se sirvió un vaso de agua y se lo bebió de golpe. Los dedos le apestaban a tabaco.

—¿Qué ha pasado, mamá? ¿Estás enfadada con papá?

—No, tesoro, no es eso. —«Estoy más enfadada conmigo misma», pensó.

Lorraine miró el reloj. Las diez y media. Tenía que estar en el trabajo a las seis.

—Necesito dormir, y tú también. Además, tengo que hablar con tu padre de una cosa.

Cuando decía «tu padre» en lugar de «Adam» o «papá» solía ser porque había problemas. Adam puso cara de pocos amigos y bostezó.

—Pues buenas noches, mamá. Y no te preocupes por no haber venido a buscarme. A la madre de Kate no le ha importado. Ha dicho que seguramente estabas trabajando. Atrapando delincuentes y todo eso. —Stella les dio un beso en la mejilla a cada uno y subió a su habitación.

Lorraine no dijo nada hasta que oyó cómo se cerraba la puerta de la niña.

—Esto no te va a gustar —empezó, preparándolo—. Siéntate.

Adam arrugó la frente pero se quedó de pie.

—¿Es del caso?

Lorraine sacudió la cabeza.

—Es Grace. —Enseguida levantó las manos al ver la cara de preocupación de Adam—. Está arriba. Está bien. —Guardó silencio—. Más o menos.

—¿Qué ha pasado? —Adam cruzó los brazos. Unos antebrazos fuertes, Lorraine se fijó en ellos y se sintió de algún modo rescatada ahora que él estaba ya en casa y compartiría la carga con ella—. Cuéntame.

—Pues que quiere dejar los estudios, mandarlo todo a la mierda y casarse, eso ha pasado. —No había una forma fácil de decirlo.

Adam se fue hacia el mueble bar, rescató de dentro una botella de whisky y se sirvió una copa. Los dos se quedaron sentados, mirándose por encima de la mesa. La casa estaba en silencio salvo por el gran reloj de la pared de la cocina, que de repente sonaba a un volumen atronador.

Adam se pasó una mano por la cara.

—Joder. ¿No irá en serio? —fue todo lo que dijo.

«"Cansado" no alcanza a describir su aspecto ahora mismo», pensó Lorraine con una punzada de compasión. Sentía que su familia se estaba desmoronando.

—Ah, sí, y se va a vivir con los padres de Matt hasta que Matt y ella encuentren trabajo y un piso.

—Te estaba tomando el pelo. Será una pataleta.

—A mí me ha parecido que lo decía muy en serio, la verdad. —Lorraine sabía muy bien cuándo su hija soltaba amenazadas vacías. Esto era diferente.

—Pero ¿por qué?

—Pues porque está claro que nos odia. O, mejor dicho, me odia a mí. Y por lo que ha dicho, resulta que ya se ha acostado con Matt.

—Me cago en todo —espetó él—. ¿Has intentado hacerla entrar en razón?

La puerta de la cocina se abrió de repente y Grace apareció con la bandeja. Se había comido la cena.

—Gracias, mamá —dijo, alegre, como si no hubiera pasado nada. Metió el plato en el lavavajillas.

Adam se la quedó mirando, por lo visto incapaz de pronunciar palabra.

—Ya sé de qué estabais hablando —dijo ella, erguida, alta. Su madre se dio cuenta de que había estado llorando, aunque lograba disimularlo muy bien.

—Tesoro... —Lorraine se quedó sin fuerzas. «Tesoro ¿qué?

¿Tesoro, nos gustaría que fueses un poquito más sensata? ¿Tesoro, nos gustaría que fueses más como tu hermana? ¿Tesoro, nos gustaría que volvieras a tener once años?»

—¿Qué, mamá?

—Papá y yo estábamos discutiendo... hablando... sobre, ya sabes, eso de que quieras casarte. Que te vayas de casa.

—Lo tengo más que decidido —dijo ella—, por si estáis pensando que todo esto se quedará en nada. —Le enseñó el anillo de compromiso a su padre—. Va muy en serio.

Tanto Adam como Lorraine retrocedieron impresionados, cada uno a su manera. El corazón de Lorraine dio un vuelco y se encogió en el interior de su jaula maternal; Adam encorvó los hombros mientras abría y cerraba los puños. Nada de eso era lo que habían planeado para su hija.

Por fin fue él quien plantó una mano sobre la mesa y casi volcó su vaso. Se levantó, alzándose a mayor altura que su hija.

Grace se hizo atrás.

—¡Y una mierda, va en serio! —gritó enfurecido.

La niña salió corriendo de la cocina.

Con un suspiro y una última mirada resentida hacia Adam, Lorraine fue tras ella.

Arriba, se sentó junto a su hija, que se había metido en la cama completamente vestida. Le acarició la espalda, el pelo, los hombros, preguntándose cómo podía imaginar siquiera mandar su vida al garete de esa manera. Tuvo que echar mano de una enorme fuerza de voluntad para susurrarle que todo iría bien, que de alguna forma encontrarían una solución, que en realidad no estaba enfadada con ella. Y mientras estaban así debió de quedarse dormida porque al despertar, cuando abrió primero un ojo y después el otro, se encontró acurrucada junto al signo de interrogación del cuerpo de Grace y fuera ya se veía claridad.

## 16

Hoy es el día en que pierdo a mi marido.

Me doy media vuelta en la cama con la esperanza de que, si no abro los ojos, si no me despierto del todo, puede que no llegue a suceder. No deseo que se vaya. Mi amor. Quiero que seamos una familia completa. Pronto seremos cinco. La adrenalina me revuelve el estómago al pensar que sucederá mientras él está fuera.

«Es una de las maniobras militares más importantes del año, mi vida.»

«Pero es en el Mediterráneo.»

Ni siquiera le está permitido decirme el nombre en código de la operación. Solo que será en el Mediterráneo. En algún punto de ese mar. Para mí el Mediterráneo es un lugar de sol, biquinis, cenas románticas y baile hasta pasada la medianoche. Para James significa largas semanas de encierro a bordo de un submarino con un centenar de tripulantes más, guardias de seis horas y un camarote compartido con misiles, respirando aire procesado.

Me acodo para incorporarme. Mis pies buscan las zapatillas. Por fin, tras anudarme la bata sobre la mole de mi barriga, voy, dando pasos suaves, hasta nuestra habitación y me encuentro la cama vacía. Ya se ha levantado y tiene que irse a las diez en punto. No ha podido decirme cuánto tiempo exactamente tendrá que estar fuera, pero serán entre seis y ocho semanas. Sé que vio cómo calaba el dolor hasta lo más hondo de mi mirada.

—Cuando vuelvas ya la tendremos aquí. —De pie en el umbral de la cocina, frotándome el vientre, intento que mi voz suene optimista. Él le da bocados a una tostada mientras hojea *The Times,* abierto sobre la encimera, con una taza de café en la mano. Levanta la vista—. Ya avisé de que hoy llegaría tarde al trabajo. Quiero quedarme para despedirme de ti.

—Cariño —dice, y se acerca a darme los buenos días.

Siento su cuerpo, cálido y fuerte, como si de algún modo estuviese preparándose para los largos días y las largas noches en alta mar. No verá el sol ni la luna. No sabrá en qué momento estaré abrazando por primera vez a nuestra hija ni cuándo buscará ella mi cuello intentando succionar, ansiosa por alimentarse. No oirá su primer llanto.

—Intenté advertirte —me dice con ternura, pero también medio en broma— de lo que era casarse con un marinero. —Percibe mi desesperación.

A veces desearía que lo hubiera abandonado todo, que se hubiera retirado y hubiera dejado la carrera militar. No es que vayamos justos de dinero. Ni muchísimo menos. Incluso sin su sueldo de la Armada, James cuenta con un buen capital. «Demasiado para tener que hablar de ello», me dijo una vez en un susurro tontorrón cuando le pregunté si era muy rico. «Eso se lo dejo a mi contable.» Entonces, ¿por qué se pasa tantas horas escondido en su estudio ocupándose de los papeles cuando está de permiso? Una vez le insinué que buscara a un contable mejor y él se puso a la defensiva. «El bufete de Jersey se ha ocupado de los asuntos de la familia desde hace décadas. Es dinero viejo. Esas cosas no se cambian.»

Cuando habla de «asuntos de la familia» o de «dinero viejo» se refiere a los Sheehan. Él lo heredó todo de su primera mujer, Elizabeth, cuando murió. Al principio de nuestra relación, recuerdo que los hermanos de ella venían a ver a James y celebraban con él largas reuniones a puerta cerrada. Una vez oí gritos. No quise pecar de entrometida, pero en parte por eso he seguido trabajando, para no dilapidar la fortuna de una mujer muerta. No me sentiría bien. Creo que James piensa lo mismo de su carrera en la Armada.

—¿Café? —pregunta mientras me sirve uno. Me lo acerca y yo me siento en un taburete—. Quiero que le pongas el nombre tú sola —me dice con solemnidad—. Confío en ti. Que te ayuden los niños a decidir uno.

Aunque ya hemos hablado muchas veces de qué nombres nos gustan, todavía no hemos elegido el definitivo. Yo dije que tendríamos que verla antes de decidirlo, pero entonces James llegó con la noticia de que no estaría aquí cuando naciera.

Sonrío al pensar que los niños le pondrán el nombre a su hermana. Ya oigo ruidos en el piso de arriba, Zoe debe de estar preparándolos para el colegio. Los quiero muchísimo y los trataré como hasta ahora, pero no puedo evitar pensar que esta nueva niña, mi niña, me inspirará unos sentimientos algo distintos. Ella sí que será de James y mía; será un auténtico símbolo de nuestro amor, del compromiso que hemos adquirido. Estoy impaciente por traerla a nuestra familia. Solo espero que los gemelos la quieran tanto como yo.

Me levanto y voy a la nevera, pero tropiezo por el camino. Me apoyo en la pared.

—¡Ay, me está dando patadas! —Supongo que mi traspiés la ha despertado—. Corre, pon la mano. —James se acerca y guío su mano hasta el punto en concreto—. Ahí.

—Sí, ya la noto. Se estará despidiendo de mí. —Sonríe encantado con lo que siente en la palma de su mano.

Los gemelos entran en la cocina a la carga, limpitos y recién arreglados, con sus camisas blancas y sus jerséis grises. Si soy sincera, Zoe ha representado una gran ayuda para la organización doméstica, y prácticamente siento vergüenza del recelo que tenía al principio con ella. Reconozco que incluso me apetece contar con un poco de compañía femenina mientras James está embarcado.

—¡Chicos! —exclama su padre, que dobla las rodillas y rodea a cada uno de sus hijos con un brazo—. ¿Sabéis qué día es hoy?

—Mmm, sí —dice Noah con aire taciturno—. Es el día que papá se marcha. Es una caca.

Oscar agacha la cabeza y se le escapan unos gimoteos sincopados. James los abraza con más fuerza y yo me siento celosa y orgullosa a la vez de ese vínculo masculino que comparten los tres.

«¿Quién habría dicho —me confesó una vez: una noche de Fin de Año, de hecho, en que los dos habíamos bebido mucho—, quién habría imaginado que a mis hijos los criaría con tanto cariño alguien que no seríamos Elizabeth y yo?» Después me obsequió con interminables recuerdos de su primera mujer y él, del gran sueño que habían compartido (la casa en el campo, cuatro retoños, perros, ponis), y de cómo se lo habían arrebatado todo en los seis breves meses que transcurrieron desde el diagnóstico hasta la muerte de Elizabeth. James me contó que ella le había hecho prometer que elegiría con mucho cuidado a una nueva madre para los niños. Eso resultó en cierta medida un consuelo para mí, supongo, mientras intentaba pasearme alegre por la fiesta con mi vestido rojo nuevo. James se disculpó a la mañana siguiente.

—Anda, tontorrones, pero si habré vuelto antes de que os deis cuenta y, además, ¿sabéis qué?

—¿Qué? —exclaman los niños al unísono.

—Vais a tener una sorpresa muy especial que enseñarme, ¿a que sí?

Al oír eso, los gemelos se yerguen y parecen contentos. Me miran a mí y Noah dice:

—Una hermanita nueva.

Ya se lo hemos explicado todo. Me parece que comprenden bastante bien la situación. No recuerdan a Elizabeth, aunque James y yo nos esforzamos por incluirla en la conversación cuando lo creemos apropiado. Es duro pero necesario. Ella era su madre. Yo, intento serlo.

—Pero yo quiero tener a la hermanita ya —dice Oscar lloriqueando.

Zoe ha estado todo este rato colocando en la mesa platos y tostadas y cereales y fruta. Saca también mermelada de fresa y un bote de Marmite, deja leche y un tetrabrik de zumo en el centro y luego va a por una taza y se sirve café. De repente me siento muy afortunada y la impaciencia por tener a mi niña en brazos me hace temblar de emoción, aunque intento no pensar en el dolor y la angustia de ese momento, de regresar a casa, instalarla y finalmente tener que volver al trabajo. Después de todo lo que he pasado me parece más que imposible, inverosímil.

—Vamos, Oscar y Noah —entona Zoe con alegría—. Daos prisa y acabaos el desayuno o llegaremos tarde.

El ajetreo de la mañana prosigue más o menos como siempre, solo que cuando los niños se han lavado los dientes, han cogido las bolsas con la comida que les ha preparado Zoe y se han puesto los zapatos y el abrigo, todo vuelve a quedar bastante triste.

—Adiós, papi —gimotea Oscar—. Ten cuidado debajo del agua. —Recuerdo el miedo que le entró en el acuario y me doy cuenta de que seguramente estuvo causado por lo que sabe de las aventuras navales de su padre. Dudo que de verdad hubiera alguien acechando en su habitación.

—Adiós, papá —exclama Noah. Le gusta decir «papá» y no «papi», como hace Oscar. Le hace sentirse más adulto—. Pásatelo bien con los pececitos. —Sonríe mucho y saca un tubo de caramelos de frutas medio vacío del bolsillo de su abrigo. Se le ha iluminado la cara.

—Ni hablar del peluquín —digo yo, y le quito los caramelos. Noah se enfurruña.

—Tenéis que mantener el orden a bordo hasta que vuelva a casa, ¿entendido, niños? Cuidad de... Cuidad de mamá.

No sabe la delicia que es para mí oír que me llama «mamá».

—Habré vuelto antes de que os deis cuenta. —James nos

dedica un saludo militar y les pone a los dos niños la capucha sobre la cabeza—. Fuera hace frío. ¡Toda precaución es poca! —dice, riendo—. Y ahora, en marcha o llegaréis tarde. —Sé lo duro que se le hace esto. Sus pequeñajos lo miran con cara pálida y expectante. James se agacha y les planta un beso en la mejilla a cada uno—. Os quiero mucho a los dos —dice, y yo suelto un suspiro de alivio.

—Yo también te quiero, papi.

—Yo también te quiero, papá.

Después de contestar a coro, los gemelos salen de la casa uno a cada lado de Zoe, que le dirige a James un simpático «Adiós y buena suerte». La puerta se cierra.

—Eso ha estado fuera de lugar —comento.

James se pasa las dos manos por la cara.

—Lo siento mucho —me dice—. Siento mucho no estar aquí para el día más importante de nuestra vida. Me odio por ello.

Me ha explicado que sí estuvo presente cuando nacieron los gemelos. Vio cómo el cirujano hacía una incisión en el vientre de su mujer y los sacaba: primero a Oscar, que salió pataleando, gritando y de color lavanda. Noah lo siguió unos minutos después, pero al principio estaba inerte y de un apagado tono grisáceo. Le pusieron oxígeno y lo frotaron con brío, pero tuvieron que llevárselo a la Unidad de Cuidados Intensivos. Elizabeth se culpaba a sí misma; la cesárea había sido la única opción a causa de su estado de salud. La pobre sabía que nunca vería crecer a sus hijos. No obstante, a la mañana siguiente le dejaron abrazarlos a ambos. Sanos aunque pequeños. Perfectos y suyos.

—Mira, James, no quiero oír nada más sobre esto. De verdad que creo que me volveré loca si no dejas de sentirte culpable. Soy una mujer adulta. Puedo con ello. Y tengo a Zoe. —Sonrío. Quiero que sepa que todo irá bien mientras él esté fuera—. Cuando vuelvas, tu nueva hija y yo estaremos esperándote junto a la ventana. Mientras tanto lucharemos por mantener la normalidad. —Me río. Es una risa nerviosa que sabe a miedo.

James asiente con la cabeza y se va a su estudio.

—Tengo que recoger algunas cosas. Ya he hecho el petate. Te avisaré cuando me vaya.

Es el momento, pienso, de retirarme y dejarle un poco de espacio antes de que se marche. Ya me ha avisado de que cerrará el estudio con llave hasta su regreso. Es algo que nunca ha hecho antes, pero me ha dicho dónde esconderá la llave. Supongo que Zoe no estará muy interesada en nada de lo que hay ahí dentro, pero comprendo la necesidad que siente James de asegurarse.

Subo a ducharme y cierro con pestillo la puerta del baño. Es un gesto automático, no una precaución consciente como la de James con su estudio. Me moriría de vergüenza si alguien entrara mientras estoy desnuda y me viera así. No puedo decir que me guste mi cuerpo ahora mismo. Me lo quito todo y me miro en el espejo. Pongo el agua de la ducha todo lo caliente que puedo soportar y dejo que me empape. Bajo la mirada hacia el plato de cerámica y me convenzo de que todo va bien, no hay sangre, no voy a tener ningún aborto natural. Me he prometido que eso no volverá a suceder. Nerviosa, con temores del pasado, respiro y suspiro de alivio al ver que el agua sigue bajando limpia. Cuando me echo el champú corre lechosa y espumosa entre mis pies.

Hora y media después, vestida con una túnica azul marino por encima de una camiseta negra de cuello alto, pantalones de trabajo de cinturilla elástica y unos mocasines muy prácticos, me seco el pelo, me pongo un poco de maquillaje y ya estoy lista para enfrentarme a la inminente separación.

Es un alivio saber que Zoe irá a recoger a los niños al colegio, lo cual me permitirá a mí sumergirme en una tarde de trabajo y distracción. Tendré que recuperar todas estas horas, y me obligo a prometer que no pensaré en mi marido hasta más adelante, cuando ya esté bien arropada en la cama. Entonces lo imaginaré preparando el submarino, poniéndose al día con sus colegas, compartiendo fotografías e historias familiares, concentrándose en sus obligaciones, zarpando, hundiéndose cada vez más hacia las profundidades, hasta que ya nadie sepa dónde están. El *HMS Advance* no será más que una onda en la superficie del agua.

Nos besamos. Nos abrazamos. James se agacha y deja los labios posados un rato en mi barriga.

—¿Lo has notado? —pregunto.

—No —responde con tristeza.

—Ha sido una patada, pero muy por dentro —le digo—. Quiere salir.

Otro beso, un abrazo y ya se ha ido. Así es como lo hemos hecho siempre.

Oigo a Zoe trajinando en la cocina.

—Bueno, pues ya está —anuncio, dejando caer las manos a mis costados—. James se ha ido.

—¿Un té? —me propone. Ladea la cabeza y esconde los labios hacia dentro en una mueca de lástima. Enciende el hervidor de agua.

—Uno rápido.

He de irme enseguida. Tengo muchísimo que hacer.

—¿Cómo es que no has cogido aún la baja por maternidad? —pregunta.

Me río, contenta de que me distraiga para no sentir este agujero en el corazón.

—En el departamento siempre vamos a tope de trabajo. Estoy sana y puedo con todo, así que no hay motivo para dejar de ir hasta que salga de cuentas. —Ya le he hablado por encima de mi puesto como trabajadora social, pero no estoy segura de si lo ha entendido bien—. Además, así tendré más tiempo para conocer a mi niña cuando llegue. No quiero tener que volver a trabajar enseguida.

—Lo entiendo —dice Zoe, y se queda embobada mirando mi barriga, pero aparta os ojos en cuanto ve que me he dado cuenta.

—Ya lo sé. Estoy como una ballena, ¿verdad? Y no tamaño orca, no, parezco toda una señora ballena azul. —Me echo a reír mientras nos sentamos juntas a la mesa de la cocina. Yo tengo que retirar la silla, mientras que Zoe puede deslizarse con agilidad entre la mesa y el banco que tenemos contra la pared—. Recuerdo vagamente que una vez tuve tu talla. —Lleva unos vaqueros y una camiseta negra que se le sube al sentarse. Veo que envuelve su taza con los dedos—. ¿No te mueres de frío? —pregunto, sintiéndome de pronto como su madre, aunque su edad y la mía lo harían imposible.

Ahora le toca a ella reírse, con lo que parece un duendecillo travieso. Sus ojos lanzan destellos azules.

—No, estoy bien. Y no te preocupes, los niños han ido con abrigo al colegio.

—Lo siento, no pretendía parecer...

—Me gusta que te preocupes. —Zoe baja la cabeza. En lo alto se le ve una corona de pelo más oscuro que asoma a través del rubio.

—¿Todavía te resulta difícil? —Me refiero a la ruptura de la que me habló.

Silencio.

—Disculpa, no pretendía cotillear.

—Es complicado —confiesa.

—Al menos no hay niños de por medio.

Su cabeza se yergue de pronto y su mirada se endurece hasta ser de frío acero. Los nudillos de sus dedos, que aprietan más la taza, se vuelven blancos.

—No —dice, despacio, con dolor—. Al menos no hay niños.

—Zoe —añado con una voz lamentable. Me inclino hacia ella y le doy un abrazo, siento el tenue sobresalto de sus costillas cuando un sollozo sale de su cuerpo—. Lo siento mucho, no me había dado cuenta...

Conozco esa mirada: la mirada de una mujer vacía. La mirada de necesidad, de deseo, las ansias de alimentar a una criatura. La mirada de una madre incompleta. Bien sabe Dios que la he visto muchas veces en el espejo.

—De verdad que estoy muy contenta de tenerte aquí —le digo con sinceridad. Es lo más que puedo hacer de momento. Le aprieto la mano.

—Tengo que salir —dice ella entonces, y se va corriendo hacia el recibidor.

Un instante después, la puerta de entrada se cierra de un portazo y me quedo sola en la casa.

## 17

Lorraine vio al fotógrafo forense colocarse a horcajadas sobre una mancha de sangre con una forma parecida a la de Australia. Se puso los plásticos protectores sobre los zapatos y entró a desgana en la habitación. Adam entró tras ella. Todavía no había abierto la boca. Ni falta que hacía. Su rostro expresaba asco y desesperación suficientes como para poder seguir en silencio.

Nada más recibir la llamada habían dejado lo que estaban haciendo, así que llegaron al escenario del crimen solo unos momentos después de que se hubiesen llevado a la niña embarazada al hospital, apenas viva. Su vida pendía de un hilo, les dijeron, y los médicos no estaban seguros de si lo lograría. A ella le habían abierto el abdomen, pero no les habían informado nada acerca del bebé.

Lorraine miró en derredor. El fantasma de la joven parecía flotar aún en el aire, gritando con un miedo y un pánico que se hacían evidentes en el desastre que había quedado atrás. De no haber llegado justo entonces su amiga, que había llamado a urgencias, ya estaría muerta. Adam y Lorraine estudiaron el escenario del crimen como si hasta el más tímido aliento pudiera destruir una prueba esencial. Igual que la última vez, aquello no tenía sentido.

—¿Alguien a quien ella conocía? —sugirió Lorraine, cerrando los ojos para ahogar otra náusea. La habitación olía a sangre fresca.

—Es posible. No hay señales de que hayan forzado la puerta —comentó Adam, mirando hacia la entrada.

—¿Quién querría hacer algo así?

Recorrieron el aciago apartamento con la mirada. No había mucho que ver. Una minúscula cocina con unos viejos fogones de gas ocupaba el espacio de un armario en un extremo de aquella vivienda social del ayuntamiento, mientras que la deprimente sala de estar (la única ventana quedaba medio tapada por el árbol perenne del exterior) contenía un solo sofá, que había quedado cubierto de sangre, y un viejo televisor portátil. El dormitorio estaba totalmente ocupado por una cama de matrimonio y una cuna de madera que estaba llena hasta arriba de lo que parecía ser ropa lavada. O por lo menos Lorraine supuso que estaba limpia.

—La amiga de la víctima la encontró en ese sofá de ahí. —Adam recorría a grandes pasos la zona de la sala. Estaba estorbando al fotógrafo.

Lorraine le echó un vistazo. Casi todo el velvetón color crudo había quedado convertido en rojo óxido. Coagulada y cuarteada ya en el borde de las manchas, la sangre había dejado un estampado sorprendente. Si se miraba el sofá entrecerrando los ojos, casi podía pensarse que su nuevo aspecto respondía a un estilo buscado, un estilo macabro.

—Iba a ponerse de parto cualquier día de estos.

Se miraron uno al otro, el resto de su vida había quedado en suspenso por el momento.

—La amiga nos espera aquí al lado, en casa del vecino —dijo Adam, y luego contestó una llamada a su teléfono.

Lorraine volvió a salir al rellano de la planta. Aquel espacio oscuro y vacío apestaba a orines y marihuana. Un grupito de jóvenes se había reunido en lo alto de la escalera de cemento.

—Fuera de aquí todo el mundo —ordenó Lorraine mientras se quitaba las fundas de los zapatos. Las metió en una bolsa y se las dio al agente que hacía la guardia para que las tirara.

Los chicos se la quedaron mirando sin más. Uno soltó un eructo. Lorraine volvió a sentirse anciana.

La puerta del piso número 73 estaba abierta de par en par, así que entró directamente. Dentro se oía el suave llanto de una chica y, por encima, la tranquilizante y persuasiva entonación de una agente bien entrenada. Al cruzar la sala de estar (el piso tenía la misma distribución que el de al lado, pero en disposición simétrica), Lorraine oyó la voz áspera de un anciano que intentaba ayudar y el entrechocar de unas tazas.

—¿Hola? —dijo, y dio unos golpes en la puerta de la sala—. Soy la inspectora Fisher —añadió, y entró sin esperar respuesta.

Había una joven sentada sobre un charco de dolor en un sillón de orejas de color verde. La chimenea de gas escupía un calor feroz y seco. Caían gotas de condensación por el cristal de la ventana, sobre cuyo alféizar se veía una corteza de años de moho; una imagen imitaba de forma curiosa la cara de la joven, las lágrimas de sus ojos y el rímel corrido. No podía tener más de veinte años.

—Siento mucho lo que le ha pasado a tu amiga. ¿Tenéis ya alguna noticia del hospital? —Todavía no era una investigación de asesinato, a menos que el feto hubiese muerto.

Como la chica no logró responder nada, la agente se volvió y se encogió de hombros.

—Lo único que sabemos es que seguía viva cuando se la han llevado, señora. Emma está muy inquieta. Quiere ir al hospital a ver a su amiga. Carla —añadió la agente, por si la inspectora no conocía el nombre de la víctima.

—Gracias, cielo —dijo Lorraine, que al ver la juventud de la agente se había sentido doblemente maternal. Tomó asiento en el borde de un pequeño sofá a juego con el sillón.

El anciano, que debía de ser el ocupante del piso, llegó con tres tazas de té en una bandeja.

—Ahora necesitaremos una más —gruñó, mirando a la detective—. ¿Azúcar?

—Yo no tomaré nada, gracias —rechazó Lorraine. La higiene de aquel lugar era dudosa—. Ha sido muy amable por abrirnos su casa. Pronto nos iremos, en cuanto Emma se recupere un poco.

—No me molestan —dijo el hombre, y se rascó su incipiente calva. Unos copos blancos cayeron flotando hasta sus hombros. Tenía la chaqueta marrón de punto cubierta de pedacitos de piel—. Se ha puesto a aporrear la puerta como si hubiera fuego —explicó. Su voz estaba rebozada de flemas y él se esforzaba por aclararla. Se llevó un momento la mano a la entrepierna—. Cuando la he dejado pasar gritaba que quería el teléfono. Yo pensaba que todo el mundo tenía ya un móvil de esos.

—Gracias, ¿señor...? —Lorraine quería hablar con Emma. El viejo tendría que esperar.

—Duggan —informó el hombre.

—Ahora tengo que hablar con Emma. Dentro de nada podremos comentar lo que ha oído usted.

El anciano masculló algo y desapareció en la cocina. Oyeron más ruido de vajilla.

—Emma —dijo Lorraine—, quiero que me cuentes todo lo que te ha sucedido esta mañana.

La agente le alcanzó el té a Emma. Las manos de la chica temblaron al coger la taza, así que se vertió un poco en los pantalones grises de tosca tela de chándal. De todas formas ya estaban sucios, comprobó Lorraine. Sin embargo, la sudadera rosa y azul que llevaba por encima parecía limpia, y en ella se leía el desgastado nombre de un grupo, quizá alguien a quien había ido a ver hacía años. Le quedaba pequeñísima. Su pelo, a mechas rubias y de un castaño desvaído, estaba recogido en una cola de caballo prieta y alta. Su vida, su aspecto, su pasado, sus perspectivas no podían ser más diferentes de los de las hijas de Lorraine.

Y entonces recordó que la mayor de ellas pensaba dejar su acogedor hogar y a una familia que la quería, seguramente para lanzarse de cabeza a una existencia de madre soltera pendiente de los subsidios públicos. Quizá no fueran tan distintas al fin y al cabo.

—He venido a ver a Carla, ¿vale? —empezó a explicar la chica. Sus palabras se intercalaban con resuellos y sollozos y ataques de hiperventilación—. Íbamos a tomarnos un batido o algo así. —«Algo así» era «algo *asín*». Lorraine empezaba a impacientarse—. He llamado pero no me contestaba nadie y entonces he oído algo, como un animal herido o algo así, ¿vale? O sea que he entrado. La puerta no estaba cerrada.

—Sigue.

—No me podía creer lo que había ahí. Nada más entrar en la sala, y antes también, me ha venido ese olor. Una peste a sangre y mierda. —Emma tuvo una pequeña arcada al recordarlo—. Luego he visto a Carla tirada en el sofá y he pensado que estaba muerta, ¿vale? —Miraba directamente a Lorraine. Sus ojos eran de un castaño aterciopelado, casi no se le distinguían las pupilas tras las lágrimas y la tristeza—. Estaba en bolas, menos por el *suje*. Tenía sangre por todas partes. En la cara, en los brazos, en las piernas. ¡Joder! —Emma hundió la cara en sus manos y se echó a llorar. La agente sacó unos pañuelos de papel—. Tenía ese tajo enorme en la barriga y era como si estuviera haciendo fuerza, o empujando, como si su cuerpo no supiera lo que hacía.

—Y, aparte de Carla, ¿no había nadie más en el piso?

Emma negó con la cabeza.

—Ha abierto los ojos y me ha mirado. Por un segundo ha sabido que estaba ahí con ella.

—¿Te ha dicho algo?

Emma se detuvo y pensó.

—Solo ha dicho «Ayúdame» y luego se ha desmayado otra vez. Yo me he puesto a gritar y me he venido corriendo aquí para llamar por teléfono. —Volvía a jadear. Se sonó la nariz y se enjugó las lágrimas con los pañuelos llenos de mocos—. He llamado a la ambulancia y a la policía. Han venido enseguida y se la han llevado. Yo he estado con ella hasta que han llegado y cuando he querido acompañarlos no me han dejado. Me han dicho que tenía que quedarme a hablar con usted. ¿Se va a morir?

Lorraine se irguió en su asiento.

—Sinceramente, no sé qué responderte a eso. No tardarán en informarnos desde el hospital. Háblame del padre del bebé, Emma. ¿Sabes quién es?

—No —contestó la chica, como si fuera una pregunta tonta—. Eso no lo sabe ni Carla.

Carla Davis seguía en quirófano cuando Lorraine y Adam llegaron al hospital Queen Elizabeth. Los recibió la hermana de la unidad, que les dijo que la llevarían a cuidados intensivos al cabo de una hora como mucho.

—No esperen demasiado de ella —añadió. La hermana, más o menos de la edad de Lorraine, era una mujer fornida y de poca estatura, pelirroja, con unas gafas de montura verde cuyos cristales le hacían los ojos el doble de grandes de lo normal—. La encontrarán algo mareada por la anestesia y hasta arriba de fármacos. Yo diría que no estará en condiciones de responder a ninguna pregunta hasta por lo menos mañana por la mañana. —Asintió, poniendo un firme punto y aparte—. Pueden esperar aquí si no tienen nada mejor que hacer. —Añadió luego, mirándolos a ambos con suspicacia.

Cuando la hermana los dejó para que decidieran, Lorraine salió en busca de la máquina de bebidas. Al regresar, Adam estaba hablando por el móvil y colgó en cuanto la vio volver. A ella se le hizo un nudo en el estómago. Se mordió los carrillos por dentro y le pasó a su marido una botella de agua.

—¿Cuánto rato esperamos? —preguntó.

Vio que Adam estaba a punto de dar una respuesta meditada cuando, de repente, oyeron jaleo y ruidos procedentes del puesto de enfermería.

—¡Quiero verla ahora mismo! ¡Que soy su padre, joder! ¡Déjenme verla! Tengo derecho y lo saben...

Se acercaron a ver qué ocurría. La joven del piso, Emma, intentaba tranquilizar a un hombre vestido con vaqueros negros y una chupa de cuero de motorista. Llevaba un casco debajo del brazo y unas botas altas de hebillas que le llegaban hasta la rodilla. Apestaba a tabaco. A la hermana se le había unido un enfermero, y entre los tres no estaban consiguiendo mucho por hacerlo callar.

—Esto es un hospital. Tiene que hablar más bajo y respetar lo que le dice la hermana. —Tampoco el intento de Adam por disciplinarlo tuvo mucho mejor resultado.

El hombre dio media vuelta.

—Y usted ¿quién cojones es? —Su rostro era una mezcla de ira y miedo.

—La policía, así que más le vale dejarlo ya —respondió Lorraine con cansancio.

—No me diga lo que tengo que hacer, joder. —Dio un paso al frente. Lorraine y Adam se acercaron más a él, preparados para inmovilizarlo—. Acaban de apuñalar a mi hija así que no me vengan con la gilipollez de que...

—¿Señor Davis? —lo interrumpió Lorraine. El hombre asintió, arrugando toda la cara. Lorraine pensó que iba a venirse abajo—. Estamos aquí por el caso de su hija. Ahora mismo está en quirófano.

—¿Lo ves, Paul? Ya te he dicho que la iban a curar, ¿te lo he dicho o no? —La esperanza de Emma era... bueno, desesperada, pensó Lorraine. Por lo que había oído sobre las heridas de Carla tenía menos de un cincuenta por ciento de probabilidades de sobrevivir.

—¿Podemos hablar con usted, señor Davis, mientras esperamos a saber algo de su hija? —preguntó Lorraine—. Podemos hablar ahí mismo. —En cuanto Paul Davis mostró una pizca de conformidad, ella encabezó la marcha hacia la sala de visitas.

Se sentaron en unas sillas plegables de plástico que estaban dispuestas alrededor de una vieja mesa de café de madera, toda cubierta de revistas. La pierna de Paul Davis no hacía más que moverse arriba y abajo mientras sus manos atusaban infatigablemente los ralos mechones de pelo que le caían sobre las orejas. Emma se sentó en silencio, los fluorescentes zumbaban por encima de ellos y lo hacían todo bastante surrealista. De vez en cuando se oía el pitido de una máquina en alguna habitación y veían pasar a una enfermera corriendo. Sonaba el teléfono, los celadores recorrían los pasillos con camillas traqueteantes, algunas vacías, otras con pacientes conectados a goteros y monitores.

Lorraine formuló las preguntas con todo el cuidado y el tacto de los que fue capaz.

—Carla es todo lo que tengo —les dijo Paul—. Es muy independiente. Le gusta ir a su aire. —Su voz era ronca, como de fumador empedernido.

—¿Tiene a su madre cerca? —preguntó Lorraine.

—Murió hace un par de años. —Se detuvo un momento—. Nunca pensé que pudiera pasarle algo así a Carla. Dicen que la han apuñalado. ¿Quién le haría eso a una niña embarazada? —El hombre se retorcía en su silla. Tenía el rostro transido de dolor y no dejaba de frotárselo con las manos—. No podría soportar perderla a ella también.

Lorraine miró a su marido. Sabía perfectamente que, igual que ella, también Adam estaría sintiendo una lástima espantosa por aquel hombre. Y era consciente de que la sorpresa por el anuncio de Grace seguía pesando en el pecho de él tanto como pesaba en el de ella.

—¿Carla tiene novio? —preguntó Adam, mostrando así que su razonamiento seguía la misma línea que el de Lorraine.

—Había tenido varios. ¿No es lo que hacen todas las niñas de ahora? —Miró a Emma. Esa única mirada interrogante le dijo a Lorraine que en realidad no tenía ni la menor idea sobre la vida que llevaba su hija.

La chica se había ido de casa, vivía de subsidios públicos y, si supieran la verdad, seguramente descubrirían que no veía a su padre desde hacía meses. ¿Sería así como terminarían las cosas entre Grace y ellos?

—Carla había tenido varios ligues de una noche. Cuando se enteró de lo del bebé estuvo encantada —explicó Emma, quien sin duda sería la mejor fuente de información hasta que pudieran hablar con la propia Carla, pensó Lorraine—. No ha tenido mucha suerte con los novios y eso. Mientras estuvo en acogida...

Emma recibió una brusca patada de Paul en la espinilla.

—¿En un hogar de acogida? —preguntó Adam.

—No fue nada —respondió Paul enseguida. El balanceo nervioso de la pierna empezó otra vez—. A Sandy y a mí, bueno, a veces nos resultaba difícil. Pensamos que sería mejor que alguien cuidara de Carla. A veces era una niña complicada.

Tanto Adam como Lorraine pensaron que no podía pasárseles ponerse en contacto con los servicios sociales. Habría un expediente del caso, la triste historia de siempre: una familia destrozada por culpa de la falta de dinero, las drogas, el alcohol, la pereza, la violencia o cualquier combinación de algunos de esos factores. Puede que descubrieran algo útil.

La hermana entró en la sala con el rostro expectante y porte reservado. Todo el mundo se la quedó mirando.

—Carla ha salido ya del quirófano. Está estable. Las cosas han ido lo mejor que podían ir. —Respiró tan hondo que pareció acaparar todo el aire de aquella triste sala.

—¿Las cosas? —preguntó Lorraine, que se puso en pie. También el padre de Carla se levantó y se acercó a la enfermera con un gesto ligeramente agresivo. Adam se puso al instante junto a él, vigilando cada uno de sus movimientos.

—Es la niña, me temo —siguió explicando la mujer—. No han podido hacer nada por salvarla.

—Pero ¿Carla se pondrá bien? —quiso saber Paul, lidiando con sus sentimientos.

—Hay muchas probabilidades de que así sea —respondió la hermana.

El hombre se puso a sollozar y logró derrumbarse de nuevo en la silla con la ayuda de Emma. Lorraine le hizo una señal a Adam para dejarlos solos a los dos en la sala de visitas. Esperaron en el pasillo y al cabo de diez minutos vieron cómo trasladaban a una joven pálida en una cama con protecciones laterales a una habitación. Los celadores les hicieron un gesto con la cabeza al darse cuenta de que estaban allí, observándolos. La chica no parecía mucho mayor que Grace. Inconsciente, con aspecto de niña de la calle, conectada a un gotero y un monitor portátil, era evidente que ese día no podrían hablar con ella.

—Yo me quedo a esperar —dijo Adam al tiempo que consultaba su reloj—. Tú vete a casa. Grace volverá pronto del colegio y necesita a su madre. —Le dio un apretón en el brazo. Lorraine se quedó mirando la mano de él sobre su chaquetón antes de quitársela de encima—. A ver si tú puedes convencerla.

Durante el trayecto de vuelta, Lorraine llamó a su unidad para comprobar si había novedades. El agente Barrett le dijo que, aparte de estar en libertad condicional por robo, Carla Davis era heroinómana y su hijo ya estaba registrado como caso de riesgo en Protección de Menores. Seguramente se lo habrían llevado a un hogar de acogida nada más nacer.

Lorraine aparcó frente a su casa. Cerró el coche con llave y entró.

—¡Ya he llegado! —exclamó.

Como siempre, no obtuvo respuesta. Oyó el ritmo amortiguado de una música que bajaba desde el piso de arriba. Después, una puerta que se abría y unas risas más fuertes mientras una de sus hijas cruzaba el descansillo corriendo para llegar al baño y cerrar de un portazo. Momentos después, más risas infantiles.

«Mis preciosas niñas», pensó Lorraine con orgullo. Una dulce sonrisa se coló en su rostro mientras dejaba el chaquetón en la barandilla. Pero entonces volvió a recordar todo lo que tenía encima y se le hizo otra vez un nudo en el estómago.

## 18

La puerta está cerrada con llave. Vuelvo a empujarla para asegurarme de que no me he confundido.

«Mierda.»

Quiero darle una patada, un puñetazo, ir a buscar una palanca, meterla entre el pomo de latón y el marco y hacer fuerza hasta que la madera se astille y se rompa y se parta y me deje entrar.

Miro mi reloj. No me queda mucho tiempo. Tengo que averiguar más cosas sobre la familia y cuánto dinero tienen, cómo funcionan, quién controla qué, quién se encarga de las finanzas. Cualquier dato aislado me valdrá. Quiero construirme una imagen de su pasado, de su presente, pero no de su futuro. Ya puedo adivinar lo que les depara. De momento, lo que quiero es una instantánea de su vida: el panorama general, además de los detalles.

Me acuclillo y miro por la cerradura. Veo el frente del escritorio de James, pero nada más. La última vez que estuve en su estudio fue para sacar a Noah del sillón de capitán de cuero verde que hay detrás de ese escritorio. Le estaba pidiendo a Oscar que lo hiciera girar, pero su hermano se había quedado quieto en la puerta, diciendo que no con la cabeza mientras se mordía el labio inferior y protestaba entre sollozos que no tenían permiso para entrar ahí. «Venga, Noah», le dije desde detrás de Oscar, ocupando con mis brazos todo el umbral. Casi parecía que un campo de fuerza invisible protegiera la entrada, pero, mientras que Oscar y yo sabíamos que no debíamos cruzarlo, a Noah no le importaba un pimiento. ¿Cómo era lo que había dicho James poco después de que me mudara a vivir aquí?

«Este cuarto es privado.»

Tiene que haber una llave en alguna parte. Miro por todo el pasillo. Hay varias mesitas: una de pino y destartalada de camino a la cocina, y otra de anticuario, en media luna, dispuesta contra la larga pared que lleva hacia la escalera. Un jarrón de lirios frescos adorna su superficie semicircular y tiene un cajoncito de caoba. Lo abro. Hay varios recibos, unas cuantas pilas sueltas que ruedan en el interior, un guante solitario y un par de bolis. También hay dos llaves con llaveros de plástico sin marcar. No me parecen de las que entrarían en la gran cerradura antigua de la puerta del estudio, y tengo razón. Al intentarlo, no casan con ella.

Me dedico a hurgar en todos los bolsillos de los abrigos que cuelgan en la galería y de pronto me siento muy sucia, como si estuviera traicionando la confianza que han depositado en mí. Se me seca la boca, lo cual es ridículo, sinceramente, y me acuerdo de cuando era una niña que buscaba con desesperación algo de dinero para ir al cine o comprar unos caramelos y les sisaba a mis padres repasando a escondidas su ropa por si había alguna moneda suelta. Siempre encontraba una o dos libras, así que al final siempre lograba encajar con los demás niños, parecer una más de la pandilla aunque en realidad no lo fuera. A fin de cuentas podía considerarme la hija con suerte.

No encuentro ninguna llave. Solo un alijo de pañuelos de papel, medio paquete de caramelos de menta, una cinta para el pelo y unos auriculares.

Pienso con detenimiento mientras vuelvo a colocar bien todos los abrigos. Es James quien habrá cerrado la puerta antes de irse. Es su estudio. Pero no sería práctico que se hubiera llevado la llave consigo. Seguro que Claudia tendrá que entrar allí en algún momento mientras él no está. ¿Y si se produjera una situación de crisis económica, o necesitaran un pasaporte o un certificado de nacimiento o algún otro documento importante? Estoy convencida de que James guarda esa clase de cosas ahí. Tiene archivadores. Una vez lo vi enfrascado en sus papeles a altas horas de la noche, la puerta no estaba cerrada del todo. Él levantó la vista del escritorio y me miró mientras yo pasaba de largo con un montón de ropa sucia o un niño dormido en mis brazos. Solo las cosas importantes se guardan en archivadores metálicos ignífugos.

Concluyo que la llave tiene que estar en algún lugar de la casa o en posesión de Claudia. Hace un rato, al volver tras mi imprevista salida de esta mañana (¿qué otra cosa iba a hacer, si Claudia ha metido el dedo en la llaga y ha hurgado tanto que me ha hecho falta toda mi fuerza de voluntad para no echarme a llorar de dolor?), he visto que Claudia se ha ido a trabajar porque me he encontrado una nota en la mesa de la cocina.

> Lo siento mucho. No pretendía disgustarte. Podemos hablar esta noche.
>
> Un abrazo,
>
> C.

Nada de derrochar «Besos» como habría hecho Cecelia. Una caligrafía firme y clara, algo inclinada hacia la izquierda. ¿Qué es lo que dicen de eso aquellos psicólogos que afirman poder descubrirlo todo de ti por la forma en que garabateas? ¿Que es señal de contención, de emociones ocultas, de miedo y retraimiento? Suelto una pequeña risa y me guardo la nota en el bolsillo pensando que esa descripción se parece más a mí que a una persona como Claudia.

Arriba, en el dormitorio de ellos dos, retomo mi búsqueda mientras intento oír ecos residuales de palabras. «Toma, cielo, te dejo la llave en la cajita de mis gemelos... Si la necesitas, la llave del estudio está en el cajón de mi mesita... Recuerda, dejo la llave escondida debajo de mis calcetines...»

No oigo nada.

Me quedo mirando la cama hecha con sábanas blancas. Es enorme. Me hace pensar en Cecelia, en su cuerpo esbelto revolviendo egoístamente la cama. Una piel fría como el mármol sobre sábanas de algodón bien planchado; su melena como un asesinato en esa escena anodina; yo, en el umbral, la observo sin saber qué hacer con su dolor.

De pronto contengo la respiración y me vuelvo. No hay nadie. Cierro los ojos, me tomo un momento para recomponerme.

«Todo va bien.»

Pienso con atención mientras repaso el gran dormitorio con la mirada. Un vivo papel con estampado de pavos reales adorna la pared de la chimenea, mientras que el resto de la habitación está pintado de un ocre pálido que seguramente tiene un nombre pretencioso. La gigantesca cama, pieza central del dormitorio, está labrada en caoba y tiene cuatro postes que llegan a la altura del hombro. La ropa de cama combina a la perfección con unos almohadones de encaje antiguo que, si yo durmiera aquí, acabarían abandonados en el suelo.

Imagino a James haciendo su petate. Me ha sorprendido lo pequeño que era, pero supongo que tiene que viajar sin demasiado equipaje para vivir en el submarino. Pienso en él y lo veo metiendo con cuidado en la bolsa las camisas almidonas encima de unos pantalones planchados con regla, todo ello doblado con precisión militar. Quedará almacenado en el más improbable de los compartimentos de a bordo mientras la tripulación se dedica a hacer su trabajo en condiciones de hacinamiento. Veo a Claudia contemplando a su marido, que se prepara para marchar. Se sostiene esa hermosa barriga rebosante, y una lágrima asoma a sus ojos al imaginarse dando a luz ella sola. ¿Recordará siquiera lo que le ha dicho sobre el paradero de la llave, o estaba demasiado agitada por su inminente partida?

De todos modos, ¿llegaré a encontrar yo algo útil en ese estudio?

Sin perder un segundo revuelvo todos los cajones de la habitación intentando no desordenar mucho su contenido. Unas bocanadas de fresco suavizante despegan de las prendas y la ropa interior limpias, pero no hay ninguna llave. Sin cambiar nada de sitio miro en el tocador pintado de blanco. Levanto con mimo las tapas de un par de cajitas de porcelana que contienen pendientes, imperdibles, botones y un par de dientes de leche. No hay ninguna llave.

Contengo la respiración al levantar cada una de las esquinas del pesado colchón de matrimonio extragrande, rezando por encontrar un llaverito de plástico con la palabra «Estudio». Lo único que encuentro es una revista con letras japonesas y una niña minúscula y prácticamente desnuda en la cubierta, mirando al lector por encima de unas gafas de sol de color rosa. Las páginas están viejas. Parece muy usada. James debió de comprarla en una de sus misiones en el exterior. Dejo caer el colchón mientras me digo que no será el único recuerdo sucio que se habrá traído de un puerto extranjero, sin duda.

De repente mi corazón sufre por Claudia y siento el ridículo deseo de avisarla de lo que voy a hacer.

Me tomo un momento, un respiro, aunque tengo la sensación de estar entreteniéndome en la guarida del león. Claudia podría volver del trabajo... A lo mejor se ha puesto de parto antes de hora y tiene que recoger la bolsa para ir al hospital. A lo mejor se ha cancelado la misión de James, o le han cambiado las fechas, o él ha cambiado de opinión sobre dejar a Claudia sola durante el nacimiento de su hija. ¿Y si ha dejado la Armada en un arrebato de remordimientos y ya está en casa? A lo mejor está subiendo los escalones de dos en dos, en silencio, y si me doy la vuelta, si vuelvo la cabeza solo un poco, veré su oscura sombra en la puerta, observándome, alcanzando el jarrón que hay en la mesita del descansillo, levantándolo en alto para partírmelo en la cabeza.

Veo añicos de porcelana esparcidos a mi alrededor mientras me desplomo sobre la alfombra.

—El chaleco —digo, como si el golpe imaginario me hubiese hecho recordar.

Cuando James se encerró en su estudio anoche llevaba unos pantalones de algodón color beige y uno de esos chalecos acolchados del ejército.

Voy a su armario. En los espejos manchados veo mi aire ávido y asustado al abrir las dos puertas de par en par. Dentro todo está muy ordenado, tal como esperaba. El olor a madera vieja y colonia de hombre flota hacia mí mientras mis brazos azotan las prendas. Camisas a la izquierda, jerséis y chaquetas a la derecha. Entre el tweed y la raya diplomática, las chaquetas de punto y las sudaderas, veo el chaleco. Está metido casi con calzador y, al tirar de él, una chaqueta marrón de punto con cremallera se cae de su percha. Imagino a James con ella puesta, tomando un brandy junto al fuego, un periódico abierto en su regazo.

Tiene tantos bolsillos... Deslizo la mano en cada uno de ellos y estoy a punto de abandonar toda esperanza cuando mis dedos se topan con algo frío, algo metálico, algo que me hace pensar que acabo de avanzar un pasito más.

Abajo, inserto la llave en la cerradura. Se desliza que es una maravilla, y el pomo de latón gira y cede.

El corazón me abrasa en el pecho. Alguien ha llamado al timbre.

—He pensado que podríamos ir juntas al colegio dando un paseo, a buscar a los niños —me propone. Su cara me dice que le parece la idea del siglo.

Yo estoy ahí de pie, muda, retorciéndome las manos.

He cerrado el estudio con llave y la he hecho desaparecer en el fondo de un bolsillo de mis vaqueros en un acto reflejo al oír el timbre. A través de la vidriera he distinguido su silueta antes de abrir la puerta (estaba de lado, así que era difícil no ver su enorme bombo) y lo primero que he pensado ha sido no abrir y dejar que volviera a llamar una y otra vez antes de alejarse mustia por el camino de entrada. Pero eso levantaría sospechas cuando se pusiera a cotillear con Claudia. «¿Dónde estaba? ¿Qué estaría haciendo?» No puedo arriesgarme a que me despidan tan pronto.

—Sería genial —miento. No me gusta la forma en que Pip se ha pegado a mí como una lapa, como si yo fuera una versión más nueva y más joven de su barrigona amiguita, a su disposición siempre que a ella le va bien. Solo que yo no tengo barriga—. No me había dado cuenta de que ya era tan tarde.

Pip mira el reloj.

—Las tres menos cuarto —entona con voz cantarina, pero luego se inclina hacia delante y apoya las manos en la pared exterior. Sopla apretando los labios.

—Ay, Pip. Entra. Lo siento. ¿Te encuentras bien?

—Estoy bien, sí —contesta mientras se yergue para aceptar mi invitación.

Una mujer embarazada puede conseguir todo lo que quiera: un asiento en el autobús, un masaje de pies, la cena en la cama, o inmiscuirse donde no tendría que meter las narices.

—¿Tenemos tiempo para un té? —ofrezco cuando estamos en la cocina. Ha calculado la hora de su visita a la perfección.

—Gracias —acepta, y enseguida me tiene reuniendo tazas y sacando la leche de la nevera... y sin hacer lo que tendría que estar haciendo en el estudio.

—Mira —me dice Pip al cabo de un rato. Me vuelvo. La tetera tembloquea sobre la Aga—. En realidad he venido para hablar contigo de Claudia.

Lucho por contener mi rubor, por evitar tics y no arrancar a sudar.

—¿Ah, sí? —Aparto la tetera del hornillo y lo tapo. Vierto agua hirviendo en las tazas—. ¿Leche, azúcar? —Lo pregunto dándole la espalda a Pip.

—Las dos cosas, por favor —contesta—. La verdad es que me tiene un poco preocupada.

Le paso una taza de té y me siento, junto a ella, a la mesa de la cocina, cuando en realidad lo único que quiero es salir corriendo.

—¿Por qué?

Pip suspira y reflexiona.

—La veo diferente, más estresada de lo normal. Para ti es difícil notarlo, supongo, porque no hace mucho que la conoces y no tienes forma de comparar.

Pongo cara de meditarlo, como si intentara ayudar.

—Pero no me extraña que esté estresada, ¿no te parece? Tiene uno de los trabajos más exigentes del mundo, y sé que ahora mismo hay un par de familias especialmente problemáticas que la tienen muy ocupada con sus casos. Y además está embarazada de ocho meses y medio, claro. —Le doy un sorbo al té—. Y James acaba de irse. Ya sé que me tiene a mí para ayudarla, pero meter en tu casa a alguien a quien no conoces de nada debe de ser bastante... inquietante. —Lo dejo ahí, con la esperanza de que describir mi presencia como inquietante no levante sospechas en Pip.

—Tiene suerte de haberte encontrado —dice ella, y me parece que lo dice tal como lo siente. Se me queda mirando con aplomo, con una sonrisa casi anhelante, como si también ella quisiera contar con una versión de mí.

—Espero hacer que su vida sea mucho más fácil. —Doy otro sorbo de té y casi me atraganto. Detesto mentir, pero hay que hacerlo.

—Le tengo mucho cariño a Claudia, aunque es una cabezota. No creo que se dé cuenta de cuánto estrés lleva encima. Yo he intentado hacérselo ver.

—Mi madre también era un poco así. Todo tenía que ser perfecto, y esperaba que los demás también lo fueran. Yo le supuse una enorme decepción.

Pip ríe.

—No digas bobadas. Seguro que tu madre está muy orgullosa de ti.

—Estaba —corrijo—. Y no, no lo estaba.

—Lo siento mucho.

Me encojo de hombros mientras por dentro me doy un bofetón por hablar de mi vida personal.

—Ya lo he superado. —Recuerdo a mi madre examinando mi esquelético cuerpo sin embarazar, chasqueando la lengua por toda opinión sobre mi vida amorosa, entornando los ojos con desdén cada vez que le mencionaba mi trabajo. «O sea que sigo sin nietos.» Todavía oigo su risa burlona resonando en mis sueños.

Pip me coge de la mano. Es muy afectuosa conmigo. De hecho, así es Pip. Afectuosa al cien por cien. Se preocupa por Claudia y se preocupa por mí. Me juego lo que sea a que en Navidad teje a mano bufandas y gorros para todo el mundo y prepara toneladas de mermelada casera para la fiesta del colegio. Como ella misma es maestra, ha hecho lo más sensato y se ha tomado un año entero de permiso de maternidad. Es la clase de mujer a la que le salen las cosas bien en la vida, la clase de mujer que sigue al pie de la letra los artículos de «Diez formas de tener contento a tu hombre», la clase de mujer que envía tarjetas de agradecimiento que ha hecho ella misma después de ir a cenar a casa de alguien; y me jugaría lo que fuera a que cuida de un pequeño huerto en primavera, ahorra para comprarse un coche híbrido y lava a treinta grados solo para dar por culo y demostrar lo mucho que le importa el planeta.

—Padres, ¿eh? —dice Pip para cerrar el tema con tacto. Se frota la barriga—. ¿Dónde te estoy metiendo? —le susurra con dulzura a su bebé.

—Tienen el secreto para sacarte de quicio —espeto con más aspereza de lo que era mi intención.

—Tú prométeme una cosa —dice Pip. Revuelve en su bolso y saca un boli y una libreta—. Si ves en Claudia algo que te inquiete, de día o de noche, prométeme que me llamarás. Siempre llevo el teléfono conmigo. Ya sabes, por si acaso. —Vuelve a darse unos golpecitos en la tripa. Me apunta el número y arranca la hoja—. Esperaba que a lo mejor tú pudieras hablar con ella. A lo mejor podrías convencerla de que deje ya de trabajar.

—¿Yo? —Dudo que hiciera caso de nada que yo tuviera que decirle. Miro el papelito y me lo guardo en el bolsillo de los vaqueros. Noto la llave contra mis dedos—. Claro, no te preocupes.

Nos terminamos el té y vamos dando un paseo hasta el colegio. El patio es un hervidero de actividad: madres bien abrigadas, bebés lloriqueando en sus carritos y niños de preescolar colgados del castillo de barras metálicas congeladas. Pip me presenta a algunas amigas suyas, pero no tiene sentido que me quede con sus nombres ni que intente conocerlas mejor. Dentro de poco ya me habré ido, no seré más que un recuerdo desagradable, un mal sabor de boca, rumores que corren por ahí. «¡Qué horror! ¿Cómo pudo desaparecer después de algo así?»

De vuelta en casa, planto a los niños delante de un DVD. Les doy un vaso de leche y un trozo de bizcocho a cada uno. Con eso deberían estarse calladitos durante por lo menos media hora. Cierro la puerta de la sala y, al otro lado del recibidor, meto la llave en la cerradura del estudio.

Una vez dentro, comienzo mi meticuloso y metódico trabajo. No tardo en descubrir que podría llevarme una eternidad. Hay que inspeccionar decenas de carpetas, leerlas, estudiarlas. Hay que tomar fotografías de cada paso y documentarlo todo. ¿Cómo, si no, voy a construirme una imagen clara? ¿Cómo, si no, voy a conseguir lo que quiero de ellos?

Suena el teléfono. El supletorio del escritorio de James emite un eco estridente del timbre principal del recibidor. El identificador de llamadas me dice que es Claudia.

—¡Hola! —contesto con alegría, aunque me tiembla la mano y el corazón me late con tanta fuerza que me cierra la garganta. El momento tan oportuno de su llamada... hace que me pregunte si sabe exactamente qué estoy haciendo.

# 19

Amanda Simkins vivía en una casa de nueva construcción, en una urbanización donde las calles desembocaban aún en pistas de grava con excavadoras y obras por terminar. Los banderines languidecían frente a las casas de muestra situadas en las parcelas de esquina mientras Adam y Lorraine recorrían en coche lo que empezaba a parecerles un bucle interminable, pero por fin localizaron el callejón sin salida en cuestión dentro de aquella maraña de solares en obras.

—Es el número trece —dijo Lorraine, y redujo a segunda para comprobar los números de las casas. En realidad, ninguno de los dos creía que hablar con Amanda fuese a resultar especialmente provechoso, pero tenían que llamar a todas las puertas.

Adam iba dando sorbos a un café de Starbucks. La noche anterior había llegado a casa muy tarde, a una hora en que toda la familia dormía ya. Mientras él aceptaba con gratitud el café solo que le había preparado con el desayuno, Lorraine calculó que habría tenido apenas cuatro horas para estar acostado. Por dentro sonrió al ver cómo se resignaba su marido a tomar cafeína, imaginando ya el ataque que sin duda le daría a la hora de comer, porque ya iba por su segunda taza: un americano grande bien cargado. Adiós a la vida sana.

Lorraine tiró del freno de mano y bajaron del coche. Adam apuró de un trago lo que le quedaba del café y tiró el vaso vacío a los pies de su asiento.

—Un jardín de entrada bien cuidado —comentó Lorraine mientras se acercaban a la puerta. Aun siendo invierno, la pequeña zona ajardinada tenía unos toques de color gracias a unos pensamientos dispuestos en perfecto orden a lado y lado del camino de arenilla. Una cesta con enredadera y ciclámenes de un rojo intenso colgaba a la izquierda de la puerta, que todavía estaba cubierta por la escarcha de la noche; a Lorraine le recordó la Navidad. De pronto se le cerró el estómago. ¿Habría vuelto todo a la normalidad para entonces?

Tocó el timbre.

Una mujer con una bata rosa les abrió la puerta. Llevaba la melena larga y oscura recogida en una coleta descuidada y aún tenía el rímel del día anterior corrido por las mejillas. A un lado del cuello se le veían unas marcas rojizas. «¿Cardenales?», se preguntó Lorraine. Parecía la antítesis de su coqueto jardín.

—No soy religiosa, lo siento. —Quiso cerrar, pero Lorraine ya había sacado su identificación.

—Investigación Criminal —dijo. Palabras que detenían puertas—. ¿Amanda Simkins? Yo soy la inspectora Lorraine Fisher y este es el inspector Adam Scott.

La mujer se los quedó mirando. La misma escarcha del jardín recubrió sus ojos. Tragó saliva.

—¿Podríamos hablar?

De pronto revivió.

—Sí, sí, yo soy Amanda. Disculpen, pasen, por favor. Deben de estar helados. —Sostuvo la puerta abierta y se ciñó más la bata—. Perdonen que no vaya vestida. No me encuentro muy bien.

—Vaya, lo siento —dijo Lorraine.

La joven los hizo pasar a una sala con dos sofás color crema. El suelo era de madera, estaba brillante e inmaculado. Lorraine era consciente de que las suelas gruesas de sus zapatos podían dejar marcas.

—Intentaremos no entretenerla demasiado.

—¿Les apetece un café? —preguntó Amanda.

Lorraine aceptó en nombre de los dos antes de que Adam pudiera protestar. Él se estremeció ante la idea, pero no dijo nada. De este modo por lo menos dispondrían de un momento a solas.

Estudiaron las fotografías enmarcadas que había expuestas en la repisa blanca de la chimenea. Un gran grupo de niños y niñas dispuestos en extraña formación, un par de ellas, más mayores, adolescentes, sostenían cada una un bebé en brazos. Había niños pequeños, niños en edad escolar y jóvenes adultos. Algunos sonreían, otros parecían hartos, y era evidente que uno necesitaba hacer pis. A juzgar por las ropas elegantes que llevaban todos, estaban en una boda o un bautizo o una reunión similar.

—Familias felices —comentó Adam con acritud. Escogió otra fotografía y le dio la vuelta para verla bien. Era una niña pequeña con un vestido lila, tumbada en una mantita de borrego con un fondo de nubes azules—. Un poco cursi. —En cuanto sus hijas acabaron la primaria, ellos pusieron fin a la obligada compra anual del retrato escolar. «Nada que no pudiéramos hacer mejor nosotros mismos», refunfuñaba siempre Adam, aunque ni siquiera lo había intentado con la réflex digital que le regaló Lorraine en su siguiente cumpleaños.

—Esto ya está —dijo Amanda, que regresó entonces con las tazas en una bandeja—. Aquí hay azúcar y leche si quieren.

Lorraine se puso de las dos cosas, mientras que Adam no quiso nada. Contemplaba la taza con recelo.

—Bueno —continuó Amanda—, jamás habría dicho que esta mañana recibiría la visita de dos inspectores. —Se había soltado el pelo, que así le cubría las marcas del cuello. Lorraine se fijó también en que se había limpiado los ojos mientras estaba en la cocina, porque ya no se le veía tanto el maquillaje del día anterior—. Espero que no sea nada muy grave.

«La mayoría de la gente —pensó Lorraine— habría querido saber el porqué de la visita antes de molestarse en preparar unos cafés.»

—Hemos venido a hablar con usted sobre Sally-Ann Frith —intervino Adam. Lorraine quiso reprenderlo con una mirada, pero se contuvo.

Su voz había sonado cortante, acusadora, no era lo adecuado para tratar con Amanda. Lorraine se había dado cuenta de que era la clase de mujer a la que le gustaba controlar la situación, conseguir que los demás aceptaran sus ideas y pensamientos sin cuestionarlos. Por lo perfecta que tenía la casa (las cortinas sujetas por pulcros lazos, los flecos bien cepillados de la alfombra que había ante la falsa chimenea, las superficies sin polvo), era evidente que no aceptaba el caos... salvo en su aspecto esa mañana, por lo visto.

—Ah, sí, Sally-Ann. —Amanda sonrió con cariño—. ¿Está bien? —Su rostro empezó a arrugarse hasta adoptar una expresión de preocupación—. Pronto va a tener un niño.

—No, no está bien, me temo. —Lorraine se adelantó para impedir que Adam soltase una bomba cargada de cafeína—. Tenemos malas noticias. —Se detuvo. ¿De verdad no había leído nada en los periódicos, es que no había visto la televisión?—. Encontraron a Sally-Ann muerta hace varios días. Lo siento mucho. Suponíamos que alguien se lo habría dicho ya, o que a lo mejor se habría enterado por las noticias.

Amanda perdió el color de repente. Lorraine la observó con atención, casi convencida de que esa palidez gris blanquecina significaba que iba a desmayarse.

—Oh... Dios mío... —susurró. De pronto se le encendieron las mejillas, que adoptaron un tono escarlata, y entonces rompió a llorar con unos sollozos incontrolados. El resto de rímel que pudiera quedar aún en sus pestañas corrió de nuevo por sus mejillas.

—Sé que es lo que menos se esperaba. Tómese un momento si lo necesita —dijo Adam, sorprendentemente compasivo.

—Sally-Ann estaba en el mismo grupo de yoga prenatal que usted, según tengo entendido —añadió Lorraine—. ¿Eran muy buenas amigas?

Amanda interrumpió su llanto y se limpió la cara con la manga de la bata.

—Sí, más o menos —gimoteó—. Solíamos salir juntas por ahí, casi siempre después de clase. Es una chica... era... encantadora. Una buenísima persona. ¿Qué le ha pasado? ¿Estaba enferma?

—Esperábamos que usted pudiera ayudarnos a descubrirlo —dijo Lorraine—. ¿Hacía mucho que se conocían?

—Desde la primera vez que vino a las clases de Mary, hará cinco o seis meses. Yo ya llevaba dieciocho meses apuntada. Congeniamos enseguida.

Adam se aclaró la garganta.

—Espero que no le importe que se lo pregunte, pero ¿por qué iba usted a clases de preparación al parto si no está embarazada?

—¿Y usted qué sabe si estoy o no estoy embarazada? —espetó Amanda a la defensiva—. No lo puede saber.

—Perdone —añadió Lorraine, disculpándose por Adam—. Es solo que tenemos entendido que lleva usted asistiendo a esas clases desde hace un tiempo y que no estaba embara...

—¿Me han estado investigando? ¿Asesinan a una mujer y ustedes me investigan a mí? —Amanda empezó a temblar. Extendió los dedos sobre su tripa, llamativamente plana.

—Es pura rutina. Tenemos que hablar con todos los conocidos de Sally-Ann que podamos. Seguro que comprenderá...

—¿Qué quieren que les diga? —escupió—. ¿Que la maté yo? Sí, bueno, pues eso es casi tan probable como que me quede preñada, diría. —Más lágrimas siguieron a esas palabras.

Adam dejó su taza. Los dos se dieron cuenta de que el registro de Amanda había descendido varios puntos, como si de repente no perteneciera a esa agradable urbanización de clase media, sino a las viviendas del ayuntamiento que habían visitado a kilómetro y medio de allí.

—Lo siento —se excusó mientras sacaba un pañuelo de papel del bolsillo—. Es que ha sido una noticia muy dura.

—Entonces, ¿ha tenido usted dificultades para concebir? —preguntó Lorraine. ¿O fue más bien una afirmación? De una forma o de otra, no lo dijo con demasiada empatía.

—Sí. —Amanda se sonó la nariz. Hizo una bola con el pañuelo y levantó la mirada—. ¿Usted tiene hijos?

A Lorraine se le hizo un nudo en el estómago, igual que las últimas dos mañanas al despertarse y recordar los ridículos planes de Grace.

—Dos hijas.

—¿Y usted? —Amanda le dirigió la misma pregunta a Adam.

—Dos también —respondió él.

—Pues tienen suerte. No saben lo que se siente cuando deseas tanto un bebé que te duele físicamente en el alma, es como tener un enorme agujero abierto en tu propia existencia. Ese es el verdadero significado del sufrimiento. —Se produjo una pausa mientras Amanda Simkins parecía recurrir a su reserva de resignación y fortaleza. Era evidente que estaba acostumbrada a sentirse así; acostumbrada a no abandonar nunca la esperanza.

—¿Le mencionó alguna vez Sally-Ann a alguien que quisiera hacerle daño? ¿Tenía algún enemigo, que usted supiera?

Amanda se tomó su tiempo para pensar. Sus ojos giraron hacia arriba, quedaron fijos en el techo y luego se arrastraron por la pared color pastel hasta la chimenea, pasaron por la encerada mesita de café, cruzaron el suelo brillante y regresaron a su regazo, donde sus dedos nerviosos tejían una prenda invisible.

—Si alguien hubiese tenido que matar a alguien, ese habría sido Liam intentando ponerle la mano encima a Russ, o incluso... —Dejó la frase en suspenso—. ¿Los conocen? —preguntó, emocionada de pronto, como si fuera la guardiana de un gran secreto—. Sally-Ann me lo contó todo.

—Siga —la empujó Lorraine. Estaba tomando notas.

—Russ siempre ha querido a Sally-Ann. Es un tío raro, vale, pero tiene el corazón donde tiene que estar. Sally-Ann y él fueron juntos al colegio, tuvieron un romance adolescente y desde entonces han estado cortando y saliendo. Ella ha intentado quitárselo de encima montones de veces. Que no se iba ni con agua caliente, fue lo que me dijo.

—¿Y Liam? —preguntó Adam intentando avanzar. Empezaba a estar claro que Amanda era de las que se envuelve en las desgracias de los demás para camuflar las suyas. ¿Qué había dicho de ella Mary Knowles? Que era una «metomentodo».

—Era profesor suyo en la escuela superior —dijo—. Tuvieron una aventura muy apasionada. Encuentros clandestinos en el parque por la noche, sucios fines de semana en los que Liam le mentía a su mujer diciendo que estaba en un congreso de trabajo, regalos secretos y todo eso. Sally-Ann me llamó una vez desde un hostal al que habían ido. Me dijo que no hacían más que comer pescado con patatas fritas y follar. No me extraña que le hiciera ese bombo.

Amanda lo dijo como si «hacer un bombo» fuese algo tan intrascendente como hacerle un regalito a alguien. Lorraine pensó que guardaba poca relación con el serio asunto de crear una nueva vida.

—El caso es que por lo visto Russ estaba loco de celos, pero entonces descubrió no sé qué gran secreto de Liam y se armó una gorda.

—¿Un secreto? —preguntó Lorraine, sintiéndose de pronto dentro de un culebrón.

—Por lo visto, sí —confirmó Amanda alargando las palabras—. Liam tenía una aventura con otra, además de con Sally-Ann. Russ se lo dijo, y ella se lo tomó muy a pecho. Amenazó con ir a contárselo a la mujer de Liam.

—¿Sabe quién era la otra «otra»? —preguntó Lorraine. No se lo podía creer.

—Sé que daba una clase en la misma escuela que él una tarde a la semana. Un curso de diseño de joyas o algo así. —Amanda se sonó la nariz otra vez—. Sally-Ann se sintió muy agradecida con Russ por abrirle los ojos en cuanto a Liam. Aunque cualquiera diría que ya tendría que haberse dado cuenta.

Lorraine seguía apuntándolo todo.

—O sea, que era un playboy de mucho cuidado —dijo con un suspiro del que solo Adam conocía el significado.

Amanda se convirtió de pronto en un amasijo de hombros temblorosos y mucosidades llorosas. Las lágrimas caían desde sus ojos a sus piernas mientras ella se sostenía la cabeza con los brazos cruzados. Todavía no había asimilado la noticia de la muerte de su amiga.

—¿Hay alguien a quien podamos llamar para que venga a hacerle compañía un rato? —ofreció Lorraine—. ¿Una amiga, quizá?

La cabeza de Amanda se irguió, rapidísima, con una expresión más de desdén que de tristeza. Sus cejas se unieron en una V prieta y su boca se frunció hasta convertirse en un esfínter rojizo. Pero fueron sus ojos lo que más inquietó a Lorraine. Jamás había visto una mirada tan envenenada.

—Mi única amiga está muerta.

# 20

Todo sigue aquí: una tonelada de trabajo apilada y esperando para distraerme y hacerme olvidar que James se aleja cada vez más. Cuando por fin consigo llegar a la oficina, mucho más tarde de lo que era mi intención, me siento como si alguien hubiese vaciado todo el contenido de mi vientre y no quedara más que un útero vacío y lleno de un hondo pesar. Cuelgo el abrigo, agotada y desconsolada, y me voy directa al baño.

—Hola —dice Tina sin despegar la mirada de su ordenador cuando regreso. Teclea como una posesa, seguro que actualizando informes de casos—. Pensaba que hoy no venías. ¿Va todo bien?

Sé que lo dice con sentimiento, pero está tan inmersa en el correo electrónico que redacta que su pregunta resulta más bien fría.

—Sí... —contesta Mark distraído, que ni siquiera se ha dado cuenta de que he llegado—. ¿Has oído cómo acaba de rugirme el estómago? Parece que haga horas desde la comida. —Sus palabras salen a cámara lenta a causa de la concentración con la que hojea un expediente—. Ya estoy muerto de hambre otra vez.

—Ha llegado Claudia, tonto del bote —le dice Tina—. Estaba hablando con ella, no contigo.

Mark levanta la vista.

—Ah, hola —saluda, y se da cuenta de las tonterías que acaba de decir—. ¿Qué tal estás?

Asiento con la cabeza.

—Perdón por llegar tan tarde. No he tenido mi mejor día. —Me hurgo las uñas y me obligo a sonreír.

Han pasado por esto conmigo varias veces ya. Más tarde, si hay tiempo, iremos al Krispy Kreme a comer unas rosquillas y haremos chistes tontos sobre sirenas y vacaciones en playas secretas y lo bien que lo estará pasando James sin mí. Me preguntarán por qué no me retiro de una vez y me convierto en una mantenida esposa de militar, lo cual podría ser con cierta clase. Podría salir a comer varias veces a la semana con las amigas del club de tenis en el que sin duda me inscribiría, y tomar zumos recién exprimidos en el gimnasio después de la sesión con mi entrenador personal. Me apuntaría a clases de arreglos florales y acuarela, y daría cenas de las que se hablaría hasta meses después. Además, las paredes de mi casa serían un santuario dedicado a los artistas más prometedores del momento porque me invitarían a todas las inauguraciones de las mejores galerías de Londres.

—James se ha ido esta mañana —digo, encogiéndome de hombros, y ellos me ofrecen una cara de compasión y una taza de té.

Me siento a mi escritorio, pero en lugar de concentrarme en el trabajo me pregunto de qué hablaremos Zoe y yo cuando vuelva a casa. Por cómo ha salido corriendo y el portazo que ha dado, estoy segura de que antes la he molestado. No tengo ni idea de adónde ha ido. ¿Nos sentaremos en silencio delante de la tele, puede que preguntándonos una a otra con inseguridad «Qué quieres ver»? ¿«Tienes frío», «Nevará mañana», «Te apetece tomar algo»? ¿O charlaremos sin parar sobre hombres, sobre su hasta ahora misterioso pasado, su recién rota relación, nuestras películas y nuestros libros favoritos, todas nuestras esperanzas y nuestros sueños? Lo que más necesito esta noche es compañía, calor humano y consuelo. Eso hace que me pregunte si contraté a Zoe para que cuidara de los gemelos o de mí.

Gruño mientras mi ordenador regresa a la vida. El tiempo que he pasado alejada de mi puesto ha resultado en una bandeja de entrada a reventar. El último correo electrónico que ha llegado está marcado como urgente y dice que tengo que ir a los juzgados dentro de diez días en calidad de testigo. Leo por encima los detalles. Siento náuseas. Será el día de mi clase de yoga prenatal, eso si es que aún estoy embarazada para entonces. La verdad es que no quiero perdérmela.

Hago clic en el siguiente mensaje.

—¡Mierda! —digo en voz alta—. Mark, ¿has visto el vínculo a ese artículo sobre el caso Fletcher? —Le han mandado una copia a él también.

—Hace diez minutos que no miro el correo.

Pulsa con el ratón, lo lee y se queda blanco. Sabemos que es parte del trabajo, pero cuando sucede nos lo tomamos de forma personal. Es una huelga contra nuestro departamento, contra todos nosotros, aunque se dirige en concreto contra quien fuese el responsable de que otro niño escapara a la red que lanzamos de una forma tan laxa pero a la vez todo lo precisa que podemos sobre nuestra comunidad.

—Pues es una dosis de horror —digo. Un caso fallido anula un millar de historias con buen final en cuanto los periódicos se hacen eco de él.

—No ha sido culpa tuya —repone Mark—. No había motivos para quitárselo a la madre en aquel momento. —Me cuenta entonces que él ya sabía que esto iba a salir a la luz, pero que no había querido cargarme con ese peso. ¿Acaso piensa que me resultará más fácil cuando por fin tenga a mi niña?

—O sea, que dicen que lo dejamos morir de hambre —sigo yo con un tono que da a entender que estas cosas no me afectan. La realidad es muy diferente. Echo la vista atrás. De este caso se ocupaban otros miembros del departamento. No era de los míos, aunque sí fui a visitar a ese niño una vez porque me pidieron una segunda opinión. Informé que no había motivos para preocuparse. Recuerdo haber visto la ropita del pequeño manchada de comida, sus mejillas rosadas y agrietadas... estaba rellenito y subía de peso, maldita sea. La madre, adolescente, parecía tenerlo todo controlado y contaba con una buena red de apoyo: su propia madre, una tía, un compañero. Todos deseosos de ayudar—. Lo abandonamos —susurro.

Nunca se hace más fácil.

Todo queda en silencio y nosotros regresamos a nuestro trabajo, consignamos el fallecimiento de este niño a un compartimento mental que reservamos para estas tragedias. ¿Qué sucederá cuando se llene?, me pregunto. ¿Qué sucederá cuando no quede más sitio para niños que mueren de hambre, adolescentes que se autolesionan y padres alcohólicos? Una imagen de una institución mental con azulejos blancos, interminables sesiones de terapia y cócteles de medicación para facilitarlo todo invade mi cabeza. Estoy siendo egoísta (ridícula) y este trabajo no va de eso. Cierro los ojos con fuerza, pero la persona que veo encerrada, golpeando los cristales reforzados de las ventanas con las manos abiertas, atada por una camisa de fuerza y suplicando que la dejen salir de ahí soy yo.

—Tengo una reunión con Miranda —digo, y pongo freno a mis pensamientos—. ¿Alguien más tiene que verla? —Mi pregunta, que no tiene nada que ver y que, sinceramente, ha sonado demasiado alegre, flota con languidez en el ambiente frío y húmedo de nuestra cargada oficina.

El pequeño calentador eléctrico que hay en un rincón vomita un calor seco y crepitante. Tenemos demasiado frío sin él, pero toda nuestra energía parece evaporarse en cuanto lo encendemos. El termostato de la calefacción central está roto, Mark lo descubrió hace un mes y yo no me atrevo a enviar una solicitud de reparación cuando ya nos tumban todas las que enviamos por material de primera necesidad.

—Voy contigo —dice Tina. Cree que no veo la mirada que le dirige a Mark, pero sí. Él, en respuesta, asiente casi imperceptiblemente con la cabeza. Sonrío por dentro. Me gusta que estén pendientes de mí.

—Genial —contesto, contenta de tener compañía—. Saldremos dentro de veinte minutos. Si nos da tiempo, al volver podemos traer una cantidad obscena de rosquillas.

Me siento agradecidísima por la preocupación de ambos, por los carbohidratos a los que les hincaremos el diente, por las innumerables tazas de té que me dejan sobre el escritorio, por la forma en que Mark me ayuda a bajar del coche esas tardes oscuras y gélidas, y porque están dispuestos a hacerse cargo de mi trabajo en cualquier momento. Es duro admitirlo, pero sé que va a ser lo más difícil que he hecho en la vida.

—¿Y cómo te va con Mary Poppins? —pregunta Tina.

Acabamos de subirnos a su coche. Aunque yo ya lo sé, lo primero que noto es que no tiene hijos: no hay envoltorios de caramelos a los pies de los asientos, ni cómics ni juguetes de plástico rotos, y la tapicería no tiene restos de chocolate aplastado ni manchas de pis. Desde luego, no se parece en nada al vomitado interior de mi coche. Y de repente me parece una idea tan ajena, esa de conducir un coche familiar, un vehículo seguro para unos niños que no son míos, un espacio vacío que espera el asiento para bebés... que de nuevo siento cierta aprensión al pensar en lo que conlleva todo ello, en la responsabilidad que tengo ahora.

—Parece buena chica —le digo a Tina.

«Buena chica —pienso con vergüenza—. ¿Eso es todo lo que tienes que decir de la mujer que ha venido a vivir a tu casa?»

—Aunque cuando digo que es buena chica —añado, tan consciente de mis propios miedos que se me cuelan al hablar— me refiero a que aún es pronto para decir nada.

Trago saliva.

—Debe de ser extraño, tener algo así como una estudiante viviendo contigo. —Tina frena de golpe porque el semáforo se ha puesto rojo. Doy una sacudida hacia delante y el cinturón se bloquea a mi alrededor—. ¿Estás bien?

—Sí, estoy bien —contesto, apartando la cinta de mi estómago—. En realidad no es una estudiante. Tiene treinta y tres años y un montón de experiencia. Hasta ha hecho un curso Montessori. Espero que eso obre maravillas con Noah. —Me río. El pequeño Noah, mi niño travieso.

—Me alegro mucho por ti, Claudia —dice Tina mientras paramos delante del centro médico de Willow Park. Unos chavales han tachado el «ow» y han escrito una «y» en su lugar. Tina suelta una risa socarrona.

—Los niños de hoy en día no tienen nada mejor que hacer —digo al pasar junto al cartel.

La sala de espera está vacía, salvo por una mujer con un niño que lloriquea. Este lugar apesta a enfermedad y desesperación. Vamos directas al despacho de Miranda.

—Es horrible, ¿verdad? Espantoso. No me lo puedo creer.

Por un momento pienso que Miranda está hablando del cartel pintarrajeado de fuera, pero entonces veo el periódico abierto y la cara sonriente de una mujer debajo de un titular que dice: «La policía sigue sin pistas en el crimen de la embarazada». Cierra y dobla el periódico al verme. Yo me estremezco y, con suavidad, con discreción, me abrazo la barriga. Intento que no se me note, pero ver ese artículo me ha alterado bastante.

—Y que lo digas —comenta Tina—. Resulta que la madre de Diane conoce a su madre y... —su voz se pierde.

—¿Saben ya lo que pasó? —pregunto.

Miranda niega con la cabeza y suspira.

—Me parece que no. La policía estuvo aquí el otro día entrevistando al médico de Sally-Ann. Se llevaron su expediente. —Suspira más—. ¿Alguna de vosotras ha oído la última hora en la radio? —pregunta, sondeándonos. Arrugamos la frente y decimos que no. No la hemos puesto en el coche—. Pues parece que ha vuelto a suceder. —Miranda hace una mueca y da unos golpecitos en el periódico.

—¿Otra muerte? —digo, horrorizada.

Miranda asiente.

—Por lo visto, podría ser otra embarazada. No han dado el nombre ni demasiados detalles. La noticia acababa de entrar. —Le da al botón del hervidor de agua y coloca bolsitas de té en tres tazas—. Es espantoso.

Siento el calor de las miradas de Miranda y de Tina, como si la siguiente fuese yo y ellas no pudieran hacer nada para salvarme.

—Sí, es horrible —digo sin intentar ocultar el temblor de mi voz.

Miranda me acaricia el hombro cuando pasa junto a mí para sacar la leche de la mininevera. Su almidonado conjunto azul marino parece patrullar él solo por su despacho, como si dentro no tuviera ningún cuerpo que lo controle. Si un gorrión se hiciese humano, sería como Miranda.

—He oído decir que fue el amante de Sally-Ann —comenta Tina con autoridad de prensa sensacionalista, y le da un mordisco a una galletita de barquillo color rosa—. A lo mejor esta también era amante suya y le ha hecho lo mismo.

—En el informativo han dicho que la han llevado al hospital, así que puede que siga viva.

Miranda nos pasa la ronda de tazas de té.

—Pues yo no pienso salir sola por ahí de noche —suelta Tina—. Y tú tampoco deberías. —Esto me lo dice a mí.

—Pues claro que no —contesto en voz baja, deseando que James estuviera en casa.

Enseguida entramos en materia y empezamos a examinar el expediente médico de una niña de seis años cuya maestra le ha encontrado marcas en los brazos y la espalda. Luego está el caso de Jimmy y Annie, unos gemelos que apenas reciben los cuidados mínimos que habíamos establecido para ellos. A mí se me nubla la vista un poco y en la sien me late la primera punzada de un dolor de cabeza.

Oigo a Tina y Miranda hablando de desatención, de nutrición y crianza como si fuesen cosas cotidianas que se pueden comprar en el supermercado. ¿Y yo?, me pregunto mientras mis oídos se cierran ante esa conversación que cambiará vidas. ¿Y mis aptitudes para la crianza? ¿Cómo saben que seré buena madre? ¿Alimentaré y adoraré lo bastante a mi niña? ¿Le daré todo lo que necesita? ¿Y si solo con el amor no basta? Empiezo a sentir pánico.

—¿Claudia? —oigo que dice Tina, como si su voz volviera a enfocarse de pronto—. ¿Qué piensas tú de esto?

—Lo siento —respondo. Me paso las manos por la cara. Estoy sudando. De pronto me siento agotada—. Lo siento. —Dejo caer la cabeza. No he oído ni una palabra de lo que decían.

—No deberías haber venido —dice Miranda con intuición—. ¿De cuánto estás ya, de treinta y ocho, treinta y nueve semanas?

—No debería, no —coincide Tina con ella.

—Estoy bien. Solo un poco... —No sé cómo estoy exactamente, así que ni siquiera intento formular una frase. Lo único que tengo claro es que quiero estar en casa, a salvo entre mis cuatro paredes, con James y los niños; y entonces me pongo a pensar en Zoe y en que andará danzando en la cocina con su chaqueta de punto larga y holgada, y me pregunto qué es lo que tanto me incomoda de ella, si no ha demostrado más que cariño para con nuestra familia—. Me parece que tengo que tomarme el resto del día libre.

Al levantarme me mareo. Tina se pone también en pie y acuna mi codo con su brazo. Agradezco su inquietud.

—Podemos volver mañana, ¿verdad, Miranda? Te llevo a casa, Claudia.

Por la cara que pone Miranda veo que no es posible. Cómo vamos a pedirles a esos padres que esperen a que yo me encuentre mejor para seguir desatendiendo a sus hijos.

—No os preocupéis. Llamaré a alguien. —Saco el móvil del bolso—. Estaré bien, de verdad. Tina me informará de todo mañana a primera hora.

Salgo del claustrofóbico despacho de Miranda antes de que sus pequeñas garras de gorrión puedan retenerme.

En el aparcamiento, sentada en el murete que hay debajo del cartel desfigurado, voy pasando los números de la agenda medio a oscuras. El corazón se me acelera cuando aprieto en «Casa» y golpetea con fervor en mi pecho al oír que Zoe contesta. Menos mal que ya ha vuelto del colegio con los niños.

«¿Me acostarás en la cama, me acariciarás el pelo y me susurrarás que todo irá bien?»

—Zoe —digo con todo el ánimo del que soy capaz—, soy yo. Me preguntaba si podrías hacerme un pequeño favor.

## 21

Rápida como el rayo, vuelvo a colocarlo todo exactamente como lo he encontrado al entrar en el estudio. Cierro con llave y consigo que los gemelos se pongan el abrigo y los zapatos. Los cargo en el coche grande de James y salgo dando marcha atrás por el camino hacia la penumbra iluminada por farolas. Otro coche me hace luces como loco y, al cambiar la marcha, me doy cuenta de que he olvidado encender los faros.

—Quiero a papá —se lamenta Oscar, quizá porque el coche huele a la colonia de su padre, y su sombrero y su bufanda están en el asiento trasero, entre sus dos hijos.

—Pues está en el fondo del mar —digo. Me ha quedado un poco cruel, aunque no era mi intención que sonara así—. En su submarino —añado.

Necesito caerles bien todo el tiempo que haga falta. En cuanto tenga lo que he venido a buscar ya no importará lo que piensen de mí, aunque me gustaría creer que mi breve presencia en sus vidas no les dejará demasiada cicatriz. Ellos no tienen la culpa de que su padre haya heredado tanto dinero (aunque encontrar los detalles concretos está resultando complicado) y tampoco tienen la culpa de que su madre esté embarazadísima. Es una tormenta perfecta, además de bastante cruel.

—Está trabajando, tonto —dice Noah con maldad, y luego suelta un gritito porque Oscar le ha pegado.

Mis ojos danzan entre su inminente pelea y la calzada bien iluminada que tengo por delante. Todo recto en las primeras tres rotondas, me ha dicho, luego a la izquierda en el semáforo. Tengo un buen sentido de la orientación, así que localizo sin problemas el centro médico en cuya puerta me ha dicho que estaría esperándome. No la oía muy bien. Sinceramente, rezo por que no se ponga de parto antes de tiempo. Eso sería un desastre. La sincronización lo es todo, y supongo que ya solo me queda una oportunidad.

Al principio no la veo. Es como si su abrigo gris y la palidez de su cara la hubieran fundido con el invierno mismo. De no haber distinguido su cuerpo embarazado, habría pasado de largo sin verla. Llevo el coche despacio hasta un hueco del aparcamiento y apago el motor. Claudia no se mueve de la pared.

—Esperad aquí —les ordeno a los niños. Noah ha encontrado un paquete de caramelos en un bolsillo y está provocando una riña porque se niega a darle uno a Oscar—. Compártelos —digo sin apartar los ojos de su madre.

Cierro la puerta y me acerco hasta ella.

—Claudia, ¿te encuentras bien? ¿La niña está bien?

Levanta la mirada hacia mí, despacio. Tiene los ojos arrasados en lágrimas.

—Gracias por venir —dice.

—Dime si la niña está bien.

—Está bien —me confirma, y yo suelto con un suspiro el aliento que no me había dado cuenta de que estaba conteniendo—. Es solo que de pronto se me ha venido todo el cansancio encima. No valgo para nada.

—Venga, te llevo a casa —digo, y entrelazo mi brazo con el suyo. La acompaño al coche. La pelea de Oscar y Noah por los caramelos está en su punto álgido y veo el dolor en la cara de Claudia cuando se alza hasta el asiento del acompañante.

—Chisss, niños —pido con toda la dulzura que puedo—. No hace falta enfadarse por unas gominolas. ¿Qué os parece si paramos en la tienda de la esquina antes de llegar a casa y los dos escogéis alguna chuche? ¿Y también un cómic cada uno? —Pongo el coche en marcha y veo que la expresión de Claudia se relaja—. Luego mamá podrá acostarse. Vuestra hermanita la tiene muy cansada. —Resisto la tentación de alargar la mano y acariciarle la barriga. En lugar de eso aferro con fuerza el volante al reincorporarme a la calzada dando marcha atrás.

El ciclista sale de la nada. Todo sucede tan deprisa...: el destello de su chaleco reflectante, la mirada de horror en su rostro al verme yendo directa hacia él, el pánico mientras vira bruscamente para quitarse de en medio. Piso el freno hasta el fondo y logro esquivarlo. Claudia profiere un grito ahogado.

Luego, un estrépito ensordecedor y la repentina sacudida cuando nos dan por detrás.

Claudia sale disparada hacia delante a cámara lenta, aunque en realidad sé que todo ha terminado en una décima de segundo.

—¡Dios mío!

Los gemelos gritan y lloran, pero Claudia está callada. La cabeza le cuelga de lado, ha rebotado en el salpicadero. No lleva puesto el cinturón.

—Mierda, Claudia, ¿estás bien? ¡Dime algo! —Desabrocho mi cinturón y me inclino hacia ella.

Alguien aporrea la ventanilla de mi lado. «Serás estúpida...»

Despacio, las manos de Claudia protegen a su niña.

—Estoy bien —profiere con un hilo de voz. Está pálida como una muerta—. No me ha pasado nada, de verdad, estoy bien.

—Lo siento muchísimo, Claudia. —La primera de mis preocupaciones no ha sido la seguridad del bebé, sino que estoy segura de que ahora me despedirá. ¿Quién dejaría que una conductora tan pésima llevara a sus niños de aquí para allá?—. No puedo creerme lo que ha pasado. La bicicleta... ha aparecido de la nada y no he podido... —Los gemelos siguen llorando en el asiento de atrás.

Alguien abre mi puerta.

—¿En qué narices estabas pensando, imbécil? —me grita un hombre, y luego mira al interior del coche—. ¿Está bien todo el mundo? —pregunta al ver a los niños pequeños, y que Claudia está embarazada.

—¡No, no estamos bien! —salto yo—. ¡Y el imbécil eres tú por embestirme por detrás! ¿Es que no has visto al ciclista? —Entonces veo la sangre—. ¡Oh, Claudia, estás herida!

Instintivamente alargo un dedo para tocar el pequeño corte que tiene a un lado de la frente. La sangre colorea mi piel como una mora aplastada.

Se estremece.

—No es nada —asegura—. Tendría que haberme abrochado el cinturón, pero es que ya me resulta muy incómodo.

—Tengo que llevarte al hospital —digo con un repentino ataque de pánico, porque seguro que le he provocado el parto. Pero, claro, las consecuencias de llevarla al hospital son terribles. ¿Y si se la quedan, le provocan el parto allí y luego informan a la policía de mi conducción temeraria?

Ella se vuelve hacia mí y le dirige una breve mirada al conductor que está fuera del coche antes de volver a buscar mis ojos. Su expresión está llena de perdón.

—No seas tonta. Estoy perfectamente.

—Tengo que llevarte a que te vean y punto —digo, porque es así como insistiría una persona normal. Me vuelvo hacia el hombre, que está escribiendo algo en una libreta.

—Mira, lo siento —me dice—. No esperaba que frenaras tan de golpe. Casi ni os he rozado el coche. —Me indica que salga a comprobarlo. Hemos provocado un atasco y los demás vehículos intentan atravesar el cruce bloqueado.

—¿Llamo a la policía? —grita alguien desde otro coche. El corazón se me acelera en el pecho.

—No hace falta —contesta el hombre, alzando la voz—. Aquí tienes mis datos, por si acaso —me dice a mí cuando arranca la página—. ¿Ves? Solo hay una marquita en el parachoques. Estos cacharros son como tanques. —Sonríe, intentando quitarle hierro al asunto ahora que sabe que en el coche hay una embarazada herida y dos niños pequeños. Su parachoques delantero ha quedado aplastado y tiene los dos faros rotos, pero es evidente que no quiere jaleo.

—Gracias —contesto, y veo cómo se apunta el número de matrícula de James.

—¿Cómo te llamas? —me pregunta. Me fijo en que lleva una alianza. Sus manos son morenas y fuertes, manos de trabajador.

—¿Cómo... me llamo yo? —Mi corazón vuelve a palpitar con fuerza—. Zoe Harper —digo, insegura, imaginándome ya a la policía buscando entre cientos de Zoes Harper, ninguna de las cuales soy yo—. ¿Vas a dar parte del accidente a la policía o al seguro?

—No creo que sea necesario, ¿y tú? —Vuelve a asomarse al interior del coche, satisfecho.

—No, no creo que lo sea —digo, algo más calmada—. Tenemos que irnos.

Vuelvo a subir al coche. Claudia todavía está de un color ceniciento.

—De verdad que tendría que llevarte a que te vea un médico —digo ya con menos insistencia—. A lo mejor tienen que darte algún punto. —La frente le ha dejado de sangrar, solo le ha quedado una costra seca y rojiza con forma de media luna sobre la piel. Los niños están tranquilos en el asiento trasero. Gracias a Dios que los había atado bien a sus sillas.

—Tú llévame a casa, Zoe —susurra Claudia con ojos implorantes—. Estoy agotada.

—Podría ser una conmoción cerebral —le advierto.

—Que no pienso ir al hospital. ¿Entendido? —Está decidida—. No me apetece pasarme horas esperando en urgencias y luego declarar porque el médico se ha sentido obligado a informar a la policía. Solo quiero llegar a casa y descansar. Por favor... —Su voz trémula y su descorazonadora súplica hacen que ponga el coche en marcha.

—Vale, vale —digo, aliviada—. Pero quiero que me prometas que si no te encuentras bien me lo dirás. —Si se pone de parto, tendré que actuar con rapidez.

—Te lo prometo —dice, y su mano descansa un momento sobre la mía cuando pongo la primera.

# 22

—Tienes que hablar con ella —dijo Adam—. De mujer a mujer.

«Me lo está diciendo en serio», pensó Lorraine, conteniendo la risa.

—¿De verdad crees que superar este bache de angustia vital adolescente es así de fácil? —Si de verdad esperaba que todo se resolviera sentando a madre e hija en la cocina frente a una tetera, madre de Dios, también podían resolver los casos de asesinato entre las dos, ya que estaban.

Adam se encogió de hombros, demostrando así que sabía lo simplista y evasiva que había sido su sugerencia.

Lorraine miró cómo revolvía su marido en el caos de su escritorio. Los cargamentos de informes sobre los interrogatorios de ambos casos habían llegado a la vez y parecía que todo el mundo lo hubiese utilizado de vertedero.

—¿Qué piensas de eso que ha dicho Amanda Simkins sobre que Liam Rider tenía otra aventura? —preguntó. Necesitaba seguir adelante y aparcar de momento esa idea de una conversación íntima con Grace—. ¿Vale la pena que lo investiguemos?

—Desde luego —respondió Adam con frialdad. Se alborotó el pelo—. ¿Por qué no te encargas tú? —Se mostraba innecesariamente informal con ella.

Lorraine asintió.

—Adam, mira, tienes razón sobre eso de hablar con Grace. —Él se la quedó mirando de una forma que la incomodó—. Pero tenemos que ser los dos.

Adam dio un suspiro y se estiró los puños de la camisa, que antes se había arremangado. Lorraine sabía que justo después se pondría la cazadora (la de cuero, vieja y desgastada, la que se había comprado hacía siglos) y que luego buscaría sus llaves y se inventaría alguna historia sobre un interrogatorio que había dejado a medias o una reunión a la que llegaba tarde. Cualquier cosa con tal de evitar enfrentarse a su rebelde hija adolescente. Cualquier cosa con tal de evitar enfrentarse a sus asuntos personales, punto.

Lorraine respiró hondo.

—¿Sabes que te dije que no quería detalles? —No podía creer que acabara de decir eso. Se sintió desfallecer.

Adam se detuvo, la chaqueta medio echada ya sobre sus anchos hombros. Ni siquiera se volvió, como si supiera lo que se le venía encima.

—Bueno, pues he cambiado de opinión. Quiero saberlo todo. Quién es ella. A qué se dedica. Dónde os conocisteis. Cómo sucedió. —Lorraine tragó saliva—. Dónde... sucedió. Cuántas veces. —Ni siquiera sabía si había sido muy serio. ¿Estaban hablando de una única noche o de algo más profundo y con mayor significado?

Se produjo un silencio. Un crepitante paréntesis de mudo resentimiento. Lorraine pensó que aquello podía convertirse de pronto en una escena espantosa. ¿De verdad era lo que deseaba en ese momento?

Suspiró.

—Si no es ahora, en algún momento tendremos que enfrentarnos a esto, Adam.

Al oír eso, él pareció revivir. Acabó de ponerse la cazadora con un simple gesto del hombro, cogió las llaves del coche y entonces se detuvo otra vez.

—Tenemos que hablar con la trabajadora social de Carla

Davis —siguió diciendo Lorraine, como si nada hubiera pasado.

—Envía a Barrett o a Ainsley para que se encarguen —fue la escueta orden de él.

—De acuerdo —contestó ella con calma—. Lo haré yo misma.

Adam miró el reloj y frunció el ceño. Lorraine le leyó el pensamiento: ya le había hecho saber que era ella quien debía estar en casa cuando Grace volviera del colegio (si es que volvía) y esperaba que tuviera toda esa tontería de casarse resuelta para cuando él llegara. Ambos sabían que tendrían que enfrentarse pronto a ello, solo que a Adam por lo visto no le apetecía participar.

—Grace me ha enviado antes un mensaje de texto —dijo Lorraine, esperando alguna reacción—. Tiene un partido de básquet y no llegará hasta las siete.

—Por lo menos parece que ha decido volver a casa de momento —comentó él con una cara que daba a entender lo molesto que estaba con toda esa situación. Para Lorraine fue como si le gritase que tendría que haberlo hecho mejor con su hija, que todo era culpa suya.

Un instante después, Adam ya se había ido y había apagado las luces del despacho aunque ella seguía dentro.

Menos mal que los encontró a los dos justo antes de que cerraran las oficinas. Un reacio guardia de seguridad le había abierto la puerta del edificio y la había seguido con la mirada mientras ella recorría el pasillo, que se internaba en las grises entrañas de las anodinas oficinas municipales. El Departamento de Trabajo Social tenía su propia puerta protegida por código, pero alguien había colocado una papelera a modo de cuña para mantenerla abierta, lo que dejó vía libre a Lorraine. Llegó entonces a otra zona de recepción (aunque no parecía que allí recibieran nunca al público general) y, al oír voces en una de las salas, entró directa.

—Hola, la puerta estaba abierta —dijo para llamar su atención.

Un hombre y una mujer, ambos de unos treinta y tantos, charlaban mientras trajinaban cajas de expedientes. Parecía que un huracán hubiese arrasado aquella oficina de espacios abiertos, o que se estuvieran trasladando de despacho.

—Espero que no les importe. —Lorraine les enseñó un instante su identificación y se presentó.

—Disculpe este desorden. Normalmente no está así. —La mujer tenía una galleta en la boca, pero se la sacó para hablar. Llevaba una gigantesca bufanda tejida a mano alrededor del cuello, y ambos se habían puesto los abrigos: el de ella, lila oscuro; el de él, de tweed gris. Los dos parecían agotados pero decididos. Si tenían previsto trasladar todas las cajas que había amontonadas entre los escritorios, todavía les quedaba un par de horas más—. Estamos subiendo y bajando entre el despacho y los archivos. Por eso estaba la puerta abierta. Y por eso llevamos los abrigos puestos —añadió—. Ahí abajo hace un frío espantoso.

—Estamos en plena sesión de limpieza anual —explicó el hombre—, y encima vamos cortos de personal. —Se aclaró la garganta. Tenía la tez clara, iba bien afeitado y su aspecto era más bien delicado. Lorraine imaginó que sería la mujer quien se encargaría de la mayor parte del peso—. ¿En qué podemos ayudarla?

—Estoy aquí por el caso de Carla Davis. Me parece que lo llevan ustedes. —Lorraine añadió una sonrisa. Nunca estaba de más.

Los dos empleados se miraron.

—Yo soy Mark Dunn —dijo el hombre, con voz profesional—. Trabajador social, Servicios de Atención a la Infancia. —Se detuvo, sopesando si habría algún reparo en cuanto a confidencialidad ahora que Lorraine se había presentado como inspectora de la policía.

—¿Está bien Carla? —preguntó la mujer, confirmándole a

Lorraine que por lo menos se encontraba en el lugar adecuado—. Yo soy Tina Kent, por cierto. Trabajadora social y chica de mudanzas. —Sonrió.

—Pues me temo que esta mañana la han atacado. Por eso estoy aquí. —Lorraine correspondió a las repentinas expresiones de preocupación de la pareja y les señaló unas sillas de oficina. Ellos se sentaron al instante, mientras que Lorraine se apoyó en el borde de un escritorio.

—¿Está...? —Tina dejó la pregunta en el aire.

—Carla, aunque grave, está viva. Por desgracia, la niña no.

—Dios mío. —La mano de Tina salió disparada y tapó su boca a causa de la conmoción. Mark suspiró y dejó caer la cabeza entre las manos.

—El ataque ha tenido lugar en su piso. Una amiga suya ha llamado a emergencias. Lo cierto es que le ha salvado la vida.

—Joder —susurró Mark—. Hacía bastante que no la veíamos porque cumplió los dieciocho hace un tiempo. —Lorraine sintió que se estaba lavando las manos con delicadeza—. Era una de los nuestros. Entraba y salía de hogares de acogida, esa clase de vida.

—En realidad había vuelto a aparecer por aquí, Mark. Hace unos meses. —Tina hablaba en voz baja, como intentando excluir a Lorraine de la información confidencial—. Cuando se quedó embarazada. —Casi lo dijo solo con el movimiento de los labios.

—Supongo que la niña que esperaba sería una prioridad para ustedes, dado el pasado de Carla —dijo Lorraine.

Tina asintió con la cabeza, haciéndose todavía a la idea.

—Sí, su vida no era precisamente la más adecuada para criar a un niño. Estábamos trabajando con ella para tenerla en forma cuando naciera el bebé. Si no hubiese salido adelante sola, habríamos tenido que intervenir. —Tina ya estaba sudando. Se desenrolló la gruesa bufanda del cuello. Sus mejillas estaban teñidas de rojo y se pasaba los dedos por el pelo mientras pensaba—. Todos nosotros tratamos con ella durante estos años. —Le temblaba la voz.

—Creo que su contacto más reciente fuisteis Claudia o tú, ¿verdad, Tina? —dijo Mark.

—Fui yo. Me la asignaron cuando supimos de su embarazo a través de su médico —confesó Tina, como si aquello fuera culpa suya. Estaba al borde de las lágrimas—. Pero la conocía desde que tenía ocho años. Hacía poco que me había sacado la plaza y ella fue uno de mis primeros casos. Su vida familiar no era nada buena. Discúlpeme un momento. Lo siento. —Sacó un montón de pañuelos de papel de la caja que había en su escritorio, y unos cuantos pasos por el despacho se convirtieron de pronto en una huida al pasillo en pleno arrebato emocional. Sus pisadas resonaron en el espacio desierto y sus sollozos se hicieron más fuertes aún cuando entró corriendo en los lavabos.

—Ha sido una semana dura —la disculpó Mark.

«Dímelo a mí», pensó Lorraine.

—Ha mencionado usted que una tal Claudia había trabajado en el caso de Carla. Querría hablar con todo el que la conociera. Es importante conseguir una visión lo más completa posible sobre los conocidos de Carla, quiénes eran sus amigos, qué hacía con su tiempo. Todas esas cosas. No queremos pasar nada por alto.

—Desde luego —confirmó Mark—. ¿Se recuperará?

—Todavía es pronto para decir nada. Hemos intentado interrogarla, pero aún no puede mantener una conversación. Tenía heridas muy graves.

Mark puso cara de circunstancias.

—Hace casi trece años que soy trabajador social. Ya no hay nada que me sorprenda.

Tina volvió a entrar.

—Siento mucho lo de antes —dijo en un tono alegre, como subrayando que había recuperado la compostura—. Yo estaba de vacaciones cuando el caso de Carla dejó de ser cosa nuestra. Le adjudicaron una vivienda social y parecía que le iba bien.

Luego, hace unos meses, su médico de cabecera nos notificó que se había quedado embarazada y que seguía consumiendo drogas. También nos habló de su inestabilidad mental. No es de las que pueden con todo, digámoslo así. —Era evidente que ahora Tina sí estaba preparada para hablar—. Volvió a aparecer en nuestros radares... o, mejor dicho, la niña que esperaba.

—Quisiera que me facilitaran una lista con todas las personas a quienes creen que conocía, lugares a los que solía acudir, dónde conseguía las drogas, todo lo que tenga que ver con su vida. Aunque no estén seguros de si es relevante, incluyan todo lo que sepan, por favor. No estoy segura de cuándo volverá a estar Carla en condiciones de ayudarnos, ni si eso llegará a suceder.

Mark y Tina asintieron con la cabeza.

—También me gustaría tener acceso a su expediente —afirmó Lorraine.

—Puedo intentar encontrarlo —dijo Mark—. Aunque ahora mismo va a ser complicado. —Señaló el caos de la oficina.

—Me parece que ese expediente lo tiene Claudia —le dijo Tina a Mark con cara de preocupación—. La supervisábamos juntas y estoy bastante segura de que se lo quedó ella. Hace un rato, en una reunión, ha empezado a encontrarse mal y se ha ido directa a casa. Dudo mucho que venga mañana.

—¿Podrían darme su dirección? Le haré una visita a su casa —dijo Lorraine.

Los dos asintieron de nuevo y Tina de pronto reaccionó y se puso a buscar papel y bolígrafo. Lorraine sabía que trabajaban en estrecha colaboración con la policía de manera habitual, solo que normalmente no con su unidad ni en casos de crímenes tan graves.

Lorraine estaba a punto de irse, pero se detuvo.

—El nombre de Sally-Ann Frith no les dirá a ustedes nada, ¿verdad?

Mark y Tina se miraron y se tomaron un momento para pensar.

—Solo porque ha salido en las noticias —contestó Tina. Entonces sus ojos se abrieron como platos, como si sus pensamientos hubiesen hecho el mismo camino que los de la inspectora.

—Gracias —dijo Lorraine, marchándose antes de que tuvieran ocasión de preguntarle nada—. No hace falta que me acompañen a la salida.

Al llegar a su casa la encontró llena de chicas adolescentes. Había cuatro de ellas tiradas en el suelo de la sala, con los pies apoyados en el sofá (los zapatos puestos), cuencos de palomitas haciendo equilibrios sobre sus barrigas y varias latas de Coca-Cola alineadas en la alfombra, al alcance de la mano. Tenían puesta una película en la tele a todo volumen. Dos chicas a las que Lorraine no reconoció la saludaron perezosamente, apostadas en la escalera mientras reían mirando la pantalla de un iPhone, y había otro grupito más numeroso en la cocina. Estaban reunidas frente a los fogones, reflexionando ante una gran olla de algo que olía bastante bien, había que admitirlo.

Lorraine dejó caer el bolso y las llaves sobre la mesa de la cocina haciendo todo el ruido que pudo. Se estaba quitando el abrigo cuando Grace se volvió llevándose una cuchara de madera a la boca.

—¡Mamá! —dijo con alegría—. ¿Te apetece un poco de curry? Lo hemos hecho nosotras.

«Como si aquí no hubiese pasado nada, hay que joderse», pensó Lorraine, furiosa. El aparente buen humor de Grace, por supuesto, era solo una concesión a la presencia de sus amigas.

—Pero ¿qué ha pasado...? —Lorraine no terminó la pregunta. «¿Qué ha pasado con tus planes de irte de casa, con lo de casarte, con esa maldita conversación que tenemos pendiente?»—. Huele muy bien —dijo, sin embargo—. Probaré un poco, si hay bastante. —Echó una mirada hacia el pasillo—. Tienes muchas bocas que alimentar.

—Ah, eso. Sí, bueno. No te importa, ¿verdad, mamá? Les he dicho que podían venirse. Es que hemos ganado. Doce a cuatro. Una pasada de partido.

—¡Sí, menuda paliza les hemos dado! —La chica tenía la boca llena de hierros y, aunque se había quitado ya el chándal, el sudor le brillaba aún sobre la piel. Unos mechones de pelo oscuro se le pegaban a la frente.

—Qué guay —dijo Lorraine, intentando parecer una madre enrollada. No entendía que Grace pudiera comportarse como si nada. ¿Es que no veía que estaba a punto de echar su vida por la borda?—. Siempre que lo tengas todo recogido a las nueve y media. —Las dos sabían lo que quería decir eso: o se libraba de todo el mundo antes de esa hora, o tendría problemas. Sin embargo, a juzgar por la expresión desafiante de Grace, no le pareció muy probable que le hiciese caso.

Lorraine destapó enseguida una botella de vino ya abierta. Se había prometido una semana de desintoxicación muy pronto, para gran asombro de Adam, a quien se lo había mencionado hacía un rato. Con la botella y una copa subió al piso de arriba para escapar de aquel caos de chicas. Ya comería algo más tarde. A lo mejor con Adam, si llegaba a casa a tiempo y todavía se hablaban.

De camino al baño se detuvo ante la puerta del cuarto de Stella y oyó a su hija pequeña hablando por teléfono.

—Ya lo sé, sí... Me quedaré con su cuarto en cuanto se marche. ¡Me ha pedido que sea su dama de honor!

Lorraine se estremeció. Aparte de todo lo demás, le dolía ser consciente de cómo había desatendido a Stella los últimos días a causa de los quebraderos de cabeza que les estaba suponiendo Grace, eso por no hablar de las dos investigaciones. Pero a veces todo coincidía en la vida. Dentro de unas semanas puede que tuvieran más tiempo para compartir en familia. Al menos así lo esperaba ella.

Lorraine bebió un poco de vino antes de llamar a la puerta de Stella.

—Mierda. Tengo que colgar.

«¿Desde cuándo dice Stella esas palabrotas?»

—Hola, cielo. Solo quería saludarte. ¿Todo bien?

«Por Dios, hablo como un mensaje de texto.»

—Sí —contestó Stella, repantingada en su cama—. ¿Cuándo se van a marchar las de ahí abajo? —preguntó con cara de fastidio.

—A las nueve y media, con suerte. ¿Tienes deberes?

—Ya los he hecho. Me aburro.

Estaba tumbada con los brazos y las piernas extendidos y la cabeza colgando a los pies de la cama. Su melena casi barría el suelo.

—Yo iba a darme un baño, pero puedo quedarme a charlar un rato contigo si quieres. —De pronto, la idea de acurrucarse en el puf de Stella a hablar de maquillaje, revistas y chicos le parecía absolutamente idílica. Seguro que así se olvidaría de Carla Davis y Sally-Ann Frith en la medida de lo posible. En ese preciso instante no le apetecía hacer ninguna otra cosa. Entró en la desordenada habitación y dio otro trago de vino.

—Lo siento, mamá —dijo Stella—. Es que, bueno, creo que me conectaré a Facebook y eso.

Lorraine sintió una punzada de decepción, y entonces le sonó el teléfono. Era Adam. Stella había abierto su portátil y ya estaba tecleando como si su madre no existiera. Ella volvió a salir al descansillo sintiéndose algo abandonada.

—¿Qué? —espetó con demasiada precipitación.

—Carla Davis se ha despertado. Nos ha dado una descripción.

—Ajá —repuso Lorraine con interés. Era un gran avance—. Ha sido antes de lo que esperábamos.

Adam se había quedado con Carla en el hospital todo el tiempo que había podido después de que la sacaran del quirófano, pero al final había dejado a otro agente encargado de la vigilancia.

—¿Puedes venir a comisaría? He convocado una reunión para dentro de media hora.

Lorraine se asomó escalera abajo. Las dos chicas a las que había tenido que sortear al subir ya no estaban, pero se veía una corriente constante de adolescentes que llevaban platos de curry y arroz a la sala. Suspiró.

—Vale, pero dame alguna buena noticia. Dime que, mientras nosotros hablamos, estáis deteniendo ya al sospechoso.

—Ojalá pudiera.

# 23

—Separar a un bebé o a un niño de su madre no es tan fácil como podría parecer. —Le cuento esto a Zoe, que está ahí sentada, vigilándome, estremecida, con la boca un poco abierta y un rubor rosado y estival asomando a su tez, aunque aquí en casa hace frío.

Le explico lo que hago en el trabajo y poco a poco su expresión va dando paso al asombro. Para acabar de rematar un mal día, la caldera ha dejado de funcionar, así que hemos arrimado unas sillas a la Aga y nos hemos puesto las dos un jersey extra. Zoe ha hecho lo mismo con los niños al llegar, y luego ha encendido la chimenea de la sala de estar y los ha dejado arropados bajo una manta con sus dibujos favoritos en la tele.

Nuestras manos abrazan tazas de té. Yo me he puesto un paquete de guisantes congelados en la frente, pero ya se han derretido. Zoe se acerca y me quita la bolsa, que gotea.

—No sé, ¿cómo puedes hacer eso? ¿Quitarle a alguien a su hijo legalmente? —Subraya ese «legalmente», como si hubiera otra forma de hacerlo.

—No es fácil. Los niños llegan a nuestro equipo derivados por una serie de personas: la policía, médicos de cabecera, médicos de hospital, enfermeras, comadronas, maestros, amigos, familiares, vecinos, de todo.

Pone cara de interés. Da sorbitos a su taza como un tímido pajarillo, sin dejar de mirar a su alrededor.

—Entonces hacemos una valoración. Básicamente realizamos muchísimas reuniones con y sin el progenitor o progenitores, además de varias visitas a su hogar, tanto anunciadas como por sorpresa. Tenemos que decidir si el niño o los niños, o los bebés, incluso los que aún no han nacido, están seguros en su entorno. Si es que no, recurrimos a los tribunales para que sean trasladados a un lugar seguro, que suele ser un centro de acogida temporal, hasta que podamos encontrarles un hogar permanente.

—O sea que le quitáis el niño a la madre —dice Zoe. Su voz no tiene cadencia, no estoy segura de si ha sido una pregunta.

—A veces sucede, sí —le confirmo, intentando no apabullarla con la realidad—. Pero lo que debes comprender es que siempre se hace teniendo en cuenta el bienestar del niño. ¿Por qué dejar que crezca en un hogar violento, sucio, desatendido o donde abusan de él, o ella, cuando podrían vivir en uno donde hay cariño y seguridad? —Todavía me zumba la cabeza.

—Pero ¿y las madres? ¿Qué les pasa? —Parece preocupada, inquieta, como si le pudiera suceder a ella algún día.

—Bueno —digo con cautela. Me siento como si intentara explicarle algo terrorífico a una niña pequeña—. Algunas son casos sin remedio desde un buen principio. Ni siquiera con apoyo intentan cambiar su vida. A veces les supone incluso un alivio que nos llevemos a los niños.

—Más dinero para gastar en drogas o en alcohol.

Asiento con la cabeza.

—Pero las hay que sí consiguen enderezar su vida y recuperar a sus hijos.

Me froto la barriga. La sola idea de que alguien me quite a mi niña cuando por fin la tenga conmigo es impensable después de tantos años de deseo y decepción, de intentos y pérdidas. Vuelvo a estremecerme, no sé muy bien si por esos pensamientos o por el frío.

—¿Te da patadas?

Asiento y sonrío.

—Toca. —Le cojo la mano y la coloco en el punto adecuado. Zoe arruga un poco la frente y mueve la mano hasta otro lugar. Noto cómo le tiembla—. Me parece que ha vuelto a dormirse —digo, al ver por la cara de Zoe que no siente nada.

—No creerás que... bueno, que el accidente... la haya inquietado, ¿verdad?

Me río.

—¡Ay, no, qué va! Ha estado dando un montón de patadas desde que hemos llegado a casa. No te preocupes.

—Yo creo que tendría que haberte llevado al hospital. No soportaría que ahora os pasara algo...

—La niña está bien. Yo estoy bien. Confía en mí. —Le doy unas palmaditas en la mano. Está helada—. Volveré a llamar al fontanero. —Marco el número y esta vez sí contesta. Me promete que no tardará ni media hora en pasarse.

Zoe les prepara algo de cena a los niños aunque ya es tarde, y yo decido hojear algunos expedientes de casos para distraerme y no pensar en lo sucedido. Las últimas veinticuatro horas han sido un aluvión de emociones y sucesos que han escapado de mi control. No ha sido mi mejor día, eso seguro, reflexiono mientras me instalo en el escritorio de James con mi ajada bandolera de cuero. James me la compró las Navidades pasadas. Va perfecta para acarrear los gruesos expedientes de reunión en reunión.

«Es de segunda mano», le dije con curiosidad después de quitar el papel de regalo y pasar los dedos por su gastada superficie.

«Es *vintage* —me corrigió él, riendo—. Es una vieja bolsa de cartero. Me ha parecido que te gustaría pensar en todas las buenas noticias que ha repartido.» Y me estrechó entre sus brazos como si yo fuese su regalo de Navidad.

Lo único en lo que podía pensar yo era en las malas noticias que repartiría la bolsa a partir de entonces.

—¿Qué es eso? —pregunto en voz alta mientras guardo la segunda llave del estudio de James en mi bolsa. Hay algo en el suelo. Me agacho y recojo un botón. No es un botón corriente, sino uno de esos de trenca, verde oscuro y con una espiral lila que lo recorre de un extremo a otro. No hay duda de que no es de ninguna prenda de James, y tampoco lo reconozco como mío. Me encojo de hombros, me lo guardo en el bolsillo y me pongo con la pila de informes que tengo que leer antes de mañana, aunque no tengo ni idea de si iré a trabajar después del yoga prenatal. Con la llegada de esta niña voy decidiendo día a día. Y nadie puede recriminármelo.

Después de veinte minutos de impactante lectura (nos han derivado a una adolescente de otra zona) suena el timbre. Oigo que Zoe va a abrir la puerta. Recibe al fontanero con educación y lo acompaña al lavadero.

Yo regreso a la trágica vida de esa chica de quince años a la que su padrastro ha dejado embarazada. Se niega a dar su nombre y acusarlo, aunque todos los profesionales que han tratado con ella saben que es él quien la obsequia con ese despliegue de moratones y huesos rotos. Ya han encontrado un alojamiento de acogida de emergencia para sus dos hermanos, pero no para la chica embarazada. Se pondrá de parto en cualquier momento y su hijo está en mi lista de prioridades. Me detengo e imagino su joven cuerpo henchido de nueva vida, una vida creada por el odio y el miedo. ¿Cómo va a sentir amor por su hijo? Dudo que sea capaz de amarse a sí misma, y mucho menos a nadie más. El informe del psicólogo confirma un largo historial de autolesiones: se ha negado a comer, se ha infligido cortes, se ha golpeado la cabeza, ha consumido estupefacientes... Los detalles desbordan la página. Hay una fotografía suya enganchada con un clip en el interior de la carpeta. Es menuda y pálida, con una melena rala que le llega al hombro. Lleva puesta una camiseta a rayas rojas y azules, y tiene unos enormes ojos castaños que rebosan de auténtica desesperación.

Sin embargo, atrapados en el rabillo de cada ojo, como lágrimas que no puede verter, veo destellos de esperanza. ¡Cómo deseo ayudarla!

Unos golpes en la puerta.

—¡Adelante! —digo, y antes de que me dé cuenta tengo a Zoe frente al escritorio de James con el fontanero a su lado. Sus ojos saltan de aquí para allá recorriendo todo el estudio.

—Hola, señora M. B. —Me llama así desde que nos arregló el lavabo, hace un año—. Me alegro de verla. —Se fija en mi barriga—. ¡Madre mía, sí que ha estado ocupado el señor M. B.! —Suelta una risa estrepitosa y se limpia las manos restregándolas contra su mono.

—Muchas gracias por pasarte, Bob. Nos estábamos congelando. —Yo todavía tirito, a pesar del jersey de más que me he puesto.

—Me temo que no tengo buenas noticias sobre la caldera. Necesito una pieza que no podré conseguir hasta mañana a media mañana. ¿Sobrevivirán así esta noche?

Se me cae el alma a los pies.

—¿Tenemos agua caliente?

—He comprobado que el termo funciona, así que sí, tienen agua caliente. Pero harán bien dejando las chimeneas encendidas toda la noche, me temo. Volveré mañana sobre las once. ¿Habrá alguien en casa?

Asiento y lo hablo con Zoe. Todavía no tengo ni idea de cómo estaré yo mañana.

Se oye un gritito desde la cocina, donde están cenando los niños, y Zoe sale disparada mientras yo acompaño a Bob a la puerta.

—Gracias otra vez. —Cierro y cojo de una sola brazada los numerosos abrigos, chaquetas y prendas de lana que hay colgados en la entrada porque acabo de decidir que todos necesitamos otra capa de ropa más—. Venga —digo al lanzarlos sobre el sofá de la cocina—. Todo el mundo a imitar al muñeco de Michelin.

Estallo en risas a la vez que Zoe. Su mirada dice: «A ti no te hace falta...».

—Ese abrigo es mío —se queja Oscar cuando Noah le arrebata la cazadora acolchada.

—No, el tuyo es este, Oscar —le digo dándole el abrigo—. El que tiene la insignia, ¿te acuerdas? —Atajo la pelea de raíz. Saco del montón una enorme chaqueta de punto grueso que no reconozco—. Qué bonita —exclamo mientras la examino, preguntándome si me había olvidado ya de ella o si será algo que se ha dejado Pip.

—Ay, es mía —informa Zoe con gratitud y un histriónico escalofrío.

Cuando se la paso me fijo en la hilera de botones de parca de color verdes y lila que lleva cosidos por la parte de delante. Le falta uno.

Pip me saluda desde el suelo con un discreto gesto de la mano. Quiero hablar con ella pero he llegado tarde y la clase ha empezado ya. En comparación con mi casa noto calor en la sala parroquial, que suele estar helada. Me tumbo con dificultad en mi estera de yoga y me coloco de lado. Todo me cuesta mucho esfuerzo. Mary nos está hablando de cómo centrar y alinear nuestro *chi* y cómo todo ello está relacionado con la respiración. Un poco demasiado *new age* para mi gusto. Cuando pienso en que voy a traer a una niña a este mundo, lo único que imagino es gritos y dolor. No hay nada placentero ni equilibrado en un parto, como insinúa Mary.

Empiezo con el ejercicio de levantar la pierna mientras Mary nos hace una demostración. Hasta esta suave gimnasia, al cabo de pocos segundos, provoca dolor en mis inútiles músculos abdominales.

—La respiración va con el movimiento: inspirad y espirad... inspirad y espirad... —La voz de Mary es rítmica y relaja—. Estáis fortaleciendo el plexo solar, lo preparáis para el gran día... Inspirad y espirad... Muy bien. Claudia, intenta mantener la rodilla recta y no levantarla tanto.

Miro a Pip de medio lado. Ella me guiña un ojo. Casi no puede levantar la pierna. Juraría que ya está más gorda que yo. «¿Estás bien?», le pregunto solo moviendo los labios.

Asiente con la cabeza. «¿Y tú?»

Arrugo la nariz. Ella frunce el ceño y da unos golpecitos en su reloj. Yo asiento. Desde que Zoe es la que se encarga de los trayectos al colegio la veo menos y la echo en falta.

—Ahora poneos en pie, chicas, y seguiremos con los ejercicios de plexo solar. Es importante que en este mantengáis el equilibrio. Bajad el pie si notáis que os vais a caer. —Mary ríe con su voz de autómata y se lanza hacia delante en lo que parece una postura imposible con el gran bulto que ocupa todo mi torso. Nos va mirando una a una. Me pregunto si tendrá hijos. No parece que dé el perfil.

Diez minutos después, mientras estamos tumbadas en las esteras, relajándonos, me asoman lágrimas a los ojos. Una se deslizará por mi mejilla en cualquier momento y caerá al suelo. Aprieto los puños para contener la emoción, pero no puedo evitarlo. Me imagino a James bajo el mar, a saber dónde, practicando maniobras y procedimientos en un submarino abarrotado de maridos, hermanos, hijos. «Vuelve a casa sano y salvo, amor mío», digo para mí, aunque sé que solo es una misión rutinaria. Me concentro en la niña que tendré y con quien lo estaré esperando a su regreso, en que seremos cinco de familia, en que estará muy orgulloso de mí. De mí, la mujer que ha sufrido innumerables abortos naturales y que ha dado a luz a niños muertos; de mí, la mujer a quien le dijeron que jamás lograría llevar un embarazo a término; de mí, la mujer que no deseaba más que la oportunidad de ser madre.

—¿Y estás completamente segura de que es de Zoe? —me pregunta Pip.

Las dos nos estamos hinchando a pastel de zanahoria. No podemos evitarlo.

—Lo ha admitido. —Tengo la boca llena y me limpio unas migas de los labios.

—Estamos hechas unas glotonas —dice Pip, riendo—. Yo siempre pierdo botones. Seguro que se le cayó mientras estaba allí hablando con James o algo así.

—A lo mejor —coincido—. Aunque lo he encontrado junto a la ventana, cerca de donde se sienta James. No entiendo qué hacía ahí dentro. Para James, su estudio es sagrado.

—¡Déjalo ya, Claud! Quizá se le cayó fuera y acabó allí de una patada. —Se mete más pastel en la boca y contempla con gula el surtido de bollos del mostrador del Brew-haha.

—¿Una patada? —dice Bismah, que nos ha oído. Estaba hablando con Fay, que lleva toda la mañana con náuseas aunque ya está de cinco meses—. ¿Quién da patadas? Déjame que toque. —Su brillante pelo negro le cae por la espalda en una coleta, y casi parece que sus enormes ojazos vayan a explotar ante la idea de notar el piececito o la manita de un bebé.

—No, me temo que no hay ninguna patadita —respondo, preguntándome qué diría Zoe de esto. Desde el accidente está obsesionada conmigo.

—¿Qué tal es esa niñera tuya, Claudia? —sigue preguntando Bismah—. Ojalá Raheem estuviera de acuerdo en buscar una niñera para que me ayude, así podría volver a dar clases. —Su risa es cálida y me dice que en realidad no tiene ninguna intención de volver a trabajar, ni con niñera ni sin niñera. Solo lo dice para hacerme sentir mejor.

—Zoe —digo, casi como si hubiera olvidado su nombre.

—Sí, Zoe —repite Bismah, divertida. Las tres esperan impacientes lo que tengo que decir.

—La verdad es que no sé qué pensar de ella —explico, sorprendiéndome yo misma con mi abierta confesión.

—Caray —espeta Pip, despacio—. Pues es un poco tarde para pensar en un cambio.

—Ya lo sé, ya lo sé. —Pongo cara de angustia. Si no puedo contárselo a mis compañeras de clase, y entre ellas a mi mejor amiga, ¿a quién se lo voy a contar?—. En realidad está bien. Vamos, que se preocupa mucho por los niños y cuida mucho de la casa y...

—Pero no te cae bien —dice Pip con brutalidad.

—No, tampoco es eso. Me cae bien, que conste. Es un poco reservada y celosa de su intimidad, pero eso es comprensible. Me parece que ha tenido problemas con su novio.

—Pues ahí lo tienes. —Bismah siempre ve la parte buena de todo el mundo.

—Pero es que hay algo más, no sé. No puedo poner la mano en el fuego, pero si me obligaran diría que... —Miro al techo—. Diría que... Ay, seguro que creéis que soy tonta.

—No, sigue —me anima Bismah. Todas están escuchando.

—Diría que son otros los motivos que la han traído a nuestra casa.

Nada más decirlo me arrepiento. Recuerdo todas las cosas agradables que ha hecho por los gemelos desde que está con nosotros, por no hablar de lo mucho que se ha estado preocupando por mí.

—No he sido desagradable con ella ni nada por el estilo —añado al ver la cara de asombro de mis amigas—. Seguro que todo irá bien.

—¡Las hor-mo-nas! —canta Pip con un falsete tontorrón.

—Que no —insisto, severa, y todas nos echamos a reír—. Bueno, a lo mejor sí, solo un poco.

—Dale unas semanas más. En cuanto nazca la niña, cuando James esté otra vez en casa, todo se aclarará, ya lo verás. Zoe encontrará su rutina con los niños, tú podrás disfrutar de la baja por maternidad y la vida será prácticamente perfecta. —Una sonrisa desmesurada pone punto final a la intervención de Pip. La túnica elástica que lleva se le ciñe a la barriga y muestra lo poco que le falta para dar a luz. Me encanta verla. Me encanta vernos a todas juntas.

—Tienes razón, seguro —le digo a Pip, aunque no puedo evitar sentir lo que siento.

# 24

Carla Davis parecía muerta aunque no lo estaba. Tenía agujas clavadas con tubos conectados en el dorso de la mano, además de electrodos adhesivos en varias partes de su cuerpo. Bajo el anodino camisón de hospital que le habían puesto se le veían trozos de piel muy pálida.

—Aunque a lo mejor no han sido más que un montón de disparates, claro —dijo Lorraine mirando a la pobre chica, en su cama de hospital—. A lo mejor eran los fármacos los que hablaban.

—Sí, según Barrett no hacía más que despertarse y volver a dormirse. —Adam cogió la carpeta que había colgada a los pies de la cama. Enseguida volvió a dejarla, las notas garabateadas y los puntos de los gráficos no le decían mucho—. Pero todo el rato hablaba de esa mujer.

—Lo cual podría cambiarlo todo —reflexionó Lorraine, que empezó a repasar mentalmente las posibilidades. Ninguna de ellas coincidía con el exiguo perfil que habían construido hasta el momento, y todavía no podían estar seguros de que los dos ataques estuvieran relacionados, aunque eran espantosamente parecidos.

Lorraine había esperado obtener más pistas de las heridas de Carla, pero la prioridad principal había sido salvarle la vida, conseguir coserla en el quirófano, y no tener a los forenses revolviendo en el destrozo de su cuerpo.

—Vuelve a decirme qué más te ha comentado Barrett —pidió.

Barrett era uno de sus mejores agentes y nunca los había decepcionado en una situación de interrogatorio. Era meticuloso y pensaba con rapidez.

—Lo hemos repasado ya mil veces.

Era cierto. Habían examinado ambas investigaciones hasta la saciedad durante la reunión de la noche anterior, con casi todo el equipo presente. Se les había hecho tarde, y luego Adam y Lorraine habían seguido hablando de ello en casa, mientras limpiaban el desastre que habían dejado Grace y sus amigas.

—La hermana solo le dejó hablar con Carla un par de minutos. A él le dio la impresión de que no sabía muy bien dónde estaba ni qué le había ocurrido. Estaba muy confusa. Sabía cosas como su propio nombre, dónde vivía, pero no guardaba ningún recuerdo del ataque en sí, solo de los momentos previos. Sin embargo, no dejaba de decir que había alguien en la puerta, que tenía que ir a abrir. Por lo visto eso la puso muy nerviosa.

—La mujer misteriosa —dijo Lorraine, que ya conocía la historia.

—Correcto —repuso Adam—. Barrett le pidió una descripción y ella lo único que dijo fue «delgada», una y otra vez. La verdad es que no nos ayuda en mucho.

De pronto, Adam se inclinó sobre Carla, que se había movido.

—Carla, ¿me oyes?

Lorraine pensó que iba a zarandearla.

—Déjalo, Adam, la vas a asustar. —También ella se acercó a la cama de la joven. Las sábanas tapaban lo que solo podía suponer que había sido un abdomen muy abultado hasta hacía poco. ¿Recordaría siquiera que había estado embarazada?, se preguntó Lorraine.

—Hola, cielo, ¿me oyes? —dijo en voz baja—. Soy policía. Solo quiero hacerte un par de preguntas.

Lorraine acarició con un dedo la parte interior de la muñeca de la chica. Tenía una vía de plástico adherida con esparadrapo al dorso de la mano, desde donde un tubo fino subía serpenteando hasta un gotero. Lorraine estudió la piel de la curva del codo. Se le notaban las venas, de un rojo purpúreo, con reveladores puntos de viejas cicatrices que contrastaban muchísimo con su piel lechosa. Aquello no era obra de ningún médico.

—Cielo, ¿me oyes?

Carla profirió un breve quejido y torció la cabeza a izquierda y derecha. Tenía los ojos cerrados, aunque se le abrieron un instante. Lorraine vio que no enfocaban nada.

—Quiero encontrar a quien te ha hecho esto, cielo. ¿Recuerdas algo del ataque o de tu atacante? ¿Cómo era?

Carla no decía nada. La máquina que tenía detrás iba pitando y señalaba su tensión sanguínea, la saturación de oxígeno y el ritmo de su respiración. Lorraine no sabía interpretar los números, pero la máquina producía un sonido constante, que de alguna manera les garantizaba que la chica seguía por lo menos estable y con vida.

—Voy a tener que pedirles que salgan un momento. —Había entrado una enfermera—. Tengo que comprobar el drenaje de la herida.

—Volveremos después —dijo Adam.

—Gracias —contestó la enfermera mientras apartaba con cuidado las sábanas que tapaban a Carla.

La chica gimió otra vez y la mano de la vía cayó inerte a su lado.

—Ten cuidado. —Una segunda enfermera con un cantarín acento irlandés—. No vaya a abrírsele todo.

—Ojalá volviera a decir algo —comentó Lorraine mientras salían de la habitación.

Cruzaron un par de cabezadas con el joven agente que montaba guardia y luego se miraron el uno a la otra, rememorando sus primeros días en el cuerpo. Lorraine apartó los inevitables recuerdos de cómo había conocido a Adam, cómo lo había idealizado (no, ¡idolatrado!) en aquella época. Una vez más se vio incapaz de comprender cómo se había erigido ese muro de ladrillo de seis metros de alto entre ambos. Se negaba a creer que fuera todo culpa de ella.

Ya estaban de pie junto al coche de Adam. Lorraine entrecerró los ojos para protegerlos de un rayo de sol que se había abierto paso entre las nubes, aunque pronto llegaría el aguanieve que habían anunciado los del tiempo.

—¿Te apetece un café? —preguntó señalando el puesto ambulante de bebidas y tentempiés que había aparcado enfrente. El olor del beicon era irresistible.

—¿Crees que tendrán té verde? —contestó Adam con una sonrisilla.

—Vamos a preguntar —dijo Lorraine, sorprendiéndose al tocar un instante el brazo de su marido mientras caminaban hacia la furgoneta—. Después podrías venirte conmigo a visitar otra vez a Russ Goodall. Tengo que hacerle algunas preguntas. Con un poco de suerte habrá hecho limpieza en casa.

No hubo respuesta cuando Lorraine llamó a la puerta, así que espió por la ranura del mugriento buzón de plástico. Un hedor pútrido salió expelido desde el interior en una vaharada de aire tibio.

—Madre de Dios —exclamó, retrocediendo—. ¿Se ha muerto alguien ahí dentro? —Adam y ella se miraron con la sincera esperanza de que no fuera el caso.

Adam acercó la nariz a la portezuela.

—No huele a muerto —dijo con objetividad—. Solo tiene que sacar la basura.

—Será guarro... —masculló Lorraine mientras aporreaba la puerta con el puño. Después retrocedió unos pasos para echar un vistazo al alto edificio, y entonces oyeron que se abría una ventana por encima de ellos—. ¿Oye? —gritó—. Policía. ¿Quieres bajar, por favor?

Se oyó un breve improperio y poco después, desde el otro lado de la puerta, les llegó ya el estrépito de alguien que bajaba corriendo la escalera. Se abrió el cerrojo, se abrió la puerta, y se encontraron cara a cara con Russ Goodall vestido con camiseta y gayumbos, y tiritando de frío como si llevara tres días fuera, en la nieve.

—Estaba en la cama —se disculpó.

—¿Podemos pasar y hablar contigo? —preguntó Lorraine. Casi percibía la repugnancia que sentía Adam.

—Supongo —contestó Russ, haciéndose a un lado. Tropezó con una bolsa de basura que alguien había dejado.

—¿No podíamos habérnoslo llevado a comisaría? —susurró Adam mientras subían por la escalera.

Lorraine lo adelantó al entrar en la minúscula habitación amueblada y le dio un golpecito en el hombro por ser tan tonto. A menudo se preguntaba si era buena idea que los dos siguieran trabajando juntos. En el trabajo, más que en ninguna otra parte, era probable que su relación se deteriorara hasta el punto de convertirse en la de dos niños peleados. A saber qué pasaría si ella decidía divorciarse. Sería inevitable que a uno de los dos lo trasladaran, pero ¿por qué tenía que ser ella?

—Siéntense si quieren —ofreció Russ con una voz tan aguda que delataba su miedo y su sorpresa.

Solo tenían dos opciones: una mugrienta silla plegable de plástico que había junto a la pequeña mesa, o la cama revuelta que parecía utilizarse también como sofá. Adam fue rápido en elegir la silla, con lo que a Lorraine no le quedó más opción que hundirse en el colchón, levantando una nubecilla de tibio y rancio olor corporal. Ya le daría las gracias después.

—Solo quería repasar algunas cosas sobre tu relación con Sally-Ann, Russell. No tienes nada de qué preocuparte, lo único que queremos es aclararnos con todo esto. ¿Por qué no te pones unos pantalones, eh?

El algodón de sus calzoncillos era tan fino que Lorraine estaba convencida de que vería más de lo que le apetecía si sus ojos se despistaban y bajaban más allá de su pecho. De hecho, podía distinguir la mayor parte de su torso enjuto y desnutrido a través de la tela gastada y grisácea de su ancha camiseta. El chico asintió y se puso unos vaqueros rotos. De ellos emanó un olor desagradable mientras se los subía por las piernas dando saltitos sobre la ajada alfombra. Cuando terminó se sentó en la cama, junto a Lorraine, que se apartó hacia la izquierda.

—¿Os peleabais alguna vez Sally-Ann y tú, Russell? —Fue Adam el que habló primero.

Lorraine había estado a punto de hacerle esa misma pregunta. Solo querían calentarlo un poco, conseguir que se sintiera casi aliviado de escupir toda la verdad sobre cualquier cosa de la que pudiera arrepentirse.

Ella tomó entonces el testigo del interrogatorio, aunque no es que Adam se lo hubiera pasado.

—Y con eso no nos referimos simplemente a las habituales riñas que tienen las parejas. —Miró a Adam. Él no le devolvió la mirada, pero Lorraine vio cómo apretaba la mandíbula—. Estamos más interesados en saber si alguna vez las cosas, bueno, se os iban un poco de las manos, no sé si me entiendes.

—Nunca la pegué, si es eso lo que insinúa.

Russell no se estaba quieto.

—Entendemos cómo son esas cosas: pequeñas desavenencias por tonterías que se convierten en algo desproporcionado... —dijo Adam, y le lanzó una breve mirada a Lorraine.

—También entendemos que a veces esas pequeñas desavenencias no son tan pequeñas; que a lo mejor uno de los dos tenía una muy buena razón para enfadarse. —Lorraine subrayó las palabras «muy buena razón».

—Aunque a veces esas «muy buenas razones» pueden venir de un malentendido por una de las partes —añadió Adam, con la mirada fija en Lorraine.

—Pero, suponiendo que no resultasen ser un «malentendido» —prosiguió ella, hablándole directamente a Adam—, suponiendo que una de las partes estuviera del todo segura de tener razón, entonces entenderíamos que sintieras que en cualquier momento podrías estallar contra esa otra persona. —Lorraine notó sudor en su frente. Se armó de valor para no dejarse llevar por aquellas ridículas emociones que habían empezado a aflorar y se volvió de nuevo hacia Russell.

—Aunque debo puntualizar que la violencia es algo que nunca está justificado. —Adam sacó la mandíbula hacia delante, y Lorraine casi pudo ver la presión que se estaba acumulando en su interior.

—Lo recordaré, inspector —repuso ella con voz dulce y una sonrisa forzada. «Antes de darte un puñetazo», pensó.

—Nunca la pegué, lo juro —insistió Russ, que ni sospechaba siquiera que hubiera mensajes ocultos pasando por delante de sus narices—. Pero tenía unos cambios de humor que para qué.

—Explica —lo animó Lorraine.

—Supongo que el embarazo lo empeoró. —Russ dejó caer la cabeza y empezó a tirar del roto que tenían sus vaqueros en el muslo. Por él se veía un trozo de piel blanca y velluda—. Tan pronto estaba contenta, y quiero decir eso, muy, muy contenta, como le daba por querer acabar con todo.

—¿Estaba deprimida? —preguntó Adam.

—A lo mejor. No sé. Iba mucho al médico. —Russ parecía hundido en la miseria—. Todo empezó cuando «él» entró en escena.

—¿Liam?

Russ asintió.

—Se cargó lo nuestro. Supongo que nos habríamos casado si él no hubiera metido las narices. Utilizó a Sally-Ann, eso hizo. La utilizó para conseguir sexo de vez en cuando, igual que hizo con esa otra pobre mujer.

—Hemos comprobado que él era el padre biológico del bebé —dejó caer Adam, a lo que Lorraine soltó un suspiro. Ella había querido esperar antes de darle a Russ esa noticia, pero ya estaba dicho.

La cara de Russ tardó un momento en reaccionar, pero cuando lo hizo quedó claro que estaba convencido de que el padre era él.

—Oh, no —dijo con un hilo de voz—. Qué triste.

—¿Es cierto que todas esas dudas causaron mucha tensión entre Sally-Ann y tú?

Vencido por la verdad, Russ asintió.

—Sí, pero yo iba a hacer lo correcto. Habría estado a su lado. Yo quería a ese niño.

—¿Y Sally-Ann? —preguntó Lorraine.

Russ consiguió alzar la cabeza. Unos segundos después dijo:

—No. Creo que en realidad nunca lo quiso.

—Entonces, ¿por qué no abortó? —intervino Adam—. Las mujeres tienen elección.

—Al principio de verdad pensé que iba a hacerlo, que se iba a deshacer de él, pero luego cambió de opinión.

—¿Y cuándo fue eso?

—Acababa de enterarse de que estaba embarazada. Pasada la primera sorpresa empezó a emocionarse mucho. Estábamos en el centro comercial de Bullring, mirando cosas de bebés en una tienda, todas esas cositas suaves de color rosa y azul, pero de repente empezó a estresarse mucho, decía que no podría con todo, que no sería buena madre, que todo era muy caro. Fue como si alguien le hubiese dado a un interruptor.

—¿En la tienda? —preguntó Adam.

—Sí. Estaba acariciando bodis de bebé y, de repente, se puso a tirar expositores al suelo y a revolver la ropa de las estanterías. Chillaba y todo, vamos, que montó un espectáculo. Casi destrozó la tienda entera. —Russ estaba visiblemente afectado al recordarlo.

—Qué horror. ¿Qué ocurrió después? —preguntó Lorraine.

—Intenté tranquilizarla. Los brazos le salían disparados en todas direcciones y le daba patadas a todo lo que encontraba. Gritaba que no quería tener el bebé, que quería quitárselo de encima allí mismo y luego que lo haría ella misma si hacía falta. Gritaba que lo odiaba, que le destrozaría la vida. —Russ hablaba en susurros, estaba muy traumatizado por ese recuerdo—. La gente nos miraba, empezaron a rodearnos. Una señora se acercó a ayudarla, le dijo que la entendía, que tenía que tranquilizarse. Sally-Ann se dejó caer en el suelo y entonces vino la encargada y se la llevó a la trastienda para darle un té. Luego nos fuimos a casa.

—Las hormonas son muy fuertes.

Lorraine fulminó a Adam con la mirada. A veces era un imbécil de campeonato.

—Debió de ser muy angustiante para ti, Russell —dijo—. ¿Volvió a suceder algo parecido?

—Seguía con cambios de humor, pero después de eso no volvió a decir que quisiera abortar. Le pedí que se casara conmigo. —Consiguió sonreír un poco al recordarlo.

—Lo siento, Russ, te acompaño en el sentimiento. —Lorraine era sincera—. ¿Me puedes dar el nombre de la otra mujer con la que dices que se veía Liam Rider?

Russ se rascó la cabeza.

—Lo descubrí por casualidad —dijo—. Fui a la escuela superior para tener unas palabras con él, para advertirle que se alejara de mi Sal, y me lo encontré... bueno, ya saben, haciendo cosas con esa otra mujer. Fue asqueroso.

—¿Cómo se llamaba? —insistió Adam.

Russ se esforzó en recordar.

—Daba una clase por la tarde en la escuela. Joyas de artesanía o algo así. Era una tía rara de cojones, recuerdo que pensé eso.

—¿Su nombre? —Adam otra vez.

Russ se encogió de hombros.

—También el nombre era raro. Algo así como Delia, o Celia. No sé. Pregunten en la escuela. Tenía el pelo rizado y pelirrojo, todo enredado.

# 25

Casi ni me molesto en abrir la puerta, pero si Claudia se entera de que no he recogido un paquete o que no estaba aquí para recibir a una amiga suya, seguro que se preguntará en qué andaba metida. Le he prometido que arreglaría el armario de la ropa de cama y terminaría con esa pila de prendas por remendar que parecen haberse acumulado a lo largo de una vida entera. Varias de ellas han acabado en el lavadero dentro de una bolsa y con una nota adhesiva que dice «Para arreglar».

Son tareas como esas, me dijo Claudia cuando empecé, las que harán que mi presencia se note más en la casa. Y sonrió como si eso (como si yo...) fuese lo más importante del mundo.

«Menuda chorrada», recuerdo que pensé cuando le dije que me gustaba coser, que tenía buen ojo para los detalles. «A lo mejor sí lo tengo», pienso mientras me acerco de mala gana a la puerta de entrada. Puede que lo haya aprendido de Cecelia, viéndola trabajar las largas tardes de invierno. Se sentaba encorvada a la mesa de nuestro minúsculo piso, con un flexo iluminándola desde arriba, como si tuviera un minisol privado en su pequeño mundo particular. A veces trabajaba mirando a través de una gran lupa con soporte. Una vez la observé a través de ella. Su cuerpo se transformó como si estuviéramos en la casa de los espejos de la feria. Estaba enorme y distorsionada, como un gigantesco animal preñado. No le dije nada. La habría matado, sobre todo porque no estaba preñada.

Quien sea ha llamado al timbre tres veces seguidas.

Giro la llave y abro la puerta de par en par.

—¿Está Claudia Morgan-Brown en casa? —pregunta una mujer de traje.

—Lo siento —digo—. No llegará hasta la noche.

Intento recordar a qué hora me ha dicho que volvería.

—Soy la inspectora Lorraine Fisher —me informa aquella mujer.

Me quedo mirándola. Me mareo. El suelo se aleja de mis pies.

«Mierda.»

—¿Está usted bien? La veo pálida. —Da un paso hacia mí.

—Sí, estoy bien —contesto, apoyada en el marco de la puerta.

—¿Tiene idea de a qué hora volverá? —pregunta. Da fuertes pisotones, como si tuviera frío y estuviera impaciente al mismo tiempo. Se guarda las manos en los bolsillos del abrigo.

—Pues... no estoy segura.

Rezo por que solo haya venido por lo del accidente de ayer.

—¿Y usted es? —pregunta.

La boca no me obedece. ¿Qué voy a decirle? No me lo esperaba.

—Soy Zoe —logro contestar con una voz agradable—. La niñera de Claudia. —¿Por qué iban a enviar a una inspectora por un incidente de tráfico? Casi no puedo soportar las posibles respuestas.

—Ah —dice. Está claro que me ha creído—. Pero ¿no sabe decirme más o menos a qué hora volverá la señora Morgan-Brown?

—Supongo que sobre las seis o las siete —informo con vaguedad mientras consulto el reloj. Me obligo a echar la vista atrás. Claudia ha dicho que se encontraba mejor, que quería ir a su clase de yoga prenatal y que luego iría al trabajo.

La inspectora parece exasperada con la vaguedad de mis respuestas.

—Mire —digo—, si es por lo del accidente, está bien. Se

solucionó todo allí mismo y decidí no tomar ninguna medida.

—¿El accidente? —pregunta.

—Ayer alguien embistió nuestro coche por detrás. Lo cual, con Claudia embarazada y... Bueno, por suerte nadie se hizo daño. —Incluso consigo soltar una risita.

—No he venido por eso —me aclara—. Dele esto a la señora Morgan-Brown, ¿querrá? Dígale que se ponga en contacto conmigo si todavía no la hemos localizado.

Cojo la tarjeta que me ofrece su mano enguantada y veo cómo se aleja. Cierro la puerta, con llave, y me inclino contra la pared. Tengo que echar mano de toda mi voluntad para no derrumbarme y deslizarme hasta el suelo. Miro la tarjeta fijamente. En el centro lleva impresas las palabras «Departamento de Investigación Criminal». Corro al baño y vomito.

Esto no va bien. Tengo que volver a verla. Redacto un mensaje de texto pero no tengo valor para darle a «Enviar». En lugar de eso, me paseo descalza por el jardín, dejando que la hierba fría y húmeda se meta entre mis dedos y que el barro se cuele bajo mis uñas. Otra vez dentro, enciendo mi ordenador, entro en una de mis direcciones de correo electrónico (la que reservo para comunicarme con ella) y escribo a toda prisa un mensaje que no podrá pasar por alto.

Quiero decirle que siempre la querré y me ocuparé de ella. No sé qué más puedo hacer.

«Querida Cecelia»... Lo borro. Suena demasiado formal.

> Hola, Cecelia:
>
> Sé que las cosas no salieron como tú esperabas la otra noche en el pub, pero eso no significa que ya no te quiera. Sabes que siempre te querré. Te hice una promesa y pienso mantenerla. Solo necesito algo más de tiempo.
>
> Con todo mi amor,
>
> H.

Cualquier cosa que la haga seguir adelante, que mantenga viva la esperanza.

Me río para mis adentros y borro el mensaje. No puedo enviárselo. Cualquiera podría leerlo o interceptarlo. Es demasiado rastreable. No soy estúpida. Puede que esté rompiendo todas las reglas al comunicarme con Cecelia, pero dejar un rastro electrónico en el que prácticamente declaro mis intenciones no es como hay que hacer las cosas. Elimino también el borrador del mensaje de texto.

Consulto mi reloj. Todavía tengo tiempo. Los niños estarán jugando en casa de Pip hasta las seis. De manera impulsiva me pongo el abrigo, las botas, la bufanda, cojo las llaves del coche. Si voy al piso, nadie podrá demostrar jamás qué nos hemos dicho.

Aparco y camino decidida hacia la puerta. Todavía sé el código y, como de costumbre, nadie se ha molestado en pasar el cerrojo principal, así que entro directa en el edificio. La bicicleta de Kim está apoyada contra la pared. ¿Es que no ha ido hoy a trabajar? La mesa del vestíbulo está repleta de cartas, casi todo correo basura, según parece, y hay una bolsa de botellas preparada para sacar al reciclaje. Lleva siglos ahí.

«Nada de esto tenía que suceder», pienso con tristeza. Cecelia podría haber buscado ayuda, haber hecho las cosas de otra forma, haberme escuchado. «Todavía no es demasiado tarde», intento convencerme mientras me culpo por ser demasiado débil. A lo largo de los años me ha obligado a hacer cosas de las que ni en sueños me habría creído capaz. Nuestra relación siempre ha sido así: su insaciable necesidad alimenta mi culpa hambrienta. Mientras subo los rechinantes escalones a zancadas pienso que hasta cierto punto es un consuelo saber que la culpa no es toda mía. Lejos de sus garras lo veo todo más claro. Cecelia es una mujer poderosa, convincente; siempre lo ha sido. Una mujer desesperada con unos poderes mágicos que solo funcionan conmigo. Por eso he intentado (¡lo he intentado!) apartarme de ella, pero las dos sabemos que no es tan fácil como parece. Cecelia se alimenta de mi debilidad por ella y sabe que haré cualquier cosa que me pida.

Me dispongo a subir otro tramo de escalera, el que va al último piso. Llamo a la puerta. Acerco el oído a la madera, pero no se oye nada. Normalmente, cuando trabaja, tiene la radio puesta y tararea cualquier antigualla clásica que esté sonando. Eso me volvía loca. Loca en el buen sentido; una locura que me hacía amarla aún más. Cecelia sabía que lo haría todo por ella.

—¡Heather! —exclama, sorprendida de verme. Lleva puesto un caftán vaporoso. Se lo hizo ella misma con un viejo sari. Si Cecelia no está creando algo, no es Cecelia—. ¿Qué haces aquí?

—Vivo aquí, más o menos —respondo.

—No, no vives aquí —dice ella enseguida—. Te marchaste. Me dejaste a mí y al piso. Y dejaste aquí casi todas tus cosas. ¿Por eso has venido? ¿A buscarlas? —Se retuerce y tiembla bajo la tela. Lleva el pelo suelto y le cae sobre los hombros en deliciosas ondas llameantes.

—No. La verdad es que he venido a verte a ti.

—Ah. —Parece decepcionada, aunque sé que esta es su forma de alegrarse de verme—. Iba a preparar un té. —Deja la puerta abierta y retrocede.

Lo de Cecelia con el té es toda una historia de amor. Nada de lanzar una bolsita en una taza. En lugar de eso, prepara la mesa del comedor (una mesa ovalada de alas abatibles que compramos por treinta libras en una subasta cuando nos vinimos a vivir aquí) como si fuera a servir un menú de tres platos. Empieza por poner el agua a hervir. Después, baja con estrépito una enorme tetera abollada de un estante alto y la deja en la desordenada encimera. Yo juraría que es de aluminio y no nos ha hecho ningún bien. Cuando el agua hierve en el lento y viejo hervidor, Cecelia calienta la tetera, pero mientras tanto ha estado colocando los tenedores de postre con mango de hueso, las bandejas, las tazas y los platitos de té con decoraciones florales, desportillados y desparejados, que compró en Harrods durante las rebajas del enero pasado. «Todas las cocinas deberían tener algo de Harrods», me dijo mientras desenvolvía la delicada vajilla floral de su papel de seda. Eso me hizo quererla más.

O a lo mejor solo sentía lástima por ella.

—Hechos de esta misma mañana —dice mientras coloca todo un surtido de cupcakes con cobertura lila y naranja en la bandeja inferior del expositor de dulces. En la superior pone un montón de minipastelitos que llevan adornos de plata comestible hundidos en el fondant, y sé que también los ha hecho ella misma. Son un poquito deformes, cada uno de ellos ha sido modelado con esmero para que sea diferente a los demás. Para Cecelia, la repostería es igual que sus joyas de artesanía. Tiene que ser magnífica pero hasta cierto punto extraña, recatada pero aun así seductora, y, lo más importante además de que estén hechas a mano, dos piezas nunca pueden ser iguales. Se ponía de un rosa subido cada vez que me lo explicaba.

«Cecelia.»

—Ayúdame a quitarles la corteza. —Me pasa el cuchillo y un montón de rebanadas de pan moreno. Sé exactamente cómo le gustan. Es extraño lo reconfortante que me resulta este ritual, no puede ser más distinto a lo que tengo entre manos en mi trabajo. Ese trabajo del que Cecelia no sabe nada, el trabajo que me impide precipitarme al abismo en el que ella se encuentra ahora: un paisaje desequilibrado que yo solo me he atrevido a mirar a través de una rendija. Todo es por su bien.

—¿Gambas? —pregunto. Es lo que suele servir.

—Hoy, salmón ahumado —dice, dejándome ver un pellizco de pescado entre sus dientes mientras me lanza una sonrisa de culpabilidad por encima del hombro, como si no nos conociéramos.

Después de añadir también unos berros medio picados presiono el salmón entre las rebanadas de pan. Corto los sándwiches en cuartos triangulares y los coloco en la bandeja central del expositor. Lo llevo todo a la mesa. Cecelia echa varias cucharadas de hojas de Lapsang Souchong en la tetera y vuelve a hervir el agua. No tardamos en estar sentadas una frente a otra, yo encorvada sobre mi plato ribeteado de violetas y nomeolvides, Cecelia con la melena encendida por la luz del sol que entra en el piso. Solo dura unos veinte minutos en esta época del año, pero en verano es casi una hora entera.

—Esto es más la comida que el té de media tarde —me confiesa—. Ya sabes cómo soy cuando me meto en el trabajo. Se me pasan los días sin pensar en comer.

No es del todo cierto. A Cecelia le obsesiona la comida, pero aun así consigue estar como un palillo.

—Come algo —me dice al ver mi plato vacío—. Si estuvieras embarazada tendrías un hambre canina.

Es casi como si me hubiera dado un bofetón.

—Siento ser una inútil. —Cojo un sándwich y le doy un mordisco. No me sabe a nada y contribuye a ahogar mis lágrimas.

Me quedo mirando a Cecelia. Sigue estando ahí, pero en cierto modo ha cambiado. Yo he hecho todo lo que he podido por ella, todo lo que le prometí, pero es como si estuviéramos en dos laderas diferentes de una montaña muy alta. No veo la forma de llegar hasta ella.

—No eres una inútil. —Desliza su mano a un lado del expositor de dulces y la entrelaza con la mía. Sus fuertes dedos se hunden entre mis nudillos. Me hace daño—. Todavía hay remedio. Solo tenemos que pensar otro plan.

Hago que sí con la cabeza. Si estuviera viendo esta escena en una película, gritaría: «¡Escapa! ¡Corre!», no esperaría un final feliz. ¿Por qué, me pregunto mientras mis dedos se entrelazan con los suyos formando una red, siempre dejo que me haga esto? Siendo sincera, conozco la respuesta pero soy demasiado imbécil para hacerle frente.

—Esta vez no tenía que ser —le digo, como si estuviera dispuesta a volver a intentarlo, como si mi firme negativa no fuese más que un diente de león que el viento ha esparcido en el aire. Me limpio la boca con una servilleta—. Estoy preparando un plan.

Sus cejas se convierten en dos picos de curiosidad. Me hace suspirar.

—Y exactamente ¿qué es lo que propones? —pregunta—. ¿Una concepción inmaculada? —Suelta una risilla y coge un cupcake del expositor. Lo deja en su plato de porcelana y se chupa el pulgar y el índice. Sirve más té, mirándome desde debajo de la efervescencia de su pelo. Tiene unos ojos verde intenso y de un brillo provocador, como esmeraldas olvidadas dentro del decorado de tienda de segunda mano que es el piso. Estoy segura de que ha acumulado una tonelada de trastos desde que me fui.

—Es que no te lo puedo decir —explico, aunque me doy cuenta de que es como echar gasolina al fuego—. Tendrás que confiar en mí.

—Ya sabes que no confío en ti —repone, y muerde el bizcocho mientras me lee el pensamiento con una mirada intensa.

—Es complicado. Pero tendremos un bebé.

Si analizara de manera racional lo que estoy diciendo, lo que estoy planeando una vez más, y tan poco después de la última, es posible que acabara haciéndome encerrar. «Pero ¿en qué estoy pensando?» Miro a Cecelia, sin embargo, y recuerdo lo felices que fuimos una vez, así que si existe una nimia posibilidad de recuperar eso, estoy dispuesta a arriesgarme, no me importa cómo pueda acabar. Simplemente es lo que debo hacer.

—¿Qué tal te va ese... trabajo? —pregunta. Siento la crudeza con la que espeta la última palabra.

—Pues...

—Ay, sí. Qué tonta. Se me olvidaba que no te gusta hablar de ello.

Agacho la cabeza. Hablarle de Claudia y James, hacerla partícipe de la vida de los gemelos... no lo entendería. No podría. Empezaría por una ligera curiosidad, un interés inofensivo, pero acabaría hirviendo de ira y unos celos furiosos. Con todo lo que está ocurriendo, es imprescindible que no sepa nada de ellos. Sería demasiado cruel.

—Sí, ya sabes que no quiero hablar de eso —le digo, como hago siempre. Se me está formando un nudo en la garganta y no tiene nada que ver con el sándwich que me estoy embutiendo en la boca para ahogar lo que en realidad quiero decir. Soy una experta en morderme la lengua.

—Vaya, vaya, con tus preciosos trabajitos —canturrea Cecelia con brusquedad—. La verdad es que no eres capaz de conservar ninguno el tiempo suficiente para tener algo interesante que contarme. ¿Cuántos has tenido ya solo este último año? ¿Cinco, seis? Me parece que más aún.

Lleva razón. He tenido muchos trabajos. Y también lleva razón en eso de que ninguno me ha ido especialmente bien.

Se levanta, recoge su plato vacío y empieza a darle vueltas en las manos.

—Me parece que has tenido decenas de trabajitos estúpidos y que te han despedido de todos ellos. —Levanta el plato por encima de la cabeza—. Dime qué tengo que hacer contigo, Heather. No vas a darme un niño y no tienes una carrera profesional. —El plato cruza la habitación volando a cámara lenta, se estrella contra la pared justo encima de su mesa de trabajo. Los añicos llueven sobre su última pieza.

Intento tragar el sándwich, pero no baja por mi garganta, así que lo devuelvo a la mesa desde mi boca. Me levanto. Me tiemblan las piernas.

—Ya sabes que quiero hacerte feliz, Cecelia —susurro. De mis labios caen migas. La agarro por sus estrechos hombros y se estremece—. Es solo que...

La expresión de su rostro me detiene: esa mirada de fe, de necesidad, de esperanza.

«No me decepciones», imploran sus rasgos.

—Tendrás un bebé —le digo, y me marcho, con náuseas solo de pensar en lo que debo hacer.

# 26

He encendido la calefacción al máximo, ahora que ya está arreglada la caldera. Es una maravilla poder andar por la casa descalza y solo con una camiseta holgada sobre los pantalones del chándal. La escarcha de la noche, que no se ha derretido del todo hasta pasado el mediodía, realza el plateado de nuestra calle. He llamado al trabajo después de la clase de preparación al parto y les he dicho que no iría. Estoy muy cansada. Hay cosas que puedo hacer desde casa, y estoy mucho más cómoda trabajando aquí. Zoe ha salido, debe de haber ido a hacer algún recado, y yo disfruto de la tranquilidad, pero en cuanto me he sentado con una pila de informes y una lista de llamadas que tengo que hacer, llaman al timbre. Me levanto del sofá y dirijo mis torpes andares hacia la puerta. Son un hombre y una mujer con un aspecto tan solemne que juraría que se me ha parado el corazón por un segundo.

Es el momento que teme toda mujer de militar.

—¿Vienen por James? —pregunto con pánico. Son tal como siempre los había imaginado. La mujer lleva un traje pantalón oscuro y unas gafas de sol apoyadas en lo alto de la cabeza, y el hombre espera firme con su largo abrigo negro—. Por Dios, díganme que está bien. —Esté o no en una zona de guerra, el trabajo de James suele ser peligroso.

Una vez me explicó lo que sucedería, me dijo que nos lo comunicaría una pareja, que los chicos y yo recibiríamos apoyo. Tengo la boca seca y creo que mi corazón se ha acelerado tanto que al final se ha rendido del todo.

—Soy el inspector Scott y esta es la inspectora Fisher —se presenta el hombre, como si lo hubiera dicho un millón de veces en su vida.

—Tranquila, ¿quién es James? ¿Su marido? —pregunta la mujer con una sonrisa agradable. Yo asiento con la cabeza—. No se preocupe, no hemos venido a hablarle de él. ¿Es usted Claudia Morgan-Brown?

Asiento de nuevo y respiro hondo.

—¿En qué puedo ayudarles?

—He pasado antes y he hablado con su niñera —sigue diciendo la inspectora.

Mi primer instinto es el de sentirme culpable, como si pensaran que he hecho algo malo.

—Ah, vaya. No me ha dicho nada.

—¿Podemos entrar? —pregunta la mujer.

—Sí, desde luego —respondo, haciéndome a un lado—. Pasen al salón. Hoy me he quedado a trabajar en casa. —Recojo los expedientes y los dejo en la mesita del café para hacer sitio en los sofás—. Siéntense, por favor. —Yo me acomodo en el espacio que ha quedado junto a la mujer. El hombre se ha sentado frente a nosotras.

Ojalá estuviera James aquí.

—Hemos venido por su trabajo, en realidad —explica él—. No la entretendremos demasiado.

Suelto el aire, no me había dado cuenta de que contenía la respiración.

—Les ayudaré en lo que pueda —digo. En el departamento tratamos con la policía a diario, pero solo en otra ocasión me había reunido con inspectores. Aun así, no es algo tan extraño. Empiezo a relajarme.

—Quizá sepa ya por las noticias que se ha producido un segundo ataque contra una embarazada —empieza a decir la inspectora Fisher. Me mira la barriga y yo sé lo que está pensando, que en realidad no debería mencionarlo, no vaya a ser que me altere—. Milagrosamente, la chica ha sobrevivido —añade con compasión.

—Aunque su niña no ha tenido tanta suerte. —La preocupación del inspector es más profesional—. Así que nos enfrentamos a otro caso de asesinato.

—Ah. Es horrible. —No sé qué decir.

—Esperamos que esto no la perturbe mucho... —La mujer vuelve a mirar mi vientre apenas un instante.

—En mi trabajo todos los días veo a niños a quienes les pasan cosas malas —les explico con franqueza—. No me atrevería a decir que se acostumbra una, pero mantengo mi vida privada al margen. —Quiero que lo entiendan—. Los trabajadores sociales jamás tendríamos hijos si no trazáramos una línea entre ambas cosas. —Mi intención era hacer una broma, pero no ha tenido gracia. Los detectives siguen serios.

—La víctima del último ataque es alguien con quien estaba trabajando usted, me temo. Sentimos traerle malas noticias. —Se produce una pausa y yo me preparo para lo peor—. La embarazada era Carla Davis. Lo sentimos mucho.

Al instante, toda mi determinación para mantener trabajo y vida privada separados se hace añicos. Es casi como si Carla estuviera en mi salón, gritándome que la he abandonado, que he dejado que le sucediera algo así. ¿Qué hubiera podido yo hacer diferente?

Hundo la cara en mis manos y ahogo un sollozo. Por el bien de Carla, no puedo desmoronarme. Tengo que ser fuerte y ayudarlos.

—¡Madre mía! —exclamo—. No sabía nada. He oído un momento lo de esa historia, pero no me había dado cuenta de que fuera Carla. No puedo creerlo. —Aun sentada, siento que me mareo y pierdo el equilibrio. Es una noticia terrible.

—Lo siento mucho —dice la inspectora Fisher—. Para sus compañeros también ha sido un duro golpe.

—Trabajamos muy cerca de esas personas —digo, más tranquila, aunque apenas soy capaz de asimilarlo todo—. Llegamos a conocerlas bien, somos parte de su vida, seguimos y documentamos sus progresos, intentamos que sus hijos tengan un mejor comienzo. Ya sé que he dicho que no nos involucramos emocionalmente, pero eso es muy difícil.

—La comprendo bien. —Parece sincera—. Por desgracia, al bebé de Carla acaban de negarle ese derecho a la vida. Necesitamos hacerle algunas preguntas sobre ella. Está en el hospital y hasta ahora no ha podido decirnos mucho.

Vuelvo a esconder el rostro al pensar en ella. Todo mi cuerpo siente el dolor que ha debido de sufrir.

—Por favor... —Levanto una mano—. Les contaré todo lo que sé, pero no voy a poder soportar detalles muy concretos... Ya saben, sobre lo que le han hecho. —Quiero ayudarlos—. Solo díganme si se va a recuperar.

—Es demasiado pronto para pronunciarse —explica el hombre—, pero los médicos son optimistas.

Asiento con solemnidad.

—Cuando la conocí tendría unos doce años, aunque sé que llevaba más tiempo bajo la vigilancia de nuestro departamento. Me parece que nos llamaron de su colegio. Era lo de siempre: entorno familiar desfavorable, una madre drogadicta en el paro, y el padre, entrando y saliendo de la cárcel. Su madre murió no hace mucho.

—Nos interesaría averiguar quiénes eran sus amigos, sobre todo quién podría ser el padre de la niña.

Me tomo otro momento para pensar. Quiero hacerlo bien.

—Recuero que tenía una muy buena amiga. Emily, me parece que se llamaba.

—¿Podría ser Emma?

—¡Sí! Sí, Emma. Así se llamaba. Ayudaba mucho a Carla. Emma tenía un entorno más estable y la verdad es que colaboraba con nosotros en la rehabilitación de Carla. Igual que su madre, Carla era también heroinómana.

La inspectora toma nota.

—Háblenos más de las drogas.

—Siempre consumía alguna cosa: cannabis, cualquier tipo de pastillas que pudiera conseguir, crack y, al final, heroína. Normalmente estaba enganchada a algo, casi desde que la conocí hasta que cumplió los dieciocho y se mudó ella sola a un piso. Me parece que entonces estuvo limpia un par de meses. Lo cierto es que quedarse embarazada la ayudó desde un punto de vista práctico y contribuyó a darle el impulso que necesitaba para enderezar su vida. —Suspiro al recordar la primera vez que fui a verla después de que se independizara. Recé por que lograra salir adelante—. A nosotros ya no nos interesaba ella, que era mayor de edad, sino la hija que esperaba. Ningún niño debería crecer en las condiciones que le ofrecía Carla.

Luego pienso en su niña muerta y siento náuseas, la habitación no hace más que desenfocarse y enfocarse otra vez. No hay forma de asimilar lo sucedido.

—¿Alguna idea sobre quién era el padre? —pregunta el hombre.

Lo pienso mucho, me esfuerzo.

—Sí que había tenido varios novios —les digo—, pero, que yo recuerde, ninguno le duró demasiado. Una joven como ella, que vive sola, es muy vulnerable. —Luego pienso en mí. En el extremo opuesto del espectro social, mi vida está a varios mundos de distancia de la de Carla, pero a la hora de la verdad, también yo podría haber sido la víctima de ese ataque. Cuando James no está, es como si fuese madre soltera—. Será mejor que le pregunten a mi compañera Tina Kent, para asegurarse. Es quien ha tratado últimamente con ella. Yo solo supervisaba el caso. Seguro que Tina sabrá más que yo sobre el padre de la niña.

—Ya hemos hablado con ella antes. Nos hemos llevado algunos informes del caso, aunque Tina nos ha asegurado que faltaba uno, el más reciente, que por lo visto figuraba como retirado por usted.

—Ah, sí —digo. Tendría que haberlo devuelto hace días,

pero está a buen recaudo en el estudio de James. Allí no puede entrar nadie—. Si quieren puedo ir a buscarlo. Como jefa de departamento, mi trabajo consiste en revisar periódicamente los casos que llevan los demás trabajadores sociales. Pensamos en ello como un control de calidad. —Ya me he puesto en pie, resoplando al hablar, para ir a buscar el informe.

—Gracias —dice la inspectora Fisher—, sería de gran ayuda. —Luego añade—: ¿Cuánto le queda a usted? —Señala mi barriga.

—Demasiado —digo, riendo—. Un par de semanas, pero si la niña llegara hoy, estaría contenta.

—¿La niña?

—En la ecografía han visto que es niña. Ya tengo dos chicos, gemelos —son hijos de mi marido—, así que me vendrá bien un poco de compañía femenina.

—Yo tengo dos hijas. Adolescentes. No dan más que problemas. —La inspectora Fisher lo dice sin dejar de sonreír.

Me alejo bamboleándome hacia el estudio y abro el archivador que James me ha cedido para cosas de mi trabajo. Si saco los informes de la oficina, no se me permite dejarlos en el coche o sin vigilancia, pero en este archivador ignífugo y cerrados en el estudio están bien, temporalmente. Localizo los papeles y regreso al salón. Los inspectores estaban hablando, pero callan al verme entrar.

—Aquí está —digo al entregárselo—. Tendrían que firmar un recibo en la oficina para llevárselo.

La inspectora Fisher saca una copia del impreso que Tina ya ha rellenado para los demás documentos. Añado los datos de este informe y pongo también mis iniciales junto a la firma de la inspectora. Estoy satisfecha, he hecho lo correcto. No es que pueda ocultarle información a la policía.

—Espero que les sirva, de verdad.

Durante los siguientes quince minutos me preguntan más cosas sobre mi trato con Carla, su drogadicción, el estado mental en que se encontraba la última vez que la vi, su familia e incluso sus aspiraciones. A lo mejor tendría que haberles ofrecido una taza de té, pero lo único que quiero es que se vayan. El duro golpe de la noticia me ha descompuesto.

Por fin, se deciden.

—Si hay algo más que yo pueda hacer —digo mientras los acompaño al recibidor—, no duden en ponerse en contacto conmigo, por favor.

Los dos asienten y me estrechan la mano, agradecidos por mi ayuda. Cuando se vuelven ya para marchar, Zoe llega por el camino de entrada tirando de un gemelo con cada mano. Aminora el paso y se queda mirando a los inspectores, de pronto baja la cabeza y la aparta. Ellos casi ni se fijan en ella, están concentrados hablando entre sí, y el hombre, además, contesta al móvil mientras se alejan por la calle.

Cuando Zoe pasa junto a mí, mascullando y renegando, intento adivinar por qué se la ve tan espectralmente pálida y delgada.

Más tarde me encuentro un correo electrónico de James. No esperaba recibir uno tan pronto. Siento un aleteo en el corazón solo con pensar en saborear el par de líneas que me habrá enviado. Me acomodo en la cama con una buena taza de té y miro la pantalla del portátil, que hace equilibrios sobre mis piernas. Quiero absorber el nombre del remitente y la línea del asunto mientras sigue marcado como no leído y lleno de promesas en mi bandeja de entrada. Lo echo muchísimo de menos.

¿Qué tendrá que decirme esta vez? A lo mejor me explica que el submarino ha dado media vuelta y viene de camino al puerto. ¿Quién sabe si no estará conduciendo por la autopista en este mismo instante, de vuelta a este hogar rodeado de tierra firme, dispuesto a mandar a paseo su carrera en la Armada? No es que necesitemos el dinero. Estoy convencida de que con la fortuna familiar que ha heredado podríamos vivir cómodamente hasta hacernos viejos, e incluso muchos años más, pero James dice que todavía no podemos tocar ese dinero, que ni siquiera lo siente como suyo aún. Yo no lo entiendo, pero se pone hecho una furia si me entrometo.

Doy un sorbo al té y hago clic en el mensaje. Como sospechaba, es corto. El ejército lo habrá examinado antes de que llegara a mi bandeja de entrada.

> Queridísima Claudie, os echo de menos a todos una barbaridad. ¿Están bien los niños? Ya hemos llegado al Mediterráneo y la operación va según lo previsto. No puedo evitar preguntarme si habrás tenido a nuestra hija. Como siempre, no tengo mucho tiempo, pero mi corazón está con vosotros. ¿Qué tal se porta Z? Espero que haya resultado ser útil. Escríbeme con novedades cuando puedas. Consultaré a menudo el correo. Con todo mi amor, como siempre,
>
> JAMES

Siempre es más o menos lo mismo, solo que esta vez ha mencionado a Zoe. Debe de resultarle un consuelo, hasta cierto punto, saber que no estoy del todo sola. Ninguna de nuestras familias vive cerca: los padres de James están en Escocia y mi madre emigró a Australia hace años. La familia de Elizabeth es de las islas del Canal de la Mancha, así que mi niña, como los gemelos, no tendrá precisamente a la vuelta de la esquina a unos abuelos que la adoren. Sin embargo, James le ve el lado positivo y dice que así tenemos casas donde pasar las vacaciones.

La primera vez que James se fue y me dejó sola fue dos semanas después de que me mudara a vivir con él. A sus amigos les preocupaba que se hubiera precipitado tras la muerte de Elizabeth, que yo no fuera más que una conveniente guardería para los niños, pero a mí eso no me preocupaba. Yo lo quise desde el primer día y siempre supe que quería estar con él muchos años, con o sin carrera militar. James venía con extras de serie y a mí me pareció bien. Incluso así, quise darle un hijo y a él le encantó la idea. Me dijo que podría ser difícil concebir, porque él pasaba mucho tiempo fuera. Yo quise explicarle que, si no concebíamos, la razón no sería esa.

Reposo la cabeza sobre la almohada y escucho a ver si oigo algún ruido. Todo está en silencio. Zoe ha bañado a los niños y los ha acostado hace una hora, yo les he leído un cuento y les he dado un beso en el pelo alborotado. Se han abrazado a mí, preguntándome cuándo volvería su papá.

—Más tarde voy a salir —me ha dicho Zoe poco después, en la cocina.

Si soy sincera, me he alegrado de tener un rato para estar sola. La visita de los inspectores me ha dejado inquieta. Solo quería ver un poco la tele para distraerme, pero entonces he decidido que prefería enviarle un correo a James, y ha sido cuando he visto que él se me había adelantado.

—Zoe, Zoe, Zoe —digo, dejando el portátil junto a mí en la cama. Sigo preocupada por si ha estado husmeando en el estudio de James. Detesto pensar que pueda espiar nuestras cosas.

Cojo mi libro y me pongo a leer, pero no hay forma de concentrarme. Quiero otro té. En el descansillo oigo que uno de los niños se revuelve y asomo la cabeza por su puerta. Oscar ha tirado su edredón al suelo y lo busca con la mano, dormido. Le arreglo la cama, les planto otro beso a los dos y, al salir de su dormitorio, les cierro la puerta.

Otra vez en el descansillo, la casa sigue silenciosa y en calma. ¿Ha salido ya Zoe? No estoy segura. Me pregunto si le apetecerá una taza de té a ella también, pero no quiero llamarla escalera arriba por si despierto a los niños. Me preparo para embarcarme en la tremenda ascensión, intentando convencerme de que solo es porque quiero ser amable y ofrecerle un té, y no porque quiera curiosear entre sus cosas. No he subido ahí arriba desde que se instaló.

Cuando ya casi he llegado susurro su nombre todo lo alto que me atrevo. No hay respuesta. Por entre los barrotes veo el pequeño descansillo de sus habitaciones. Se ha dejado la luz encendida. Hay un par de zapatillas tiradas de cualquier manera en la alfombra y una toalla sobre una silla. Percibo un olor raro en el ambiente: una ligera nota floral, algo almizcleña, pero extrañamente triste y anticuada. Me empuja a subir.

—¿Zoe? —vuelvo a decir al pisar el descansillo. Me llevo una mano a las lumbares—. ¿Estás aquí arriba?

Nada, así que miro en el cuarto que usa como sala de estar. Le instalamos un televisor y también tiene un viejo sofá, además de un puf. Supusimos que querría traer invitados alguna vez, aunque todavía no ha venido con nadie. Si acaba de romper con su novio, a lo mejor aún no le apetece mucho la vida social. No me ha dicho adónde iba hoy.

Llamo flojito a la puerta de su dormitorio, pero no obtengo respuesta. Miro hacia la escalera. Oigo a uno de los niños roncar un poco. Conozco hasta el último ruido de esta casa (todos los crujidos del suelo de madera, los sonidos peculiares de cada puerta, los recorridos de las viejas y ruidosas cañerías) y, después de haber mirado aquí arriba y de volver a aguzar el oído, me convenzo de que Zoe no está en casa.

—¿Estás ahí dentro, Zoe? —Pruebo una vez más, mi natural obsesivo siempre me gana la batalla. No soportaría que pensase que he venido a espiarla, aunque si soy sincera me muero de ganas de echar un vistazo en su dormitorio. Al fin y al cabo, es nuestra casa.

Empujo la puerta con suavidad y miro dentro. Está oscuro y no veo demasiado, aunque la luz del descansillo se cuela en el interior. Abro mucho los ojos. A primera vista parece que haya alguien tumbado en la cama, pero abro la puerta del todo y veo que no es más que un montón de ropa y una maleta. Casi parece que hubiera estado haciéndola para marcharse pero la hubiera dejado a medias.

¿Y si regresa? Me detengo y escucho a ver si oigo algo, pero lo único que percibo es mi propia respiración y el zumbido del miedo en mis oídos. Si Zoe vuelve, no tendré forma de escapar deprisa.

—Ay, déjalo ya —susurro en voz alta—. Estás exagerando.

—Es mi casa, puedo subir aquí arriba si me apetece. Podría estar buscando algo y ya está; en el descansillo hay una estantería, ¿no?, con algunos de mis viejos libros de texto de la universidad. Le diré que buscaba un título.

Levanto algunas prendas que hay tiradas por ahí, un verdadero despliegue de cosas que le he visto puestas últimamente: camisetas, vaqueros, blusas de algodón y un par de chaquetas de punto encima de la cama, que está sin hacer e igual de revuelta que la ropa. A lo mejor es la ropa sucia. A lo mejor iba a bajarlo todo al lavadero en la maleta, aunque es más bien grande para transportar tan poca cosa.

Al ver la sangre contengo la respiración. Retrocedo y reprimo un grito, pero me inclino para inspeccionar mejor la mancha marrón óxido del interior de una sudadera. Está vuelta del revés y parte del forro de borreguillo tiene una costra de algo que tiene que ser sangre, sin duda. Paso un dedo por ella. Está seca y coagulada. Me acerco la prenda a la nariz. Un penetrante olor metálico. Siento una ligera náusea, pero entonces me obligo a no pensar tonterías, a no ponerme cada vez más paranoica con Zoe. Seguramente se ha cortado con algo, decido, aunque debe de haber sido un buen corte si el resultado ha sido este. Mientras vuelvo a dejar la sudadera donde estaba veo un pequeño rasgón en el hombro y un cerco oscuro de sangre a su alrededor.

La cojo otra vez, sosteniéndola solo con el índice y el pulgar. Intento tragar saliva pero tengo la boca seca. «Dios mío, ¿y si le ha hecho daño a alguno de los niños?» La cabeza me va a mil por hora, pero enseguida me doy cuenta de que estoy siendo irracional. Si hubiera ocurrido eso, en la ropa de los niños también habría sangre y ya me habría dado cuenta. «A menos que la hubiera lavado antes de que yo lo viera...»

—Oscar y Noah me lo habrían dicho —murmuro en voz alta, olvidándome de que Zoe podría aparecer en cualquier momento. Noah no es precisamente un niño pasivo.

Aun así, no puedo evitar mi inquietud. Desde hace un tiempo me he vuelto tan paranoica que no me gusta ni un pelo. James diría que son las hormonas, que me están volviendo loca. Que mi cuerpo está inundado de emociones ingobernables. Yo diría que solo intento proteger a mi familia: demasiado, soy consciente, pero no lo puedo evitar. En cuanto tenga aquí a mi niña, nuestra unidad será completa y seré la madre más fiera que se haya visto jamás. ¿Cómo voy a confiar en Zoe ahora que he visto esto?

Me vuelvo de espaldas a la cama, mareada, y la habitación se mueve, como si me hubiera montado en un tiovivo. ¿Qué me oculta? Estoy convencida de que hay algo.

En un arrebato de temeridad abro de par en par las puertas del armario. Es evidente que mi niñera no posee buenas aptitudes organizativas cuando se trata de sus pertenencias. Dentro encuentro el mismo desbarajuste que en el resto de la habitación. Y entonces veo la prueba de embarazo, la misma que se cayó de su neceser cuando llegó. La caja está junto a un par de botas, en el suelo, como si la hubieran tirado ahí. La recojo. Le han quitado la protección de celofán. La abro y descubro que falta una de las dos barritas de plástico blanco, y la que queda está partida por la mitad. No parece que esté usada. ¿Por qué aceptaría Zoe este trabajo si creía que estaba embarazada?

—Me pregunto si esto tendrá algo que ver con que rompiera con su novio —digo en voz baja, aunque en realidad no es asunto mío. Aun así, supongo que sí lo sería si el resultado hubiese sido positivo.

Vuelvo a guardar las dos mitades de la barrita en su caja. ¿Por qué la rompió? ¿Se enfadó al ver el resultado? A lo mejor sí quería quedarse embarazada... O no. De nada sirve especular sobre la vida personal de Zoe. La única forma de saberlo con seguridad es preguntarle. Pero entonces descubrirá que he estado husmeando.

Mi corazón tirita de curiosidad cuando veo la cámara: es pequeña, de esas digitales, y parece que la haya tirado al suelo del armario o que se haya caído de una chaqueta. Tiene un tamaño lo bastante reducido para caber en un bolsillo. Empiezo a salivar ante la idea de revisar las fotos mientras mi corazón protesta con palpitaciones de culpabilidad. Es solo porque intuyo que hay algo que no sé de Zoe. Al menos eso es lo que me digo.

Me acerco a la puerta y aguzo otra vez el oído. Ya no se oye el leve ronquido y la casa está completamente en silencio salvo por los tintineos de un radiador, porque la caldera central vuelve a estar en marcha. Sé que tengo que hacerlo, aunque James diría que es una locura. «Venga, Claudia, déjalo correr. Ven a sentarte conmigo junto al fuego.» Casi oigo su voz exasperada.

Recojo la cámara y la saco de su delgada funda. Parece cara, un modelo más nuevo de la que usamos James y yo. La enciendo, dando gracias por que funcione igual que la nuestra. Me acerco más a la puerta con uno de mis oídos atento a cualquier ruido. ¿Se oirá la puerta de entrada desde aquí arriba?

Voy pasando las fotos de Zoe y sonrío al ver las primeras. Son Oscar y Noah en la ludoteca Tumblz, y Lilly sale también en una. Las diez siguientes, más o menos, son de Pip desde el otro lado de la sala. No parece que Pip sepa que le están sacando fotos. Luego hay unas cuantas de nuestra visita al acuario, aunque están oscuras y desenfocadas. También imágenes de nuestra calle. Es como si la hubiera fotografiado desde ambos extremos, además de enfocar nuestra casa en algunas de ellas. Seguro que es para enviarlas a familiares o amigos, supongo, para enseñarles dónde trabaja. Es normal, me digo. Tenemos suerte de vivir en un barrio tan bonito.

Al principio mi cerebro no asimila las siguientes instantáneas, así que voy atrás y adelante varias veces. Parecen ser fotografías de documentos. No los distingo muy bien, pero hay muchísimas y son todas iguales... aunque con sutiles diferencias. Mis dedos toquetean los botones de la cámara, en este momento no estoy segura de cómo agrandar las imágenes, pero entonces lo recuerdo. Amplío una al azar y se me seca la boca mientras el corazón se me acelera tanto que casi creo que saldrá volando por mi garganta. Apoyo una mano en la pared para sostenerme.

—Dios santo —digo cuando el texto fotografiado se enfoca—. Pero ¿qué...?

Entorno los ojos intentando leer lo que pone, aunque no me hace falta. El nombre de lo alto de la hoja me dice qué es exactamente lo que ha estado fotografiando.

Entonces lo oigo: el chasquido que hace siempre la pesada puerta de entrada al cerrarse. El sonido asciende por el hueco de la escalera y resuena en la silenciosa casa.

«Mierda, mierda, mierda.»

Mis manos toquetean la cámara intentando apagarla como sea y guardarla otra vez en su funda. Intento cerrarla, pero la cremallera se atasca. La lanzo al fondo del armario y avanzo todo lo deprisa que me permite mi torpe cuerpo hacia la escalera, cerrando la puerta tras de mí. Oigo cómo se acercan los pasos de Zoe. Está tarareando una cancioncilla alegre, como si estuviera contenta. Voy demasiado despacio. Ni siquiera conseguiré bajar al descansillo del primer piso sin que me descubra a medio camino, así que me pongo de rodillas delante de la estantería intentando ocultar el hecho de que estoy sin aliento.

—Zoe, no te asustes —la aviso, levantando la voz con toda la normalidad de la que soy capaz sin llegar a gritar. No quiero despertar a los niños—. Estoy aquí arriba, buscando un libro.

—Ah —repone ella con su vocecilla, algo intrigada. Su cara aparece entre los barrotes de la barandilla. Estamos muy cerca y es como si una de nosotras estuviera en una jaula. Tengo la sensación de que soy yo.

—Lo siento —digo—. Se titula *El trabajo social y la ley,* y no lo encuentro por ninguna parte. —Paso los dedos por los lomos de mis viejos libros de texto. Sé exactamente dónde está, pero finjo no verlo.

Zoe sube y se agacha junto a mí. Vuelve la cabeza de lado.

—Aquí lo tienes. —Siento que su mirada me abrasa las mejillas.

Saco el libro.

—Gracias —digo, volviéndome hacia ella. Su cara y la mía están a centímetros de distancia—. Si es un perro, me muerde. —El hilo de tensión entre ambas se rompe cuando intento ponerme en pie.

Zoe me ofrece las manos y ríe.

—Pues menos mal que he vuelto —dice—, o te habrías pasado toda la noche en el suelo. —Por la forma en que habla, me da la sensación de que sabe lo que he estado haciendo.

—Me has salvado —digo aún, correspondiendo a su risa, y me dispongo a bajar la escalera.

—Buenas noches —susurra cuando ya no me ve.

—Buenas noches. —Y me meto en mi dormitorio.

Enseguida enciendo el portátil. Unos segundos después estoy buscando el nombre de Zoe Harper en internet, como si todas mis investigaciones y búsquedas de referencias anteriores hubiesen sido una pérdida de tiempo. Los primeros resultados son las consabidas entradas de Facebook y otras redes sociales. Hago clic en todas, pero ninguna es ella. Hay varios vídeos de chicas que se llaman Zoe Harper, y entradas en bases de datos de direcciones y empresas dirigidas por gente con ese mismo nombre, además de un sinfín de páginas aleatorias que contienen mis términos de búsqueda. Echo un vistazo a los resultados y calculo cuántos son. Demasiados para comprobarlos todos. Media hora después estoy igual que antes.

Llamo a James al móvil solo por el consuelo de oír su voz. No sirve de nada que le deje un mensaje que no recibirá hasta su regreso. «Cielo, te necesito. Tengo miedo», susurro después de colgar. Pienso en enviarle un correo electrónico, pero eso solo lo dejaría muerto de inquietud y tampoco podría hacer nada.

Me tumbo vestida en la cama. Me quedo mirando el techo. No tengo ni idea de qué hacer. ¿Por qué, a ver, por qué ha estado mi niñera fotografiando el informe que hemos hecho en el departamento sobre Carla Davis?

## 27

Lorraine no podía más de preocupación por Grace. No porque no le contestara al teléfono (muchas veces no lo cogía, y a veces tardaba en contestarle los mensajes de texto) y tampoco porque se hubiera olvidado de llevarse la comida que le había preparado esa mañana, ni porque se hubiese saltado la clase de conducción (el instructor, furioso, la había llamado a media reunión). Era más bien que Lorraine empezaba a tener la profunda e inquietante sensación de que, un día no muy lejano, su hija ya no volvería a casa.

Se puso a juguetear con la botella de cabernet. Desde luego era muy temprano para servirse una copa, aunque fuera una pequeña. El vino no arreglaría nada, y mucho menos conseguiría hacer que su hija cambiara de opinión. Dejó la botella acostada otra vez en el botellero.

—Ay, Grace, Grace, Grace...

Apoyada en el fregadero se puso a mirar por la ventana mientras reflexionaba. Se preguntó cuánto tardarían las malas lenguas en hablar después de que Grace dejara el colegio, se mudara y se casara. Se oirían toda clase de historias: que si los padres la tenían desatendida, que si la pobre chica se escapó, que si sufría malos tratos, que si estaba embarazada, que si la habían echado de casa... Lorraine se estremeció. No importaba lo que dijera la gente, a ella, como madre, siempre la creerían culpable. Y a lo mejor se lo merecía. Si Grace no era feliz, si prefería estar con la familia de Matt, entonces tenía que ser culpa suya. Ese último año había sido cualquier cosa menos una madre dedicada a su casa, había estado de guardia prácticamente las veinticuatro horas del día. No recordaba la última vez que había ido a ver jugar a Grace al baloncesto o que había asistido a una reunión de padres en el colegio. Y hacía siglos que no salían al cine, o de compras, o a comer por ahí un sábado. ¿Y una sencilla y sincera charla madre hija sentadas a la mesa de la cocina?

Lorraine se tapó la cara y luego volvió a sacar la botella de vino. Esta vez la abrió.

—Ya me gustaría a mí ver cómo se las arreglarían las madres a tiempo completo con un trabajo como el mío, un marido que cree que puede... que puede... —Cerró los ojos, desesperada—. Y una hija que está decidida a lo que haga falta con tal de destrozarse la vida.

Se sirvió una copa y dio un sorbo, medio desplomada sobre la mesa de la cocina y mascullando sin interlocutor.

—¿Qué te pasa, mamá?

Stella ya tenía la cabeza metida en la nevera antes de que Lorraine se diera cuenta de que su hija pequeña había entrado en la cocina. ¿Habría oído sus desvaríos? Pasara lo que pasase, no quería que las niñas sufrieran por lo que había hecho Adam. No, eso quedaría entre ellos dos, aunque Lorraine no estaba segura de por qué lo protegía tanto. A lo mejor era porque publicitar las debilidades de su marido sería como admitir que también ella las tenía y que no había sido capaz de conservarlo. La pregunta era: ¿cuánto tiempo sería capaz de seguir con esa farsa?

«Bah...», apartó esa idea de su mente y prefirió darle un abrazo a Stella.

—Te he echado de menos, pequeñita —le dijo.

—Hacía siglos que no me llamabas así.

Lorraine sintió que los brazos de su hija le correspondían y por unos segundos todo pareció estar bien.

—Bueno, pues ahora te vuelvo a llamar así. Pequeñita.

Se quedaron mirándose con una sonrisa. La de Lorraine, acompañada por la idea de que al menos un miembro de su familia no se había vuelto completamente loco.

Stella se apartó con delicadeza y fue otra vez a la nevera.

—¿Qué hay de cena? Me muero de hambre.

—¿Cuándo va a volver Grace, cielo? —Lorraine pensó que, siendo ella su madre, quizá debería saberlo. Le daba vergüenza tener que preguntarle a Stella. También pensó que debería haber comprado algo de comida.

—Me ha dicho que no volvería... —Stella dejó la frase a medias y se puso colorada. Un mechón de rizos rubios le tapó la cara cuando bajó la cabeza para pensar—. Jo, la verdad es que no me acuerdo de cuándo ha dicho que volvería.

—Stella... —advirtió Lorraine.

—¿Puede que más tarde?

Lorraine cogió a su hija de los hombros con delicadeza a pesar del pánico que crecía en su interior.

—¿Dónde está tu hermana?

—¿En casa de Matt? ¿Con una maleta? —De nuevo, preguntas más que afirmaciones, pero le dijeron a Lorraine todo lo que necesitaba saber. ¿Le había contado Grace sus planes a Stella? Sabía que sus hijas estaban muy unidas.

—Gracias, tesoro. Traeré algo de cena para llevar. —Corrió hacia la escalera—. En cuanto vuelva con tu hermana.

Arriba, asomó la cabeza por la puerta de la habitación de Grace. Hacía mucho que no entraba allí. Estaba hecha un desastre y era difícil decir si Grace estaba en plena mudanza o allí se había producido un robo, pero su tocador le desveló lo necesario. Casi todo su maquillaje había desaparecido, junto con las distintas fotos de Matt que tenía pegadas en el espejo.

—Mierda.

Lorraine bajó la escalera corriendo, cogió el abrigo, el bolso y las llaves (menos mal que no había bebido más que un trago de vino), y se mentalizó para la confrontación.

Había sido idea de Adam anotar la matrícula del coche del novio de Grace. «Solo te falta espiarlos desde un helicóptero», se había burlado Lorraine de él en aquel momento; pero ahora, mientras conducía, se tragó una risa medio furiosa y medio histérica al recordar a Adam con solo unos calzoncillos de rayas y dando vueltas por su dormitorio fingiendo que era un helicóptero. Poco antes de ese numerito había estado espiando por la ventana del dormitorio mientras Grace y Matt se despedían dentro del Mazda rojo que conducía el chico. No se veía mucho a través de los cristales empañados, pero para Adam eso únicamente podía significar que no andaban haciendo nada bueno.

—¿Nada bueno? —le había dicho Lorraine—. No creo que muchos adolescentes enamorados dijeran que darse el lote en un coche no es «nada bueno».

En aquel entonces, Adam todavía no le había soltado su bomba. Todavía eran felices, o eso creía ella.

—Esto no me gusta y punto —había sido su respuesta mientras los espiaba por una ranura de las cortinas.

—Déjalos en paz y ven —había insistido Lorraine a Adam antes de dar unas palmaditas en su lado de la cama—. Por lo menos la ha traído a casa a una hora razonable. Podría ser mucho peor.

Adam había gruñido y se había puesto a dar vueltas por la habitación.

—¿Qué buscas?

—Un boli y papel.

—¿Para qué?

—Para apuntar su número de matrícula.

—Ay, por el amor de Dios —había exclamado Lorraine exasperada a la vez que apagaba su lamparita—. Métete ya en la cama, Adam. —Pero él había seguido registrando la habitación a oscuras—. Anótalo en la Blackberry si no encuentras bolígrafo.

—Está en la cocina, cargándose.

—¡Venga ya! —Lorraine había encendido la luz y le había lanzado su móvil—. Toma, usa el mío.

En esos momentos, mientras conducía hacia Selly Oak, donde Grace le había dicho una vez que vivía Matt, dio las gracias por las obsesiones de Adam. Una llamada de dos minutos y ya tenía la dirección con la que estaba inscrito el coche de Matt. Durante el poco tiempo que llevaba Grace saliendo con su novio, nunca habían conocido a sus padres ni habían averiguado dónde vivía exactamente. No les había parecido necesario. Habían supuesto que la relación se extinguiría pronto, como todas las anteriores, y ellos no tenían suficiente tiempo para jugar a conocer a sus consuegros.

Lorraine soltó un tenso suspiro al llegar a la calle de Matt. Grace le había mencionado algo sobre que el padre de Matt trabajaba en el hospital, y Lorraine no le había dado más vueltas; portero, guarda de seguridad, enfermero, había imaginado. A juzgar por las enormes casas que había por allí estaba claro que era especialista. En circunstancias normales, eso la habría satisfecho sin límites; ese día, solo podía pensar que tendría bastante dinero para costear una boda con banquete incluido, y para ayudarlos a encontrar un piso.

Cranley Lodge era una casa gigantesca, estilo imitación Tudor, con un gran jardín delantero y un amplio camino que entraba y luego salía de la propiedad. Había tres coches aparcados en el pavimento de ladrillo: un Range Rover, un Mercedes y el Mazda de Matt, un elegante MX o algo así, por el que Adam había protestado con amargura. «¿Quién le compraría un coche así a un conductor novel?» Un padre rico, tal como Lorraine sabía ahora, aunque en aquel momento se había puesto de parte de Matt y había comentado que a lo mejor tenía un trabajo los sábados y había ahorrado. Aunque pareciese irónico, recordaba haber defendido al chico por ser muy sensato.

Le sonó el móvil al bajar del coche. Era Adam. Escuchó con atención lo que tenía que decirle pero apenas comentó nada, solo que aún tardaría media hora en llegar a casa y que ya hablarían luego. Ni siquiera lo que había descubierto su marido sobre Carla Davis logró hacerla desistir de sus intenciones. Llamó al timbre con insistencia a la vez que daba golpes en el buzón.

Quería que le devolvieran a su hija.

—Hola. —Una mujer pequeñita de cincuenta y tantos años abrió enseguida. Iba elegante y bien arreglada. «La típica mujer de médico», pensó Lorraine con acritud mientras se retiraba sus mechones alborotados tras las orejas.

—Soy la inspectora Fisher —dijo con seriedad. Sin duda sería el único momento que tendría para igualar el marcador, pensó mientras observaba cómo ese rostro maquillado y probablemente inyectado de Botox intentaba ofrecerle un ceño de preocupación.

—¿Va todo bien? —preguntó.

—¿Está su hijo en casa? —Lorraine mantuvo su tono profesional. Quería que la mujer pasara unos instantes de angustia, por lo menos una décima parte de lo que había aguantado ella.

—¿Matt? Sí. ¿Por qué?

Lorraine alargó el momento todo lo que se atrevió antes de forzar una sonrisa.

—Bien, entonces mi hija también estará aquí. —Y justo en ese instante se fijó en las maletas que había tiradas en el suelo del recibidor, unas maletas que reconoció como suyas. Al ver la prueba palpable de que Grace se iba de casa se le revolvió el estómago.

—Aaah —dijo la mujer con elegancia—. Usted debe de ser... Pase, por favor. —Se hizo a un lado—. Creo que están viendo una película. Yo estaba cocinando algo para...

—Lo siento, pero no se quedará a cenar. He venido a buscarla.

La madre de Matt parecía desconcertada, pero, a pesar de la brusquedad de Lorraine, se mantuvo irritantemente calmada y agradable.

—Iré a avisar a Grace. Seguro que querrá hablar con ella. —Desapareció por el pasillo antes de que Lorraine pudiera protestar diciendo que no tenían nada de qué hablar, que Grace se volvía con ella a casa y punto.

Unos instantes después, Grace salió al recibidor con cara sombría. Lorraine se sintió de pronto intimidada por su propia hija.

—¿Qué estás haciendo aquí? —Llevaba puestas las zapatillas y tenía los brazos cruzados. Se apoyó en la pared.

—He venido a buscarte, cielo —dijo Lorraine con toda la calma que pudo. Tenía la boca seca.

—No, mamá. Ya te lo dije. Me vengo a vivir con Matt. —El chico apareció a su lado, se apoyó en la pared junto a ella y le pasó un brazo relajado por las caderas. La madre de Matt completaba la formación: una barrera de jugadores frente al equipo contrario—. Estamos viendo una película y Nancy está haciendo curry. —Grace miró con cariño a la madre de Matt.

«Nancy», pensó Lorraine con amargura, casi deseando dar rienda suelta a las lágrimas.

—Bueno, pues tú no vas a ver ninguna película ni a comer ningún curry. Te vienes a casa conmigo.

—Ni hablar. Me he ido de casa y ahora vivo aquí. No puedes impedírmelo. —Grace suspiró como si ella misma no acabara de creerse lo que había dicho, pero de todas formas se mantuvo firme. Matt se acercó más a ella.

—Me parece que tu madre está preocupada por ti, Gracie —terció Nancy.

«¡Gracie!», Lorraine empujó con fuerza para no dejar que la portezuela de la furia se abriera.

—Esto no es nada propio de ella —le dijo a Nancy—. Siento mucho que los haya molestado.

—De ninguna manera —repuso la mujer con educación—. Grace puede venir aquí cuando quiera.

—Es usted muy amable, pero, Grace, de verdad, tienes que venirte conmigo. Ya. —Una última mirada fulminante, un gesto severo de sus labios, una expresión implorante más, que esperaba que su hija tomase como la última palabra de la discusión... pero no. Grace simplemente la miró con una sonrisa, dio media vuelta y echó a andar por el pasillo.

—Lo siento, mamá —dijo por encima del hombro—. Matt y yo estamos prometidos. Ahora vivimos juntos. Así son las cosas. Adiós. —Y desapareció en la sala de estar, con Matt tras ella.

Tras una breve conversación con Nancy, Lorraine acabó saliendo de allí sin su hija. No podía creer lo que acababa de ocurrir. ¿Por qué se había rendido tan pronto? ¿Por qué no había hecho algo? ¡Tendría que haber agarrado a Grace del brazo y haberla sacado a rastras, haberle gritado, haberla esposado! Sentía que le habían arrebatado algo, estaba hecha una furia, se sentía fracasada y más frustrada de lo que había estado en toda su vida.

—La he perdido —dijo a media voz mientras aparcaba frente a su casa—. La he perdido y se la han quedado ellos.

En comparación con la gran mansión de los Barnes, su casa le pareció miserable y algo deprimente. Antes de entrar sacó el móvil del bolso y le escribió un mensaje de texto a Grace: «Tenemos que hablar. Por favor. Bsos».

Cuando entró se encontró a Adam en la sala de estar, encorvado sobre su portátil.

—¿Qué pasa? —preguntó en respuesta al portazo que había dado Lorraine al entrar y a la forma en que lanzó el chaquetón sobre la escalera—. ¿Y Grace?

—Se ha ido de casa.

Adam se puso en pie y alargó un brazo hacia su mujer. Ella se estremeció y se fue a la cocina. Esta vez no sintió ningún cargo de conciencia por recuperar su copa de vino a medio terminar.

—Está en casa de Matt. He ido a buscarla. Casi no ha querido ni hablar conmigo y se ha negado a venir. Podría haberla obligado a la fuerza, pero habríamos montado una escena muy lamentable. Es que no sé... —Lorraine sintió las lágrimas aflorando a sus ojos—. No sé qué hacer. Se ha ido. ¡Joder, se ha ido!

—Ay, Ray —dijo Adam. Se acercó a ella y Lorraine no retrocedió.

—Se va a destrozar la vida. ¿Y sus exámenes, la universidad, todos sus sueños de labrarse una carrera?

Adam suspiró.

—Si Grace está decidida a dejar los estudios y vivir con Matt, me temo que no podemos hacer mucho más que apoyarla. Antes de que te des cuenta cumplirá los dieciocho y lo hará de todas formas.

No podía creer lo que estaba oyendo. No hacía tanto que lo había visto furioso en esa misma sala, gritándole «¡Y una mierda, va en serio!» a su hija. Si echaba la vista atrás, durante todos esos años ser padre había sido más fácil para él. Mucho más fácil. Sí, claro, Adam había contribuido cambiando pañales y levantándose por las noches a dar biberones, pero cuando había que cogerse días en el trabajo (por baja de maternidad o enfermedad), cuando se trataba de ir tras un ascenso o conseguir que te asignaran una operación importante, siempre era ella la que salía perdiendo. Igual que con el caso que tenían entre manos: Adam era el inspector al cargo de la investigación Frith-Davis, en quien habían pensado en primera instancia como hombre (¡hombre!) más adecuado para el trabajo. Tampoco es que Lorraine se hubiese dedicado nunca a quemar sujetadores por esos temas. Su vida era como era y ella estaba bastante contenta así. Sin embargo, a veces sentía la injusticia de su situación, y en esos momentos más que nunca.

—Mira —dijo, y entonces se dio cuenta de que había olvidado parar en el restaurante chino a comprar algo de cena—, yo solo digo que se está precipitando. Tenemos que actuar e impedir un desastre que lamentará el resto de su vida.

—Cree que está enamorada. Y puede que lo esté. Dale tiempo a ver qué ocurre.

—Pero es que no tiene tiempo. ¿Y sus exámenes? Necesita sacar buenas notas para entrar en la universidad... —Lorraine perdió impulso. Discutir con él no servía de nada. Además, Stella había entrado en la cocina sin hacer ruido. Llevaba calcetines gruesos y una de las enormes chaquetas de punto de Adam.

—Me muero de hambre, mamá. Y hace un frío que pela.

Adam cogió un menú del tablón y descolgó el teléfono. Stella automáticamente se puso a vocear por la escalera para avisar a Grace de que cenarían comida china, y entonces Lorraine tuvo que cogerla de los hombros y explicarle con dulzura que su hermana no estaba en casa y que tampoco era probable que volviera en una temporada.

—Será mejor que me digas de qué querías hablar conmigo antes —le dijo Lorraine a Adam después de cenar.

Los dos habían pactado que no volverían a salir de casa esa noche, a menos que surgiera algo realmente urgente. Si los sucesos que le había mencionado antes por teléfono fueran determinantes para el caso, ya se lo habría comunicado.

—Algo que he leído en el informe sobre Carla Davis.

—¿El que hemos ido a buscar a casa de la trabajadora social? —preguntó Lorraine.

Adam asintió. Al tumbarse en el viejo sofá se le salió la camisa por la parte de delante, pero Lorraine se propuso no mirarlo. Sabía que estaba en forma; tanto, que daba rabia. Mientras que la barriga de ella había albergado a dos niñas y desde entonces se había descuidado bastante, Adam tenía un buen tono muscular, se ejercitaba y comía sano. Lorraine no solía sentirse acomplejada por su aspecto, pero últimamente había una especie de competición entre ambos, o eso le parecía a ella, al menos. En cuanto a la forma física, eran polos opuestos.

—¿Qué has visto?

—Una entrada que decía que pidió cita para abortar a las

dieciséis semanas de embarazo. Iban a hacérselo con anestesia general.

—Ajá. —Lorraine se rodeó su propio cuerpo con ambos brazos.

—Pero es evidente que Carla no se sometió a la operación —siguió explicando él.

—¿Sabemos por qué no abortó?

—La trabajadora que llevaba el caso de Carla solo hizo una anotación en el informe diciendo que había cambiado de idea. —Adam se encogió de hombros.

—De todas formas, el final ha sido el mismo —comentó Lorraine con sequedad.

—Sí, solo que es el único vínculo entre ambos casos, aparte de los paralelismos del acto mismo del crimen, claro.

Lorraine lo meditó un momento.

—Ambas habían querido abortar pero al final decidieron no hacerlo. —Solo se oían los siseos de la chimenea de gas. Esa conexión era un punto de partida, supuso, aunque muy tenue—. ¿Y los resultados de la segunda muestra de ADN que tomaron en el piso de Carla? —Habían encontrado un pelo de un color diferente al de Carla y de su amiga en una prenda de la víctima, y lo habían enviado al laboratorio para que lo analizaran.

—Es posible que mañana tengamos un resultado. Los de las muestras del baño de Sally-Ann tendrían que habernos llegado ya, pero ha habido algún retraso. —Adam hizo una mueca. No era nada nuevo que los resultados del laboratorio tardaran más de lo esperado. Se sentó bien y puso las noticias de las diez—. También estamos pendientes de las muestras recogidas en las uñas de Carla, aunque son de una calidad discutible. Básicamente hay que esperar.

Lorraine ya se lo sabía. Se sentó doblando las piernas sobre el sofá y se quedó mirando a su marido, que estaba absorto en las noticias. Intentó entenderlo, comprender su actitud hacia la decisión de Grace de irse de casa, y no lo logró. Entonces se dio cuenta de que si esa noche seguía dándole vueltas a los casos de Sally-Ann o Carla Davis, o a embarazos, o a adolescentes rebeldes, no sería capaz de pegar ojo. Se levantó y le dio las buenas noches a Adam, rezando por que el día siguiente trajera consigo otra clase de noticias.

# 28

Es gracioso cómo nos conocimos James y yo. Fue en unas circunstancias de lo más improbables, aunque en el trabajo tengo visitas como esa todas las semanas. Solo que James no era nuestro típico «padre investigado», y yo no había esperado enamorarme del hombre a cuyos hijos me habían enviado a valorar.

De haber conocido todas las circunstancias es probable que ni me hubiera molestado en visitar su casa de barrio residencial, para empezar. Los niños estaban perfectamente cuidados. Y está claro que jamás habría sentido ese cosquilleo de envidia al recorrer la calle flanqueada de árboles mientras buscaba su casa. Era casi casi la calle de mis sueños: casas preciosas llenas de comodidades y amor y padres que se adoraban y que, sobre todo, mimaban a hijos felices.

Cualquiera de aquellas grandes mansiones de época me habría valido: casas victorianas de ladrillo rojo con enormes ventanas de guillotina y araucarias en los curvos jardines de sus entradas, residencias georgianas enlucidas de blanco con ventanales en cuya cuadrícula de cristales se reflejaba la serena escena de la calle por la que iba conduciendo. Era justo lo contrario a mi modesto apartamento. Me gustaba mi hogar, incluso a pesar de toda su soledad de magnolia, pero no era comparable a aquellos.

«Alguien está forrado», recuerdo que pensé al enfilar el camino que entraba y luego salía de la propiedad a la que me habían enviado. Desde luego, no fui tan inocente como para pensar que el dinero es sinónimo de unos niños bien atendidos. También los padres ricos pueden descuidar a sus vástagos. Es solo que no se ve tan a menudo. O quizá nadie se atreve a denunciarlo.

Me acerqué a la puerta principal sin sospechar siquiera que tres meses después me trasladaría a esa misma casa. Me detuve en el grandioso pórtico con un delgado informe recién redactado sobre dos niños gemelos, de nombres Oscar y Noah, cuya madre acababa de morir. Había pasado toda una semana y su padre estaba ilocalizable. Puesto que nos habían comunicado que era militar, solo se trataba de una visita de rutina para comprobar cómo había organizado la familia el cuidado de los niños. En aquel entonces yo no comprendía por qué se había marchado el padre dejando a una esposa enferma. Ahora me doy cuenta de que no tuvo alternativa.

—Pase, por favor —me dijo con resignación la mujer que abrió la puerta. Iba elegantísima y era delgada como un palo, con el pelo no del todo gris y recogido en un moño suelto. Una chaqueta de punto rosa colgaba de sus huesudos hombros. Me dijo que se llamaba Margot y me animó a entrar.

En aquella casa podía olerse el dolor, pero la mujer lo mantenía a raya con una dignidad que la hacía parecer fría aunque más que valiente. Los hechos eran estremecedores. Su hija acababa de morir de un cáncer de páncreas. No había nadie más para cuidar de los niños, solo ella. Su yerno era militar y en esos momentos estaba destinado en una misión de alto secreto. La Armada se negaba a poner en peligro la seguridad nacional comunicándole a él la noticia, ni a ninguna otra persona su paradero. Tendría que esperar a volver a casa para enterarse de la muerte de su mujer y punto.

—No es que Elizabeth y James no estuvieran preparados para lo inevitable —me explicó Margot—, pero no eran conscientes de que sucedería tan pronto. El embarazo acabó con ella, si quiere saber mi opinión.

Eso hizo que se me dispararan todas las alarmas. En su papel de cuidadora principal, ¿guardaba la abuela resentimiento hacia los bebés?

Estábamos en la cocina y ella se colocó junto a la puerta de atrás para mantenerla abierta con un zapato de tacón acharolado y se encendió un purito fino.

—No fumo cerca de ellos, por si le interesa.

—El tabaco siempre es una preocupación —dije con toda la compasión que pude. Acababa de perder a su hija. Pensé que un puro (nunca había visto a una mujer fumar puros) se podía perdonar.

—No le descubrieron el cáncer hasta que se quedó embarazada. Ella se negó a abortar. Después del parto empezó con la quimioterapia. Le dijeron que tendría un año con los niños, puede que dos. —Margot espiró un suspiro gris cuyas volutas entraron en la cocina con la brisa tibia.

Fuera había sábanas secándose. Era uno de esos escasos días de verano que, aun hablando de muerte, se negaban a estropearse.

—Pero se equivocaron. Supongo que ahora hay una parte de ella que sigue viva.

—¿Cuántos años tenía? —pregunté. No sabía qué más decir.

—Treinta y dos. Querrá usted ver a los gemelos. —Margot puso el purito a medio fumar bajo el agua fría del grifo y lo tiró a la basura—. Están durmiendo la siesta, pero podemos despertarlos. Pronto les toca el biberón.

—Me encantaría conocerlos —dije.

Dejé el informe y mi bolso en la mesa y seguí a Margot al piso de arriba. La casa era majestuosa pero, aun así, conservaba un toque hogareño y algo desaliñado. Recuerdo que me fijé en la alfombra de recargados dibujos de la escalera (una Axminster en escarlata y azul marino, supe después), que se veía muy desgastada en el borde de los escalones a causa de las décadas de uso. Las varillas metálicas que la sujetaban estaban algo deslustradas, faltaban un par de ellas. No mucho después, yo misma las repuse e hice que las limpiaran, pero la alfombra sigue estando ahí. Cambié alguna otra cosa cuando me mudé, sobre todo el color de una pared aquí o unas cortinas allá, pero no quise eliminar del todo el carácter de aquel hogar. Eso habría sido duro para James.

—Esta es su habitación —dijo Margot, y empujó la puerta despacio.

Había dos cunitas colocadas una junto a la otra y arrimadas en ángulo recto a la pared del fondo. En la penumbra vi que uno de los niños ya estaba despierto y se removía un poco bajo una mantita de lana, en silencio. Se percibía un tenue olor a pañales sucios y Margot lo notó enseguida.

—¿Quién de estos dos corderitos es el que necesita que lo cambien? —preguntó, y encendió una lamparita de noche con forma de globo aerostático.

—Seguro que los dos —contesté yo, riendo.

Allí de pie entre las dos cunas me incliné sobre una y otra, ávida por saciarme de bebés nuevos. Era un auténtico placer realizar una valoración donde los niños claramente no corrían ningún peligro. No sabía a cuál de los dos dedicarle primero mi atención. El segundo niño había empezado a moverse también, así que metí una mano en cada cuna y les pasé la mano por su cabecillas casi pelonas.

—Ay, sois los dos una monada.

Sin embargo, a pesar de su evidente bienestar, de repente me invadió la tristeza, quizá más que si hubiese tenido que enviarlos a un hogar de acogida. Ese inesperado sentimiento se clavó en lo más profundo de mi corazón. Aquellos niños habían nacido con todo: una familia que los quería, una casa preciosa, mucho dinero, vidas llenas de posibilidades. Pero no tenían madre. ¿A quién querrían al crecer?, me pregunté. ¿A quién llamarían en plena noche? ¿Quién iría a sus recitales del colegio, quién les haría los disfraces para la función de Navidad, quién correría por ellos en la carrera de madres de la jornada deportiva? Sus ojos casi parecían negros en aquella luz tenue, como grandes guijarros, y me miraban fijamente. Solté un suspiro tan cargado que me dolió en la garganta.

Su abuela los levantó a uno y a otro por turnos y les olfateó el pañal.

—Eres tú, Noah, ¿a que sí? —Se lo llevó al otro lado de la habitación, donde estaba el cambiador, y masculló algo así como que siempre tenía que ser él.

—Y tú ¿cómo te llamas? —pregunté con esa voz que reserva todo el mundo para hablar con los bebés. Metí los brazos en la cuna y saqué de allí el pequeño fardito. Pesaba más de lo que imaginaba y su cabeza fue lo último que se separó de la sábana de felpa. Enseguida se la sujeté extendiendo los dedos bajo su nuca y acerqué su carita a mis labios. Sentí el suave vello de su piel, tierna y caliente, al darle un beso.

De pronto me estaba ahogando en amor, deseo, vacío.

Vi que Margot me miraba y enseguida me olvidé de mis ridículos delirios. Esa fue la primera y última vez que creí sentir (oler, incluso) la presencia de Elizabeth. ¿Se alegraba de tenerme a mí allí para que me encargara de sus hijos? ¿Sabía ella, aunque yo todavía no, que me convertiría en su madre? Lo único que yo sabía era que, cuando tuviera a mi propio bebé, nadie lo apartaría jamás de mi lado.

Entonces oímos un ruido en el descansillo. Un gemido ronco y descorazonador acompañado por el pesado golpeteo de unos pasos. Miré a Margot. Se había quedado inmóvil a medio cambio de pañal y su rostro se contrajo formando un mapa de arrugas cuando un hombre apareció en la puerta.

—¡Ay, James, cariño! —dijo, y corrió a su encuentro. Se dejó envolver por sus brazos y juntos lloraron en lo que debería haber sido un momento íntimo de dolor.

Me sentí incómoda y avergonzada. No sabía nada de esas personas y, aun así, me había colado en sus vidas. Me volví hacia Noah, solo, estirado en el cambiador. Era demasiado pequeño para darse la vuelta, pero no me gustaba ver a ese ratoncillo tan solo y vulnerable, así que me acerqué a él con Oscar aún en brazos y dándole la espalda a la puerta. Me pareció que hacía lo más correcto.

Oí suaves murmullos, sollozos que resonaban en el corazón y rudas palabras que hendían vidas. El llanto de un hombre es un sonido lastimero, casi peor que el de un niño. Los bebés tienen hambre, o se encuentran mal, o se aburren, o necesitan que les cambien el pañal. A ese hombre no le ocurría nada de eso. Estaba sumido en un dolor tan profundo como el mar, y nadie podía hacer nada para ayudarlo.

—Lo siento mucho, señorita... —Margot no terminó la frase.

Me volví para ver a suegra y yerno todavía abrazados. Yo sostenía a los dos niños, uno en cada brazo. No era poca cosa, los iba haciendo bailar un poco arriba y abajo.

—Brown —dije. En ese momento me pareció que no tenía sentido decirle que me llamara Claudia. No volvería a verlos. Solo era una visita para hacer cuatro comprobaciones.

—Siento muchísimo que haya tenido que presenciar esto. James acaba de enterarse.

Yo no hacía más que asentir con la cabeza para que la mujer no tuviera que repetir qué era exactamente eso de lo que James acababa de enterarse. Pero él aún tuvo presencia de ánimo para acercarse a mí y ofrecerme una mano. Su adiestramiento militar, supuse.

Y yo seguía asintiendo. No podía darle la mano con un bebé en cada brazo.

—James Morgan —dijo con una voz marcada por el dolor—. Gracias por venir.

En sus quedos susurros de un momento antes, Margot debía de haberle explicado que yo era trabajadora social. Nadie me había dado nunca las gracias por eso. La gente a la que visito suelen odiarme, quieren que me vaya, me lanzan cosas, me acusan de destrozarles la vida, de robarles a sus hijos o de intentar quitarles ayudas estatales. Cuando no son los padres a quienes intento ayudar los que me destruyen con su virulencia, entonces es el departamento mismo, o incluso la prensa, quien prueba suerte si las cosas no han seguido el plan establecido. En la mayoría de los casos, nadie llega a saber de todos esos niños cuyas vidas cambiamos a mejor, para siempre, ni del buen trabajo que hacemos con ellos.

—Es solo una visita rutinaria —comento—. Trabajamos en colaboración con los hospitales. —Esperaba que mi explicación de cómo había llegado yo allí no le hiciera enfrentarse a una imagen demasiado fuerte de los últimos días de vida de su mujer. Esos últimos días de los que no había formado parte.

James se acercó a mí y cogió a los niños de mis brazos. De algún modo fue simbólico, y también fue más o menos en ese momento cuando me enamoré de él. Al verlo con sus hijos en brazos, al estar en su casa y ser testigo justamente del día más terrible de su vida, al ver cómo se desarrollaba todo ante sus inconmensurables ojos (¡esos ojos que habían heredado los niños!), enamorarme de él fue algo tan natural como respirar.

Dos días después volvía a estar en su cocina. Le había dejado mi tarjeta por si necesitaba ayuda. Mi amor por él quedó afianzado en esa visita. Quería preguntarme qué opciones tenía para los niños.

—¿Opciones? —repetí yo.

En circunstancias normales habría pensado que era una excusa bastante mala para pedirme una cita. Por eso le había dejado mi tarjeta, a fin de cuentas, aunque no esperaba que me llamara, o al menos no tan pronto. Sin embargo, James estaba consumido por la tristeza. Su mujer acababa de morir. Lo que me pedía no era una cita, lo que buscaba sinceramente era mi consejo profesional en cuanto a sus hijos. Yo ya admiraba su estoicismo por cómo había recibido la noticia de la muerte de Elizabeth; de pronto se ganó también mi admiración, al ver que se daba cuenta de que no lo lograría él solo.

—Tengo que decírtelo —soltó mientras mirábamos cada uno nuestro café. Tenía los ojos enrojecidos—. Margot no quiere ni oír hablar de todo esto. —Agitó los brazos a su alrededor.

Se refería a esa casa, los niños, su familia—. Vive en Jersey. Con el resto de los Sheehan —añadió, imprimiendo a su voz lo que tal vez fuera un deje de amargura—. Si te digo la verdad, Margot y Elizabeth nunca se llevaron del todo bien. —Consiguió proferir una pequeña risa.

—¿Y eso? —No pude evitar curiosear un poco en esa relación madre-hija.

—Elizabeth era un espíritu libre, algo bohemia —me explicó con una tensa carcajada—. No vivía como los demás Sheehan, y desde luego no creía en su estilo de vida ni en su moralidad. Todos ellos están bien arropados por sus compañías fiduciarias, sus negocios en paraísos fiscales y sus tejemanejes de sociedad. Ella no se parecía en nada a sus tres hermanos. Trabajan todos en el negocio familiar. Ellos «son» el negocio familiar.

—Por lo que cuentas, Elizabeth era toda una mujer —dije. Admiro a cualquiera que se planta y defiende aquello en lo que cree. Pero James estaba siendo realista, práctico, franco. Y la sinceridad es algo que valoro en un hombre por encima de todo lo demás—. ¿Vas a dejar la Armada para cuidar de los niños? —Ahora que lo pienso en retrospectiva fue una pregunta bastante estúpida. Pero entonces no lo sabía.

—No voy a dejar mi trabajo —contestó con toda naturalidad—. Solo necesito encontrar la forma de que mis hijos estén atendidos cuando yo me vaya. Será duro.

—Pero quieres quedarte con ellos, ¿verdad? —Por mi mente pasaban ideas de toda clase. ¿Querría darlos en adopción? ¿Iba a buscar a una niñera interna? ¿Los enviaría quizá a un internado en cuanto tuvieran edad suficiente?

—Claro que quiero quedarme con ellos —fue su respuesta—. Solo que no sé cómo hacerlo. —Era evidente que James no tenía ni idea de cómo contratar a una niñera, ni a una *au pair* ni a ninguna otra clase de empleado doméstico—. Elizabeth era maravillosa —fue cuanto dijo—, ella se encargaba de todo.

Aquel hombre necesitaba ayuda, desde luego, pero no de la que yo podía facilitarle profesionalmente.

—Puedo ponerte en contacto con algunas agencias de confianza —dije—. Podrás entrevistar a niñeras internas. No será fácil, pero encontrarás a alguien, estoy convencida.

—Eso espero yo también —repuso él, y yo le perdoné que su mano se deslizara por la mesa hasta quedar encima de la mía porque no sabía lo que hacía.

Tres meses después me había mudado a su casa. Un año más tarde ya nos habíamos casado.

# 29

Llevo aquí poco más de una semana y la mujer de la limpieza volverá otra vez hoy por la mañana. Un viejo caserón como este parece toser polvo por todas partes, y cada pocos días Jan viene para arreglarlo. Hoy es la primera vez que charlamos de verdad; la primera vez que deja la aspiradora y su cubo de sprays a un lado.

—Yo conocí bien a Elizabeth. —Se abrocha la chaqueta—. No se parecía en nada a Claudia —confiesa desde la espuma de su capuchino. Por fin he aprendido a utilizar la cafetera—. Cuesta creer que el mismo hombre las eligiera a las dos por esposa.

Aguzo los oídos. No sé de Elizabeth mucho más allá de la información que recopilé en mi sesión de fisgoneo en el estudio de James, aunque nada de todo ello resultó ser lo que necesitaba. Lo único que sé, en realidad, es que fue la primera mujer de James y la madre biológica de los gemelos.

—Elizabeth era diferente del resto de su familia, eso sin duda. —Jan suelta una risa socarrona; le caía bien—. Adoraba a James por encima de todo. Estaba locamente enamorada de él y se pasaba por lo menos quince días mustia cada vez que él se marchaba a una misión. Se distraía en el trabajo y cogía el autobús para ir a la oficina descalza. Era abogada —añade Jan casi con orgullo, como si Elizabeth hubiese sido su hija—. Luchaba por los derechos de padres cuyos hijos habían sido secuestrados por otros miembros de la familia, eso hacía. Qué te parece. Un hombre robó a sus hijas y se las llevó a Omán. Su mujer, inglesa, jamás habría vuelto a verlas de no ser por ella. Tenía una ropa preciosa —sigue explicando Jan—. Colorida y soñadora, como ella. —Apura su taza.

Me sorprende que Jan me cuente esto. De repente me siento protectora hacia Claudia, como si necesitara toda la ayuda que pueda conseguir para competir con el vívido recuerdo de Elizabeth.

—Y luego estaba lo del dinero —me explica Jan. Por la forma en que se ha quedado ahí de pie veo que cree que debería estar trabajando pero no puede resistirse a compartir conmigo una o dos migajas de cotilleos más—. La familia de Elizabeth es muy rica. Tienen más dinero del que la gente como tú y como yo podríamos llegar a imaginar. En la vida —subraya—. El caso es que ella parecía no quererlo. Elizabeth no estaba de acuerdo con ninguno de los negocios que tenían con bancos, compañías y todas esas cosas que se hacen en esos cielos de los impuestos.

—Paraísos —corrijo—. Te refieres a los paraísos fiscales.

—Como se diga, el caso es que... —Se detiene a pensar un momento, apoyada ya en el tubo de la aspiradora—. Elizabeth era más pura. Habría detestado vivir de un dinero que no hubiera ganado limpia y éticamente. A veces hacía su trabajo gratis, para madres que no podían permitirse sus servicios. —Jan asiente con un breve gesto de la cabeza—. Entre tú y yo, me parece que a James se le encendieron simbolitos de libras esterlinas en los ojos cuando se casó con ella. Pasó muchísimo tiempo intentando establecer puentes entre Elizabeth y su familia: sus hermanos, sobre todo. A ellos les gustaba James, veían con buenos ojos su carrera militar y su opción política. ¡Pero, eh, mírame! No puedo estarme aquí parada charlando todo el día. —Levanta la aspiradora—. El de ellos es un mundo diferente, pero yo no te he dicho nada.

—No —contesto, pensativa.

—Mundos diferentes —insiste casi cantando, y está a punto de marcharse pero parece pensárselo mejor—. Elizabeth siempre me daba un extra en Navidad, ojo. —Se inclina hacia delante por encima de la aspiradora—. Doscientas libras en metálico —susurra con una cabezada de picardía—. Claudia no hace nada de eso, ¿sabes? Solo una caja de bombones y una tarjeta de felicitación barata.

No tengo ninguna intención de seguir por aquí en Navidad para descubrir qué clase de aguinaldo me dará Claudia, si es que me da alguno. Para entonces ya hará tiempo que me habré ido. Intento no pensar en la destrucción que dejaré tras de mí, en el período que seguirá a mi presencia en el hogar de los Morgan-Brown.

—Pronto dará a luz, ¿verdad? —digo, intentando descubrir cuánto sabe Jan sobre la fecha prevista de Claudia.

—Eso me has dicho tú —contesta mientras coge una galleta y sigue postergando su trabajo—, pero yo pensaba que todavía le quedaba un mes más, al menos según mis cálculos.

El corazón me da una voltereta en el pecho. Eso podría cambiarlo todo. Algo más de tiempo me vendría de perlas, pero también podría convertirse en una maldición. Cuanto más esté aquí, más probabilidades habrá de que me descubran. Tengo que saber exactamente cuándo sale de cuentas.

—Podría equivocarme —dice Jan con displicencia—. Las matemáticas nunca han sido mi fuerte. Pero créeme que va a ser una de esas madres posesivas y sobreprotectoras a quienes les gusta controlarlo todo. Seguro que te dará más trabajo ella que el bebé.

—¿Y eso?

Percibo el temblor de mi voz, pero no creo que Jan se haya dado cuenta.

—No me malinterpretes. Claudia me cae bien, pero es que no es Elizabeth. Digámoslo así: ha tenido muy mala suerte en la vida con todo lo relacionado con los hijos. Creo que eso la tiene un poco amargada.

—No te entiendo. —Finjo—. Parece muy feliz. —Intento no pensar en Cecelia, pero no puedo impedir que las llamas de su pelo, el rigor de su ira, el tamaño de su decepción y su consiguiente furia se cuelen en mi pensamiento.

—Ha perdido tantos bebés que me parece que casi había tirado la toalla con esto de concebir. —Jan asiente como el que sabe un secreto, luego cruza los brazos sobre el pecho—. Abortos naturales y niños que le nacieron muertos, uno detrás de otro. Pam, pam, pam, todos. Me lo contó ella misma. —Sus brazos salen disparados hacia fuera como para simbolizar a esos niños evaporados en el éter.

—Entonces, tuvieron unos primeros años de vida matrimonial bastante turbulentos.

—Qué va —exclama Jan—. No ha perdido a ninguno con James. Todo eso fue antes de que se casaran.

No logro imaginar a Claudia abriéndole el corazón a la mujer de la limpieza, pero, claro, a lo mejor la alegría de llevar por fin un embarazo a término hizo que quisiera proclamarlo a los cuatro vientos. Recuerdo la caja que encontré en el armario y su aciago contenido y me siento aún peor por lo que voy a hacer. Me digo que tengo que mantener las distancias, actuar con frialdad, o no conseguiré llegar al final. Más tarde, cuando Jan me grita que se marcha y, canturreando, añade que volverá mañana, le escribo un mensaje de texto a Cecelia. Como siempre, lo acabo borrando.

Más tarde aún, en la entrada del colegio, me acerco a Pip con sigilo. El patio congelado se va llenando poco a poco de cotilleos y rumores a medida que las madres, y algunos padres, se reúnen para recoger a sus hijos. Pip está charlando con varias madres a las que no conozco. Quiero preguntarle una cosa de Claudia. Podría cambiar mucho el panorama.

—Ay, Dios mío. ¿Y ella está bien? —exclama Pip con cara de preocupación cuando le explico brevemente lo del accidente del otro día—. Tendrías que habérmelo dicho. ¿Quieres que me pase luego?

—Ella está bien. Ha ido a trabajar.

Veo la sorpresa en la cara de Pip, que se abraza a su barriga con compasión.

—No fue tan grave como parece. De todas formas, Claudia se negó a que la viera un médico. —No le digo a Pip que, en realidad, lo que me impidió insistirle más en ir a urgencias fue mi miedo a que la policía se metiera de por medio—. Casi pensé que le habría provocado el parto, pero no. —Sigo hablando con ligereza, como si no pasara nada.

Pip no comparte mi desenfado.

—La llamaré esta tarde —dice muy seria. Es evidente que está molesta conmigo.

—Te lo agradecerá, seguro. —Llevo todo el día dándole vueltas a la cabeza desde que anoche descubrí a Claudia en el desván. Desde entonces he tenido la insistente sensación de que no estaba buscando ese libro que me dijo. Además, en mi cuarto había cosas movidas de sitio, de eso estoy segura. Yo esas cosas las noto aun sin querer. Me muero por saber si Claudia le ha dicho a Pip algo de mí, pero no sé cómo sacar el tema.

—Ahí está Lilly —le digo cuando su niña sale trotando del colegio con un dibujo en la mano; la pintura todavía está húmeda y le va rozando la pierna.

—Ojalá les dieran tiempo para secarse —protesta Pip mientras Lilly lo sacude de aquí para allá.

Los gemelos salen poco después, pero ninguno de ellos lleva ningún dibujo.

—Y vosotros, niños, ¿no habéis pintado nada para llevar a casa? —Le guiño un ojo a Pip mientras, por dentro, doy gracias.

—Hemos hecho un dibujo juntos pero nos han reñido y hemos tenido que sentarnos en el rincón toda la clase —dice Noah, casi con orgullo.

—¿Y eso?

—Me ha obligado él. Yo no quería. —Oscar está a punto de llorar.

—¡No es verdad! —le grita Noah.

—¡Que sí! Mamá, dile que... —Oscar pone cara de avergonzado al darse cuenta de su error. Yo le sonrío con calidez, aunque oírlo llamarme «mamá» no hace más que aumentar mi creciente sentimiento de culpa.

Noah sigue con la historia.

—Hemos hecho una pintura del hombre malo que le arrancó el bebé a la señora.

El frío clava agujas en mis ojos cuando se abren de golpe, conmocionados. ¿Qué están diciendo? ¿Qué es lo que saben? Solo son niños.

—Eso es horrible —exclamo, intentando mantener la calma.

—Hale, los niños para ti —dice Pip mientras le revuelve el pelo a Oscar. Se vuelve hacia mí y, en voz baja, me explica—: A lo mejor nos oyeron a Claudia y a mí hablando el otro día. Ya sabes, de lo de esas pobres chicas. Ha salido en todas las noticias. En nuestro estado nos fijamos más. —Coge a Lilly de la mano y se despide de mí con la otra—. Dile a Claudia que la llamaré luego.

Asiento, incapaz de decir nada. Todo parece presionarme.

Los chicos están haciendo otro dibujo. Les he dicho que pinten un autorretrato para regalárselo a su madre. He pensado que así expiarían el truculento tema que han elegido en el colegio. Los dejo en la cocina, dos figuras encorvadas sobre una isla de periódicos, mientras yo subo rauda a mi cuarto. Antes no se me ha ocurrido comprobar la cámara. Mientras subo la escalera me reprendo: por dejar que Cecelia me distraiga, por dejar que se entrometa. ¿Cómo puedo haber sido tan tonta? A partir de ahora, o la cámara se viene conmigo a todas partes o se queda escondida en algún lugar menos evidente que el armario.

Unos instantes después respiro aliviada al ver que todas las fotos siguen en la tarjeta de datos. No tengo forma de saber si Claudia las ha estado mirando. Si la ha visto, estará intentando entender cómo he entrado en el estudio de James. Se preguntará cuándo las hice y, lo más importante, por qué.

Escojo una foto al azar y la aumento. Se me seca la boca y el corazón empieza a latirme a un ritmo desenfrenado. ¿Qué habrá pensado Claudia si las ha visto? Primeros planos del informe sobre esa chica embarazada. El nombre de Carla Davis se ve claramente impreso en lo alto de la página. La imagino encarándose conmigo, gritándome que he estado espiando en sus cosas, que he hurgado en asuntos que no me incumben, exigiéndome saber qué he hecho; no, qué pienso hacer. Me imagino a mí huyendo. Imagino a esa pobre chica mutilada, rajada, desangrándose hasta morir.

Es más de lo que puedo soportar. Bajo la escalera como el rayo y me encuentro a Claudia en la cocina, sentada entre los dos niños. Está admirando sus retratos.

—Zoe nos ha dicho que no pintemos asesinos, mamá —explica Noah con rencor, mirándome a mí a los ojos.

Yo estoy en el umbral, jadeando como si hubiese tenido que correr para escapar de una muerte segura. La correa de la cámara sigue enrollada en mis nudillos.

—Pues Zoe tiene razón, cariño —dice Claudia sin apartar la mirada de mí. Sus ojos van de la cámara a mi rostro, como si buscara pistas.

No tengo ni idea de hasta dónde sabe.

# 30

Lorraine se preguntó si aquello era lo que se sentía al ahogarse. Un hormigueo le colapsaba los sentidos, toda ella buscaba tierra, buscaba aire, intentaba hacer pie en terreno conocido. No lo conseguía. Lo único que percibía era una cacofonía compuesta por una sobrecarga de retazos disparatados que la hacía querer acabar con aquel interrogatorio antes incluso de empezar.

—¿Sería posible apagar...? —Lorraine miró a su alrededor en busca de la fuente de ese soniquete o, mejor dicho, soniquetes, porque no oía uno o dos, sino por lo menos tres capas diferentes de barullo.

—Lo siento —dijo la mujer. Sus manos salieron disparadas por el aire para acompañar su sonrisa teatral—. Pero es que necesito mi ración diaria de noticias y no puedo vivir sin Chopin cuando trabajo. —Se internó más en la habitación, si es que eso era posible, porque estaba a rebosar de cosas, y sacó un iPod de su base. Lo lanzó al sofá y, al verlo hundiéndose como se hundió tras los cojines, como una piedra en arenas movedizas, Lorraine intuyó que quizá no volvería a ser visto. Después la mujer apagó un transistor. Y todavía se oía algo más—. Se me olvidaba que también había encendido eso. ¿Le gusta el death metal?

—No puedo decir que sea mi estilo —confesó Lorraine. Había oído a Stella hablar una vez de esa música, y le alegró recordar que con bastante desprecio. Por fin, silencio—. ¿Podemos sentarnos?

—¡Ay, claro! —exclamó la mujer, por lo visto avergonzada de no haberlo propuesto ella misma. Su mirada recorrió toda la habitación con angustia y, cuando se posó en una mesita ovalada y llena de trastos, sus brazos entraron en acción. La despejó con dos diestros movimientos en arco, sin inmutarse siquiera por el caos que desplazó al suelo—. Podemos sentarnos aquí. Prepararé un café. —Prácticamente se puso a saltar y dar palmadas de emoción.

Lorraine rechazó la bebida. Aquella pobre criatura le despertaba un poco de lástima, pero también sentía cierto recelo. Existía un vínculo entre ella y Sally-Ann Frith, por mucho que Lorraine no tuviera demasiadas esperanzas de sacar ninguna pista útil de esa entrevista. Aun así, era su obligación hacerla.

—No, gracias, de verdad —repitió, pero la mujer ya había desaparecido en el hueco que ocupaba la cocina en aquel piso minúsculo y estaba revolviendo entre el detritus en busca de unas tazas. Lorraine se apoyó en la pared, resistiéndose a sentarse hasta que no la obligaran a hacerlo. Era evidente que la mujer iba a tardar todavía un buen rato, así que tendría que lanzarle las preguntas mientras estaba ocupada—. ¿Cómo se apellida usted, Cecelia?

La mujer se volvió y se quedó mirando a Lorraine como si le hubiese pedido que se desnudara. Su melena rebelde danzaba en el rayo de luz que entraba a través de una ventana circular con vidrieras que había sobre el fregadero.

—Paige —dijo en voz baja—. Me llamo Cecelia Paige. —Lo confirmó asintiendo con la cabeza, y acto seguido la metió en una diminuta nevera y mascculló algo sobre la leche, que a lo mejor se había estropeado.

—¿Y cuánto hace que conoce a Liam Rider?

De nuevo se volvió y se detuvo. Su inmovilidad parecía indicar que era incapaz de hacer café y hablar a la vez.

—Liam —dijo, casi como si nunca hubiera oído hablar de él—. Es del trabajo, en la escuela de estudios superiores.

—Sí, eso ya lo sé. Pero quisiera saber cuánto hace que lo conoce.

—¿Conocer «conocer», o solo conocer...?

—Las dos cosas —repuso Lorraine.

—Hace poco más de un año que imparto mi curso en esa escuela. Con el tiempo empiezan a sonarte las caras, te encuentras con gente... en la sala de profesores, en el bar, en la biblioteca, en el aparcamiento. Por ahí. —Cecelia le quitó el tapón a la leche, la olfateó y arrugó la nariz—. La primera vez que vi a Liam fue en la sala de la fotocopiadora. Se le había atascado. —Volvió a tapar la leche y la agitó con brío—. Yo se la desatasqué. —Levantó la botella de plástico hacia la luz y asintió con aprobación—. De una patada —susurró—. Ya sabe cómo va eso. Nos pusimos a charlar. Nos hicimos amigos.

—Sabía usted... Sabe que Liam Rider está casado.

—Claro que sí. No me habría ligado a un soltero.

El corazón de Lorraine aceleró instintivamente y golpeó su pecho con más fuerza de lo normal.

—Y eso ¿por qué? —Se preguntó si ese también sería el razonamiento de la fulana de Adam.

—Porque lo único que quería era un poco de esperma, no un hombre entero.

Lorraine rezó por que no fuera ese el propósito de la fulana en cuestión. La idea de que Grace y Stella tuvieran hermanastros y hermanastras era... bueno, no sabía lo que era porque acababa de pensarlo por primera vez, pero de momento no era una sensación agradable.

—En ese caso, ¿no podría haber acudido a un banco de esperma?

—Podría —respondió Cecelia—. Aunque acaba saliendo caro. —Un café alquitranado empezó a gotear en la jarra de cristal de la cafetera. Lorraine intentaba obligarlo mentalmente a que cayera despacio para no tener que bebérselo—. Pero así es... fue... más personal. Y divertido, mientras duró. No se preocupe, no es que tuviéramos relaciones sexuales exactamente.

Lorraine no hizo ningún comentario. Desde luego, no le preocupaba en absoluto si habían tenido o no relaciones, aunque la declaración de Russ Goodall hacía pensar que sí habían estado liados.

—¿Conoce a una tal Sally-Ann Frith?

—Claro —dijo Cecelia, como si la conociera todo el mundo—. Esa zorra —añadió.

—¿Cómo? —El corazón de Lorraine volvió a apretar.

—Bueno, es evidente que era una zorra. Era la otra querida de Liam. Y, para acabar de arreglarlo, la muy imbécil se había quedado embarazada. —Lorraine vio que se tomaba un momento para tranquilizarse, como si aquello se estuviera poniendo demasiado intenso para su gusto. Tenía un autocontrol impresionante—. En fin, el caso es que mi vínculo con Liam era más emocional que otra cosa —añadió Cecelia—. No me despertaba lo necesario para una relación física, aunque es más bien atractivo. También es bastante mayor que yo. Pero cuando me dijo que había estudiado matemáticas en Cambridge, supe que era el adecuado. De eso hacía ya mucho tiempo, desde luego, pero era una prueba de su inteligencia. Y yo quería un esperma guapo y listo. —Suspiró.

—Pues mucho me temo que no estudió en Cambridge —dijo Lorraine, completamente incapaz de evitar el gesto triunfal que realizó solo por dentro. Además, a ella tampoco le había parecido tan atractivo—. A causa de... todo esto, lo hemos investigado a fondo. Se sacó el título de contabilidad en la politécnica de Uxbridge, en 1983. Se ha divorciado dos veces. No estoy segura de que sea tan listo.

Cecelia se encogió de hombros.

—De todas formas sus espermatozoides debieron de morirse, porque no funcionó.

—¿No funcionó?

—Bueno, no se quedó embarazada, ¿verdad?

Lorraine miró a Cecelia, que acabó de enjuagar dos tazas y luego las dejó en la mesa junto a la jarra de café y la botella de leche cortada. Sacó también un paquete de azúcar del que salía una cucharilla recubierta por una costra dulce.

—Vamos a sentarnos. Yo soy más del té de media tarde. —Cecelia se alisó el vestido verde jade antes de acomodarse con cuidado en una silla de madera pintada de rosa. Lorraine se sorprendió accediendo a la invitación mientras Cecelia servía el café—. ¿Leche? —ofreció con la botella preparada.

—Lo tomaré solo —repuso la inspectora, apartando la taza. Vaya, hombre, al final tendría que bebérselo. Por lo menos intentaría que llevara la menor cantidad de bacterias extra posible—. ¿Quién no se quedó embarazada con el esperma de Liam? —preguntó.

No era la conversación que había imaginado esa mañana. Además, aunque todas las señales hacían pensar que estaba trastornada, Lorraine no discernía si eran solo rarezas de genio creativo que acumulaba su psique, o bien algo más siniestro.

—Heather, mujer. Debió de hacerlo mal. Yo le expliqué cómo se hace.

—¿Quién es Heather?

En ese punto, Cecelia se desmoronó en su silla. Su cuerpo pareció desinflarse bajo el vestido.

—Heather se ha ido de casa —dijo con tristeza—. Me ha dejado.

—¿Vivía aquí? —Lorraine se preguntó cómo podría siquiera un ratón vivir allí con ella. Si aquel batiburrillo de trastos no expulsaba al otro ocupante del piso, la personalidad de Cecelia sin duda lo conseguiría.

—Evidentemente... si ahora se ha ido.

Lorraine estaba segura de que eran lágrimas lo que veía en los ojos de Cecelia, aunque parecía estar envuelta en una especie de aura borrosa, como si estuviera cubierta de un rocío destellante o se hubiera dado friegas con un bálsamo exótico. La dejó continuar.

—No sé vivir sin ella. ¿Sabe lo que es perder a la persona a quien más quieres en este mundo?

A Lorraine le hubiese gustado decir que acababa de descubrirlo, pero se quedó callada. Si le iba a abrir su corazón a alguien, estaba claro que no sería a Cecelia Paige.

—El caso es —continuó ella— que lo vi venir hace ya tiempo, antes incluso que Heather, si le digo la verdad. Las cosas se estaban poniendo... tensas entre nosotras. Y le diré más: yo creo que mi deseo de tener un hijo la desgastó. De nosotras dos, ella nunca ha querido tenerlos de verdad, ¿sabe? Yo, en cambio, casi nací queriendo uno. Ahora estoy sola, jamás seré madre, ¿a que no?

Lorraine se tomó un momento para valorar lo que acababa de oír, pero se atascó con la estrambótica imagen de una niña cuidando de un niño y, al igual que el personaje mismo de Cecelia, nada de aquello le cuadraba.

—Es duro cuando no se tiene a un hombre, no sé si me entiende —dijo Cecelia. Lorraine asintió como diciendo que sí, que la entendía. No era una situación tan extraña en la actualidad—. Hay que pensar en otras formas de tener hijos. Ya no todas las familias son mamá, papá y dos coma cuatro hijos, ¿sabe?

—Cierto —repuso Lorraine.

—De todas formas, Heather es más que generosa y quiso ayudarme en todo lo que pudo después de mi operación del año pasado. —Cecelia hizo una pausa para beber un poco de café. Lorraine vio que en sus mejillas aparecía unos instantes un rubor escarlata que desentonaba con su pelo—. Siempre he tenido unos espantosos problemas de salud femenina, que al final acabaron en una histerectomía completa. Pensé que iba a morir. Eso explicaba por qué no había logrado quedarme embarazada. Y ahora ya no tengo posibilidad.

Las palabras «salud femenina» las había susurrado.

—Lo lamento mucho, Cecelia —dijo Lorraine con sinceridad. No estaba muy segura de que su historial médico fuese esencial ni pertinente, pero de todas formas siguió adelante con el tema—. ¿O sea que Heather se ofreció para gestar el bebé por usted?

—Sí. Dijo que podía utilizar su útero. Yo ya me había gastado una barbaridad dinero en muestras de esperma, pero después de la operación tuve que darme por vencida. Heather fue un encanto. No podíamos permitirnos seguir pagando ese esperma tan caro y selecto de médicos y catedráticos, así que ella decidió... —Cecelia dudó un momento, incómoda con lo que estaba a punto de decir—. Bueno, Heather decidió ir por su cuenta a buscar el bebé, no sé si me entiende. Me dijo que haría lo que hiciera falta.

—Entiendo —repuso Lorraine, aunque no comprendía nada—. ¿Y qué era lo que tenía pensado exactamente?

—Mire, iba en contra de todo en lo que ella cree, todo lo que defiende, pero estaba dispuesta a hacerlo por mí, ¿no? —De la garganta de Cecelia escapó un pequeño sollozo, como si llevara meses allí atrapado—. Está dispuesta a hacerlo por mí —añadió, cambiando el tiempo verbal.

—¿Todavía intenta quedarse embarazada? ¿No me ha dicho que se había ido de casa?

—Así de generosa es —sentenció Cecelia—. Su último intento volvió a fracasar y ahora está casi tan desesperada como yo.

—¿Muy... desesperada? —preguntó Lorraine, que se sentía más incómoda a cada minuto.

Cecelia se levantó y fue directa al caos de objetos que había tirado de la mesa. Se cernió sobre ellos antes de aplastar sin querer con su tacón de aguja verde algo que parecía un broche de elegantes gemas.

—Ay, qué desastre. Esto acabará con mi reputación.

Lorraine se quedó mirando los fragmentos relucientes.

—¿Lo ha hecho usted? —preguntó, consciente del precario estado de ánimo de la mujer.

—Sí, claro. —Se volvió para mirarla con un brillo en la mirada—. Aunque ahora ya no lo comprará nadie, ¿no? —Recogió los pedazos y los dejó caer de sus dedos en una mini cascada de azul eléctrico y bronce—. El negocio me va bien. Me llegan pedidos de tiendas de Londres. Habrían pagado quinientas libras por este. Eso es otro frasquito de esperma, ¿sabe?

—Su trabajo es precioso. —Lorraine lo decía en serio. No pudo evitar agacharse a recoger un par de piezas que sin duda acabarían aplastadas también bajo algún otro tacón—. Es muy original. —Levantó una cadena de cordón de plata en la que se balanceaba un pesado colgante—. Tiene un aire muy místico. —Le gustaba. Era diferente. Ojalá Adam la sorprendiera de vez en cuando con algo así por su cumpleaños, o en su aniversario. A veces daba la sensación de que no la conocía lo más mínimo.

—La piedra en la que está sentada es una gaspeíta tallada. ¿No le encanta ese color verde? Es como el relleno de un bombón de menta. —Cecelia ya estaba otra vez en el suelo, revolviendo en aquel desbarajuste—. Este broche de mariposa va a juego. —Lo levantó en alto y unió ambas piezas. Lorraine tenía que reconocer que las dos eran impresionantes. El hada desnuda estaba sentada sobre la gema en una pose retorcida y alzaba los brazos hacia la soga de plata. Lorraine la imaginó mirando con ojos implorantes al rostro de la portadora—. Es un hada sin alas y necesita la mariposa para volar.

—Ya veo —dijo Lorraine, convencida de estar oyendo la voz de Adam metiéndose con ella por ser tan extravagante. Miró a Cecelia, postrada de rodillas y manos; de pronto parecía lamentar haber tratado así su mesa de trabajo.

—¿Sabe qué fue lo último que me dijo Heather? —preguntó entonces, llevándose un anillo rojo escarlata a los labios. Lorraine pensó que parecía una gota de sangre—. Me dijo: «Tendrás un bebé». Tengo que creer en eso, inspectora.

—Ha sido una experiencia de lo más surrealista —le explicó Lorraine a Adam. Había estado a punto de comentarle lo mucho que le habían gustado sus joyas, pero no quería remover las cosas. Antes de salir del piso, Cecelia había intentado regalarle el juego del hada y la mariposa, pero ella se había negado, alegando que no sería ético. De todas formas, siempre se alegraba al recibir los vales regalo, el perfume o lo que fuera que Adam solía regalarle.

—Pero, aparte de tomarte un café a media mañana con una excéntrica obsesionada con los niños, ¿has descubierto algo interesante?

—Pues sí —dijo Lorraine—. Y tienes razón. Es exactamente eso: está desesperada por conseguir un niño y tiene un carácter muy extravagante. Por lo visto hace poco que se ha separado de su compañera, Heather, que todavía está intentando «conseguirle un bebé», cueste lo que cueste.

—Entonces tenemos que hablar con esa Heather. ¿Te ha dado Cecelia su nueva dirección? —Adam escribía un mensaje de texto mientras hablaba.

—Bueno, cuando se la he pedido, ha respondido con vaguedades y luego se ha callado. Me ha dicho que ya ni siquiera sabe dónde trabaja. Aparte de lo del bebé, parece que su ruptura es total.

—¿Has salido de allí sin datos para el seguimiento? —Adam dejó el móvil.

—Sí, Adam. Eso es exactamente lo que he hecho.

Molesta, Lorraine se lanzó hacia el cuenco de semillas que Adam tenía en su escritorio. Él le apartó la mano con una palmada antes de que pudiera coger un puñado.

—No te gustarán —dijo.

—Cecelia me ha confesado que siguió a su ex después de la última visita —continuó explicando Lorraine—. Tendrías que conocer a esa mujer para entenderlo —añadió mientras recordaba la expresión de dicha que había puesto Cecelia al ser capaz de darle una dirección donde encontrar a Heather.

«Es un sitio pijo —había dicho con orgullo, o con un deje de celos, Lorraine no estaba segura—. Una casa enorme de verdad en una calle encantadora. Ella ni se imaginaba que la estaba siguiendo.»

Cecelia se había dado unos golpecitos a un lado de la nariz y había soltado una risilla infantil.

«Verá, es que todavía tengo a Ernie. Heather me lo compró hace un año, después de mi operación.»

«¿Ernie?», había preguntado Lorraine con incredulidad.

«Mi coche, mujer. Un pequeño Fiat.»

La inspectora había asentido despacio, preguntándose qué vendría después.

«La seguí a bastante distancia, aminoraba y paraba cuando tenía que hacerlo. Heather se tambaleó una o dos veces en su bicicleta al llegar a un cruce, pero conseguí seguirla hasta ese sitio. —Cecelia había anotado la dirección y se la había dado a Lorraine—. Le está yendo bien en la vida, mire.»

Lorraine había tenido que leer la calle y el número de la casa dos veces antes de guardarse el papel en el bolsillo. Todavía no estaba segura de qué implicaba todo aquello.

—De todas formas —le dijo a Adam—, Cecelia no puede estar segura de que esa casa sea donde vive Heather. Simplemente lo da por hecho, nada más. Su nombre completo es Heather Paige. El mismo apellido que Cecelia.

—Entonces, ¿se han inscrito como pareja de hecho y todo eso?

Lorraine asintió, preguntándose a quién le habría enviado Adam el mensaje de texto.

—Supongo. ¿Es que no me lo vas a preguntar? —No podía creer que todavía no hubiese reaccionado.

—¿Preguntarte el qué? ¿Por qué estás danzando como un gato sobre una barbacoa? ¿Por qué tienes las mejillas encendidas? ¿Por qué veo en tus ojos un destello del tamaño de Venus?

Lorraine sacó de su bolsillo el papelito y se lo pasó a Adam, que comprobó la dirección y se detuvo a pensar un momento. Cuando levantó la mirada, también en los ojos de él se veía una luz grande como un planeta.

—¿A qué estamos esperando? —dijo mientras empujaba el cuenco de semillas hacia Lorraine.

# 31

Una vez llegó un punto en que pensé que no sería capaz de seguir adelante con mi trabajo. Al echar la vista atrás veo que fue una época sombría, fría y deprimente, pero es algo que de verdad pienso que tenía que pasarme. Si no, no sería la mujer que soy ahora. Fue parte del gran viaje de la vida, y no soy la única que lo ha vivido. Estoy convencida de que todos estamos aquí por un motivo, un fin supremo, y nuestra misión es no salirnos de la senda correcta, o incluso descubrir cuál es, para empezar. Pip, por lo visto, tiene otras ideas.

—Chorradas —dice—. Madre mía, cómo me bebería una copa de vino.

Miro mi reloj.

—Espero que sean rápidos. Tengo muchísimo que hacer en la oficina.

Intento llamar la atención del camarero, pero hasta ahora se le ha dado muy bien ignorarnos. Está claro que piensa que dos mujeres tan embarazadas no pueden tener prisa. Pip a lo mejor no tiene nada previsto esta tarde, aparte de dormir la siesta, pero yo tengo dos visitas a domicilio, una reunión de departamento y tres informes que redactar antes de volver con los niños.

—Y no son chorradas. Es lo que yo creo. Bueno, da igual, ¿qué vas a pedir?

Solo he aceptado comer con ella porque la he encontrado... bueno, triste, supongo. Es porque comprendo cómo debe de sentirse, porque lo sé, por eso he hecho un hueco para bajar hasta Orlando's a comer deprisa con ella. Al terminar la breve conversación telefónica que hemos tenido antes estaba convencida de que tenía algo grave que comentarme.

—Y no vas a tomar nada de vino. No lo permitiré. —Le doy una patada en broma por debajo de la mesa.

Pip protesta y el camarero por fin nos trae las cartas y anota qué queremos para beber. Al pobre chico se le ve impresionado con nuestros barrigones, a lo mejor está asustado por tener que traernos la comida a las dos a la vez. Ambas nos echamos a reír cuando se esconde tras la barra.

—¿Has visto qué cara ha puesto? —digo.

—No tenía precio —contesta Pip con una sonrisa, aunque sé que está pensativa.

—Lo siento, Pip. No pretendía ponerme a pontificar. Es solo que tengo una opinión muy fuerte.

—No tienes que disculparte. Estoy preocupada por ti, nada más.

—¿Preocupada? ¿Por mí? —Lo digo con más incredulidad aun de la que siento.

Ha sido ella la que ha sacado el tema de mi trabajo mientras bajábamos juntas por la calle comercial. Me ha preguntado cómo llevo la parte emocional, además de los aspectos más prácticos de los casos que veo absolutamente todas las semanas. Después de sentarnos me he puesto a hablar de algunos puntos delicados que me inquietaron mucho durante el primer año o dos después de sacarme la plaza. No había sido mi intención explicarle todo eso, pero me había salido con naturalidad después de lo que estábamos hablando. Eso me ha llevado a afirmar que en la vida cada uno tiene una senda, se den cuenta de ello o no. Y supongo que me he puesto demasiado *new age* o religiosa para el gusto de Pip, aunque yo no soy así. Intentaba ser algo imprecisa para no tener que explicarlo todo. Esos temas todavía me tocan la fibra sensible.

—¿Y qué me dices de tus abortos y los niños que se te murieron al nacer? —me pregunta con cautela cuando nos ofrecen los panecillos—. ¿También formaban parte de esa «senda» de la vida?

Me pilla por sorpresa que haya mencionado eso, pero merece una respuesta meditada.

—No es que yo hubiera elegido esa senda —intento explicar—, pero si perder esos niños era «su» senda en la vida, me siento honrada de haber formado parte de ella.

Casi está de acuerdo conmigo. Veo cómo le funciona el cerebro mientras repasa toda la carta preguntándose si pedir los *linguini* con setas y vieiras o mejor la ensalada César de pollo, como siempre.

—¿Y te sientes honrada de formar parte de la vida de los niños con los que trabajas? ¿Cómo encaja eso en tu senda y en la de ellos cuando los apartas de sus padres?

Lo percibo como un ataque, pero tiene derecho a tener su opinión.

—Pip, eso no es exactamente así —empiezo a explicar, pero enseguida me doy cuenta de que, lo ponga como lo ponga, sí es así como va a sonar.

Me encanta comer con ella (desde que nos conocimos en la clase de yoga prenatal, Pip se ha convertido en mi mejor amiga), pero lo cierto es que hasta ahora nunca habíamos hablado sobre la ética de mi trabajo. Cuando baja uno al nivel básico de las cosas, a lo bueno y lo malo, la gente suele tener opiniones muy fuertes sobre lo que hago.

—Imagino que ellos no consideran tu paso por su vida como parte de su plan vital, solo digo eso. —Pip desdobla la servilleta y se la coloca en el regazo.

No sé por qué está tan sensible con temas sobre los que yo no tengo ningún control. Suspiro y me lanzo de cabeza.

—Unos dieciocho meses después de empezar en mi primer destino, cuando vivía en Manchester, tuve que cogerme una prolongada baja por enfermedad —le digo. Su rostro se relaja y me anima a continuar—. Acababa de descubrir que estaba embarazada. No cabía en mí de alegría. Era mi primera vez y llevábamos meses intentando concebir. —Pip empieza a sonreír, pero enseguida le flaquean las fuerzas. Sabe lo que viene a continuación—. El caso es que el estrés del trabajo me había estado afectando mucho. Estaba deprimida. No podía seguir adelante con el día a día. Empezar con las pastillas me ayudó, pero, al estar embarazada, no quise tomarlas mucho tiempo.

Espero a ver la reacción de Pip, pero ella se encoge de hombros como si nada y comenta:

—Todas mis amigas toman algún tipo de antidepresivo, o lo han tomado en algún momento.

—Las cosas empezaron a empeorar. No conseguía levantar cabeza por culpa de todo ese estrés, y sin duda no estaba en condiciones de tomar decisiones acertadas en el trabajo.

Cuando me acerco tanto a contárselo a alguien, siempre paro ahí. En mi cabeza, sin embargo, el espantoso horror de lo que hice sigue resonando con tanta fuerza como cuando mi supervisor me dio la noticia. A lo mejor si hubiese rellenado una casilla diferente, si hubiese escrito una frase diferente en mi informe final, si hubiese alertado a alguien de la gravedad de la desatención que sospechaba pero que no logré demostrar, a lo mejor la niña seguiría viva hoy. Tal como fueron las cosas estoy convencida de que la presión del caso, la muerte de la pequeña, la consiguiente investigación, la prensa cebándose conmigo como si fuera una especie de criminal... todo ello contribuyó a que perdiera el niño que esperaba.

—Pero, ya sabes —digo con ligereza—, fui a terapia, pasé por todo eso. Y aquí estoy. —He unido las manos y las aprieto con tanta fuerza que tengo blancas las puntas de los dedos.

Llegan las aguas y los palitos de pan. Cojo uno de inmediato para evitar que se me escape nada más. A Pip, a pesar de sus aparentes prejuicios, por lo que parece se le da muy bien escuchar. Yo intento cambiar de tema, pero no lo acabo de conseguir.

—Como maestra, tú tienes una responsabilidad parecida con los niños. A menudo nos llama el personal de algún colegio porque creen que un alumno podría estar sufriendo en casa.

—Gracias a Dios nunca he tenido que hacer eso —se apresura a comentar ella.

—Pero ¿lo harías, si sospecharas algo? —Me sirvo agua.

—Desde luego.

—¿Aunque supieras que separarían al niño de sus padres?

—Aun así, claro. —Pip alarga un brazo y me coge la mano—. Lo que haces, Claudia, es algo extraordinario. Nadie se da cuenta de que entras en el hogar de una familia con la cabeza clara y el corazón lleno de esperanza, y muy a menudo sales de allí con una tonelada de desesperación y un cargamento de papeleo.

Me río.

—Cuánta razón tienes. —Me maravilla ver cómo ha logrado resumir todos y cada uno de los días de mi vida—. Me llevaron al hospital —explico con serenidad. Las palabras han salido de la nada, suenan como si hablara otra persona. Ni siquiera a James le he explicado lo que sucedió. Se me va la mano a la boca, como si acabara de vomitar sobre la mesa—. Pero eso es personal —añado, como si así borrara el hecho de que se lo acabo de contar.

—¿A un centro de salud mental? —dice Pip con voz de película estadounidense. Creo que intenta imitar a una desequilibrada—. ¿Con camisa de fuerza y todo?

—Sí, a un centro psiquiátrico. Pero estuvo bien. Me hizo mucho bien. —En realidad no salí de la cama en tres semanas y no me hizo ningún bien. Las enfermeras me dejaban allí tumbada, diluyéndome en mi propio dolor. Cuando venía el médico me reñía y decía que tenía que levantarme y estar activa, participar en las terapias ocupacionales que ofrecían, relacionarme con los demás pacientes, asistir a las sesiones de grupo y ser normal, así en general. Yo le decía que, si fuese capaz de todo eso, no haría falta que estuviera allí—. Mira, no es tan siniestro como suena. El trabajo pudo conmigo, perdí el niño y sufrí una crisis. —Me doy unos golpecitos en la cabeza.

—Entonces te admiro un montón. —Creo que lo dice en serio—. Y seguramente eso hace que ahora ya no me preocupes tanto. —Me sonríe con franqueza.

—Bien —contesto. Lo último que quiero es tenerla todo el rato pendiente de mí.

Le sonrío cuando nos traen la comida. Mi *panini* de verduras con mozarella está quemando y viene servido sobre un lecho de ensalada con aliño. No tengo nada de hambre, aunque cuando he salido de la oficina me rugía el estómago. Pip ataca sus *linguini* y enrolla las pálidas cintas de pasta en el tenedor. Justo cuando va a metérselos en la boca se le resbalan todos. Suelta un suspiro y deja los cubiertos.

—Es que tengo la sensación de que las últimas veces que nos hemos visto estabas deprimida, o distraída —dice—. Pero creo que es porque James se ha ido y tú todavía te estás acostumbrando a Zoe.

En cuanto menciona a Zoe siento que me retumba el corazón en el pecho. Debería estar dedicando el poco tiempo que pasamos juntas a contarle lo que he descubierto en su habitación, a pedirle su opinión sobre esas fotos, la prueba de embarazo, la sangre de la sudadera. Abrirle mi corazón y hablarle de tiempos pasados y ya olvidados; explicarle monsergas sobre mi senda en la vida y las penas de mi trabajo no debería haber sido una prioridad.

Pero me parece mal hablar de Zoe, no sé por qué, y Pip solo diría que estoy sacando conclusiones precipitadas, que hago una montaña de un grano de arena. Pensaría que me lo estoy inventando, que estoy paranoica y que no pienso con claridad. Además, sé que Zoe le cae muy bien.

—Bueno, tú tampoco te vas a escapar tan fácilmente, señora Pearce. —Me obligo a coger mi bocadillo—. Cuando me has llamado esta mañana me ha dado la sensación de que eras tú la que estaba con el ánimo por los suelos. —Me fijo en su reacción—. Las ballenas varadas tenemos que ayudarnos, ya lo sabes.

Al oír eso se ríe.

—Estoy bien. Solo un poco aprensiva con lo del parto, pero no es nada que no haya hecho antes.

—¿Cómo fue con Lilly? —Me apetece mucho oír su historia—. ¿Fácil, rápido, te pilló desprevenida, fue algo interminable que duró días?

Pip enrolla otro tenedor y acaba manchándose la barbilla de salsa cremosa. Se limpia y sonríe.

—Terrible —dice—. Casi me muero.

—Ay, qué horror, Pip. —Había mencionado alguna vez que tuvo un parto con complicaciones, pero no tenía ni idea de que hubiera estado a punto de morir.

—Estaba sola cuando sucedió. Como era mi primera vez estaba completamente aterrorizada. El dolor era insoportable. —Pip se sirve más agua—. No conseguía dar con nadie.

—¿Cuando sucedió el qué? —Lo que necesito en realidad es oír hablar de un embarazo fácil, de un parto suave como una brisa y de un sueño de bebé que nace con una sonrisa en la cara.

—Eso —dice Pip, partiendo un panecillo. Hoy tiene un apetito voraz—. Ya sabes, el parto. El dolor. Ese dolor horrible, atroz, que te paraliza la espalda y te vuelve loca y no para nunca.

—Ah —digo, algo decepcionada—. ¿O sea que no hubo complicaciones?

—No. Mi parto fue de manual. Fue sencillamente horrible, y Clive no me contestaba al teléfono. Estaba en Edimburgo ese día. Juré que jamás tendría otro hijo, pero... aquí me tienes.

—Aquí nos tienes —digo, más asustada que nunca.

## 32

Por mucho que frote la sangre no sale. Está incrustada y es la guardiana de culpables secretos. El agua se tiñe de rosa bajo la espuma, así que echo más jabón en polvo sobre la mancha y restriego la tela con ganas. El lavadero del sótano traga a borbotones cuando quito el tapón. Aclaro la sudadera, la escurro y la sostengo en alto. Suspiro al ver el profundo cerco marrón anaranjado del hombro. Parece que voy a tener que coser el desgarrón. No se me dan muy bien los remiendos, así que, por una cosa o por otra, se va a poner hecha una furia cuando sepa que le he destrozado su parte de arriba preferida. Es la que siempre se pone para estar por casa, con la que llora viendo sensibleras películas en blanco y negro abrazada a una caja de bombones, la que tiene desde los dieciséis años. No sabe que me la llevé. Cecelia no estará contenta.

—Tendrías que haberlo puesto a remojo enseguida —dice Jan. Me doy media vuelta, ocultando mi sobresalto. Está de pie con las manos en las caderas, observando con ceño mis inútiles intentos de lavar a mano—. ¿Sangre? —pregunta.

—Sí —respondo, nerviosa. Manipulo la sudadera sin saber qué hacer, intentando doblarla para ocultar la mancha—. Seguramente la tiraré —añado, intentando indicar la poca importancia que tiene.

—Tonterías —insiste ella—. Trae, déjame ver.

Alarga la mano hacia la tela empapada, pero yo retrocedo, sosteniéndola contra mi pecho.

—No pasa nada, de verdad. Es viejísima. Se va a la basura.

—Entonces cometo el error de tirarla al cubo que hay en el sótano y, claro, Jan se lanza a por ella. Sé que solo intenta ayudarme.

—Lo que tienes que hacer es dejarla a remojo con un poco de peróxido de hidrógeno. —Vuelve a tirar la sudadera al lavadero y rebusca en el armario de debajo—. Juraría que aquí había un bote. —Un momento después se levanta con una sonrisa y una botella negra de plástico. La agita—. Con esto bastará. —Y lo vierte sobre la sudadera con un poco de agua.

—Gracias, Jan —digo con los dientes apretados—. Ya acabaré yo. Lo aclararé dentro de unos minutos.

—Uy, no, cielo. Déjalo ahí unas horas. ¿Has tenido un accidente? —Pesca el hombro ensangrentado con un meñique.

—Sí... Sí, justo —digo—. Me caí de la bici.

—Debes de tener un buen corte —comenta, pero yo le quito importancia y digo que solo es un rasguño—. Pues menudo rasguño —dice ella con incredulidad, mirando la sudadera y luego otra vez a mí—. Parece más bien un asesinato. —Entonces, antes de que yo pueda contestar nada o protestar, se vuelve escalera arriba—. Hasta la semana que viene —se despide.

No le digo que, si todo va según lo planeado, seguramente ya no nos veremos.

Decido seguir el consejo de Jan y dejar la sudadera a remojo. No hay nadie en casa que pueda hacerme preguntas sobre la sangrienta prenda, y Jan parece que me ha creído cuando le he dicho que me he caído de la bici. Embadurnar una sudadera de sangre ocupa los primeros puestos de la lista de estupideces que podría hacer mientras esté en esta casa. Llamar la atención de manera innecesaria no entra dentro de mis planes. La verdad es que no puedo permitirme que Claudia empiece a sospechar de mí. Es evidente que yo no querría que alguien con manchas de sangre en la ropa cuidara de mis hijos.

«Mis hijos», pienso, y entonces me viene otra vez Cecelia a la cabeza, gritándome porque le he destrozado su sudadera preferida de estar por casa y no soy capaz de darle un bebé.

Menudo descanso que Claudia se fuera a trabajar esta mañana. A juzgar por su palidez y lo cerca que está de su fecha, estaba convencida de que se quedaría en casa. Aunque no se queja demasiado del esfuerzo que le cuesta moverse, subir escaleras y hasta agacharse a recoger algo, lleva la frustración y el agotamiento escritos en la cara.

Al haber visto a Cecelia tan pronto después de haberme prometido a mí misma que no lo haría (adiós a mi autoimpuesta prohibición de contacto durante por lo menos un mes tras nuestra separación), estoy aún más convencida de que al final ha sido para bien que no me quedara embarazada. Cecelia no piensa lo mismo, claro.

Aprovecho que la casa está vacía para colarme otra vez en el estudio de James. Hoy me aseguraré de descargar las fotografías de la cámara y guardarlas bien. Estoy segura de que Claudia sospecha algo, de que estuvo curioseando entre mis cosas. No se me escapa lo irónico de la situación, y entonces giro la llave de la puerta del estudio.

—Bien —digo, todavía sin una idea muy clara de lo que estoy buscando—. ¿Por dónde empiezo hoy?

Me muerdo los labios y recorro el santuario de James con la mirada. Me pregunto si intuirá, allá en las profundidades del mar, que he entrado en sus dominios. Cuando vuelva a casa, ¿se le arrugará la nariz, rebuscarán sus ojos por toda la habitación al percibir un vago olor que yo haya podido dejar o descubrir algún objeto cambiado de sitio? La alfombra es de un rojo intenso y se nota mullida al andar sobre ella. Debo ir con cuidado para no dejar pisadas.

Tiro del cajón de un antiguo archivador de madera, pero, como sospechaba, está cerrado con llave. La última vez que estuve aquí peiné el contenido del archivador metálico, pensando que un compartimento ignífugo contendría los documentos más interesantes. Aunque algunos de los papeles que fotografié podrían resultar útiles estoy convencida de que todavía no he encontrado lo que necesito. Esta familia tiene dinero, de eso estoy segura, y estoy convencida de que les viene de los Sheehan. Pero necesito pruebas, muchas pruebas, y las necesito enseguida. Tengo que pensar en mi futuro.

Encuentro la llave del archivador de madera en un periquete. Está escondida debajo de una maceta que hay en el alféizar con una planta bastante seca. Abro con suavidad el primer cajón sin la menor idea de qué encontraré dentro, si es que encuentro algo, pero si quiero hacer esto bien, si quiero tener éxito («¡Ay, Dios, por una vez déjame tener suerte!»), tiene que estar aquí. Necesito ese «algo» tan esquivo, la prueba, el documento decisivo. Alguien como yo no tiene muchas oportunidades como esta. Si me paro a pensarlo, casi me lo han puesto en bandeja de plata. Por eso estoy tan nerviosa mientras saco la primera carpeta. Si la cago, si no salgo de aquí exactamente con lo que quiero, si me pillan antes de haber terminado, tendré que dar muchísimas explicaciones a la policía.

Extiendo el contenido de la primera carpeta sobre el escritorio de James. Son un montón de informes anuales (de una especie de fondo de inversión) desde 1996 hasta 2008. Saco una foto de cada uno con cuidado. Eso me lleva veinte minutos. Suspiro y me quedo mirando el archivador, que está repleto. ¿Qué voy a conseguir con esto? «Una vida mejor para ti», dice esa voz de mi cabeza que me atormenta con la parte buena y la parte mala de lo que estoy haciendo. No se ha callado un momento desde que respondí al anuncio de Claudia.

> Padres trabajadores buscan niñera cariñosa, amable y con experiencia para cuidar a dos gemelos de cuatro años y una niña que nacerá pronto. Habitación y baño propios en una bonita casa de Edgbaston. Alguna tarea doméstica, pero no la limpieza. Derecho a coche y fines de semana libres. Debe contar con formación reglada y referencias ejemplares. Incorporación inmediata.

«Es perfecto», recuerdo que pensé al ver el anuncio. Es absolutamente asombroso, una oportunidad como caída del cielo en el momento más adecuado, y había aterrizado delante de mí casi como si me hubieran elegido a dedo para el trabajo. De nuevo, río ante lo irónico de la situación. No es que yo quiera hacer lo que hago. De hecho, tengo pocas alternativas (ninguna alternativa) en este asunto. En la vida hay algunas cosas a las que hay que resignarse, y me di cuenta de ello el día en que me marché del piso de Cecelia, que resultó ser el mismo día que me trasladé aquí. Huir de un fuego para caer en otro.

Aun así, me consuelo, por lo menos estoy haciendo algo que merece la pena y evito el filo cortante que es la cruel lengua de Cecelia cuando no consigo llevarle lo que ansía con tanta desesperación.

Vuelvo a colgar la carpeta en su hueco y saco otra. «Seguro de vida», dice la etiqueta. Levanto las cejas. «Muy útil —pienso—. Espero que tengan muchos.»

Media hora después estoy esperando a que hierva el agua, como si no fuera más que una pausa cualquiera para tomar un té en un trabajo cualquiera. Miro por la ventana de la cocina hacia el cuidado jardín. Veo los árboles nudosos, despojados e invernales contra un cielo encapotado y triste. El borrón gris verdoso del césped es todo lo que queda de la diversión olvidada del verano. De pronto me siento muy sola, muy asustada y con muchas ganas de abandonar. Toco el teléfono móvil que llevo en el bolsillo: mi conexión con todo lo seguro y lo conocido, mi conexión con Cecelia. Me pregunto si estará pensando lo mismo que yo, pasando un dedo sobre las teclas de su móvil, con el que fácilmente podría escribirme un mensaje. ¿Qué estará pensando en este preciso instante? ¿Se da cuenta de que todo esto lo hago por ella? ¿Me odia? ¿Querrá volver a verme algún día? Solo con imaginar que no, el frío invade mi interior. Quiero regresar al estudio para empezar a buscar de nuevo entre los documentos. Seguro que ya me estoy acercando a algo provechoso.

La carpeta etiquetada como «Jardín» me sorprende. Tiene el mismo color beige insulso que las demás del archivador pero es mucho más gruesa, está más repleta de papeles que las otras. Tanto, que me hace falta un buen tirón para sacarla del soporte del que cuelga. Cuando sale veo que su contenido no tiene nada que ver con el jardín. Si lo que esperaba encontrar eran folletos de los cortacéspedes con asiento de última tecnología que venden en el vivero, o servicios de poda y tarifas de pavimentos de piedra, no podría estar más equivocada. La carpeta de «Jardín» tiene dentro otra, más estropeada, que solo dice «Fideicomiso».

El corazón me late con fuerza entre las costillas. Mis oídos se aguzan por si oyen los sonidos de alguien llegando a casa: el ruido de un coche enfilando el camino de entrada, el chasquido de la puerta, la llave en la cerradura. Percibo a lo lejos las subidas y bajadas del grito de una sirena que corre hacia una emergencia distante, y oigo en mi cabeza el sonido de mi propia respiración, que a duras penas se abre camino para entrar y salir de mis pulmones.

Abro la carpeta y saco el primer documento. Lo leo en diagonal y luego saco una fotografía. Hago lo mismo con el resto del contenido. Tardo una hora y media en terminar con ello. Aun cuando todo está otra vez bien ordenado en su sitio, cuando el estudio vuelve a estar cerrado con llave y yo he subido a mi habitación, mi corazón se niega a poner fin a su ridículo baile en mi pecho. No puedo dejar de pensar en lo que significa. Pero, sobre todo, no puedo dejar de pensar en Cecelia.

## 33

Grace miraba embobada la alfombra y se toqueteaba la uña del pulgar. Su pie se balanceaba atrás y adelante y Lorraine le dijo que parara. Ella no hizo caso y siguió con más ganas aún, así que acabó golpeando la pata de la mesita del café con la punta y dándole a la base del sofá con el talón. Se sonrojó y en su labio inferior apareció un temblor prácticamente indetectable que la llevaba al borde de las lágrimas.

—Bueno, muy amable por tu parte venir a hacernos una visita —dijo Lorraine con acritud. No había querido que fuera ese su tono, pero sus esperanzas de ver a Grace volver a casa se habían esfumado cuando su hija había llamado al timbre (¡había llamado al timbre!) y había anunciado que solo pasaba a recoger un par de cosas.

—Cariño... —intervino Adam.

Grace no decía nada. La habían obligado a pasar a la sala y la habían sentado allí. Pero el suspiro, los brazos cruzados con tirantez, el mohín y la mirada fija en el techo hacían algo más que insinuar que preferiría estar en cualquier otra parte.

—Que dejes de dar patadas, Grace, te vas a hacer daño en el pie —dijo Lorraine otra vez, seguramente demasiado arisca.

Su hija por fin se enderezó y se estuvo quieta.

—Tu madre tiene razón —añadió Adam por decir algo—. Grace, tienes que hablar con nosotros. ¿Cómo vamos a ayudarte si ni siquiera dejas que hablemos de ello?

—No necesito vuestra ayuda —respondió su hija, todavía con la mirada en la alfombra—. No hay nada de qué hablar.

—¿Ese chico te está presionando? —preguntó Lorraine con angustia.

—Ese chico —contestó Grace— tiene un nombre, ¿te enteras? Y no, Matt no me está presionando. Los dos queremos casarnos. Estamos enamorados.

—Pero ¿y la universidad? ¿Cómo vas a encontrar un buen trabajo, tener una vida decente? Todavía no eres más que una niña. —Lorraine tuvo una repentina visión de su hija con diecisiete años, embarazada y en el paro, viviendo en un piso del ayuntamiento. Y Matt desaparecido del mapa, claro.

—Entendemos cómo te sientes —dijo Adam.

—Bueno, la verdad es que no —lo interrumpió Lorraine.

Grace respiró hondo.

—Soy muy consciente de que ninguno de los dos lo entendéis —dijo en voz baja—. Por eso me he ido de casa, para alejarme de vosotros. Si tengo que dejar los estudios y buscar un trabajo para mantenerme, pues lo haré. Matt y yo vamos en serio con esto de la boda. Y su madre se está portando genial.

Lorraine se estremeció de dolor.

—Querías ser científica —dijo con un hilo de voz.

—Este fin de semana iremos a ver salones para bodas —sigue Grace, como si ni siquiera hubiera oído a su madre.

—Y estabas pensando pasar un año sabático en Estados Unidos.

Grace levantó lentamente la mirada hacia ella y sacudió la cabeza como si los últimos diecisiete años hubiesen sido un sueño confuso y nada de todo eso fuera cierto.

—Eras tú la que quería que fuese científica —corrigió—. Es decir, cuando no estabas ocupada peleándote con papá.

Lorraine sintió cómo la recorría una suave oleada de locura.

—Vale. Deja los estudios. Vete a vivir con otra familia; una mejor, sin duda. Cásate y ten montones de hijos antes de los dieciocho y búscate un trabajo de noche en un supermercado. —Notó que esta vez sí había captado su atención—. A partir de este momento, eres libre, Grace. Imagínate, papá y mamá ya no te darán la lata, no habrá más deberes, no habrá más reglas. Ahora estás tú sola, cariño mío, y ni se te ocurra pensar que puedes volver corriendo con nosotros cuando te quedes sin dinero.

—Papá no me da la lata —afirmó Grace con tranquilidad—. Pero tú sí.

—¡Por el amor de Dios! —Lorraine se llevó las manos a la cara.

Adam, incómodo, cambió de postura en el sofá.

—Ray, no.

—Todavía no he terminado...

—No pasa nada, Grace —dijo Adam—. Si has meditado todo esto largo y tendido y de verdad es lo que deseas... —No terminó la frase por falta de convicción—. Nosotros lo que no queremos es que te precipites.

—Todavía eres una niña —insistió Lorraine en un último intento por conseguir que su hija cambiara de opinión—. ¡Cómo vas a casarte! No tienes ni idea de lo que significa eso.

—Por lo menos estaré con alguien que me quiere —repuso Grace, aunque en voz tan baja que Lorraine creyó haberla entendido mal—. Porque ninguno de vosotros me quiere.

—Pero, tesoro, eso no es verdad y lo sabes. —Adam se inclinó hacia ella y estrechó sus manos—. ¿Cómo puedes decir algo así? Tu madre y yo te queremos mucho.

Ella reaccionó negando despacio con la cabeza, como si solo eso le provocara ya demasiado dolor. Una única lágrima cayó de sus ojos.

—Por supuesto que te queremos —repitió Lorraine, absolutamente atónita ante lo que acababa de decir Grace—. Pero ¿cómo se te ha ocurrido pensar que no?

—Porque ni siquiera vosotros os queréis —fue la humilde respuesta de su hija.

Al oír eso, Adam retrocedió. Lorraine y él se engancharon en una breve mirada.

—Sí, sí que nos queremos —dijo, indignado.

Lorraine pensó que su falsedad era evidente. ¿Cómo podían haber sido tan ingenuos al creer que sus problemas, cómodamente arrinconados en un recoveco oscuro de su cerebro, no habían afectado a sus hijas?

—Stella también lo cree —añadió Grace, que empezó otra vez con los golpecitos del pie—. Siempre estáis discutiendo y susurrando y peleándoos por cosas. Creéis que no os oímos, pero sí. Stella llora a veces por las noches.

—Claro que papá y yo nos queremos, cariño —dijo Lorraine, y notó que Adam bajaba un poco la cabeza—. Tenemos mucho estrés en el trabajo y a lo mejor nos lo traemos a casa, lo cual está mal, pero sí que... nos queremos. —Desde el otro lado del sofá alargó un brazo para cogerle la mano a Adam y obligó a sus dedos a entrelazarse.

La única vez que habían acudido a una consejera matrimonial terminaron más o menos en esa misma postura cuando la mujer le había pedido a Lorraine que tocara a Adam para ver qué sentía. En aquella ocasión podría haber respondido sin mover un solo músculo: asco. «¿Que lo toque?», preguntó sin acabar de creérselo. Un buen pellizco o una patada a traición era lo que le apetecía darle, pero en lugar de eso accedió y tomó a desgana la mano de su marido.

«¿Cómo la sientes?», preguntó la terapeuta.

«¿Caliente?», sugirió Lorraine.

«Caliente —repitió la mujer—. Eso está bien. Quizá sientes que está vivo, que es igual que tú, que sus venas están llenas de sentimiento y amor.»

«Venga ya, menuda chorrada —recordaba haber dicho Lorraine al apartar la mano de golpe—. Está caliente, vale. Es de sangre caliente y es hombre y no sabe tener la bragueta cerrada.» Esta vez, sentada frente a Grace, Lorraine casi pudo oír el suspiro exasperado que había soltado Adam durante aquella sesión.

«No ha sido así», había dicho él para defender su comportamiento una vez más.

La sesión se acercaba ya a su final y Lorraine estaba furiosa. Aquella terapeuta imbécil estaba claramente de parte de Adam; a lo mejor ella también era la «otra» de alguien, y sus prioridades eran diferentes a las de ella. Fuera como fuese, Lorraine no pensaba dejar que una extraña la ridiculizara y la tratara con paternalismo. Y tampoco pensaba pagar para hacer manitas con su marido después de que le hubiera confesado su lío de una noche. Ya había accedido a poner freno a sus sentimientos y seguir adelante por las niñas, pero tal como estaban las cosas no tenía demasiada confianza en que duraran mucho más así.

Lorraine sintió que los dedos de Adam se cerraban sobre los suyos.

—Lo único que pretendemos es ayudarte a que lo veas todo con más sensatez, Grace. Casarse a tu edad sería un desastre. La semana pasada a estas horas estábamos hablando de la universidad.

Grace se levantó y se alisó la camiseta. Lorraine se fijó en lo limpia y bien planchada que estaba. Era evidente que la madre de Matt disponía de muchísimo tiempo.

—Mamá, papá, estoy decidida. Voy a dejar los estudios y casarme. Espero que vengáis a nuestra boda. —Dio media vuelta y salió tranquilamente de la sala.

—Yo creo que ha ido bien —dijo Adam con sarcasmo.

Se habían retirado a la cocina después de haber esperado en la sala, sentados en silencio, a que Grace recogiera sus cosas y se fuera. Matt la estaba esperando fuera, en su coche. Ninguno de los dos había sabido qué hacer o qué decir.

Lorraine suspiró y, mientras comprobaba los mensajes de su contestador, levantó un dedo para llamar la atención de Adam. Siguió escuchando y luego se guardó el móvil otra vez en el bolsillo del pantalón.

—Era el médico de Carla Davis, del hospital, que por fin me ha devuelto la llamada. Ha estado ilocalizable todo el día, así que le dejé un mensaje a su secretaria. Debe de haber llamado mientras hablábamos con Grace.

—Sigue. —Adam llenó el hervidor de agua.

—Por lo visto, Carla tiene los riñones muy dañados por su larga adicción a las drogas. Al principio de su embarazo le advirtieron que seguir hasta el final podía significar su propia muerte, o antes o después del nacimiento del bebé.

Lorraine se detuvo para asimilar ese dilema cargado de cuestiones conflictivas. ¿Cómo iba a tomar una persona tan mal equipada emocionalmente como Carla una decisión tan crucial para su vida como esa?

—En pocas palabras, arriesgaba su vida por seguir adelante con el embarazo. Le aconsejaron que abortara en las primeras semanas, y en un principio accedió. Luego cambió de opinión. El doctor Farrow no era el médico de Carla en aquel momento, pero su historial indica que le hicieron meditar muy bien las implicaciones que tendría ese embarazo para su salud. Literalmente era una decisión de vida o muerte.

Adam arrugó la frente.

—Está claro que las implicaciones de ese embarazo para su salud no han sido buenas ni mucho menos, según ha resultado al final —dijo sin ninguna clase de humor.

—Entonces, ¿por qué cambió de opinión? ¿La convenció alguien de que no siguiera el consejo de los médicos?

—A lo mejor sus trabajadores sociales pueden iluminarnos un poco —dijo Adam tras una breve pausa—. Puede que Carla les explicara a ellos sus motivos.

—¿Crees que deberíamos ir a verlos otra vez?

Adam ya asentía con la cabeza. Consultó el reloj.

—¿No lo dirás en serio? —preguntó Lorraine con desdén. Estaba agotada—. ¿Esta noche?

—Creo que deberíamos intentarlo. Hay algo que quiero... —Dudó—. Seguramente no será nada.

—Pero la oficina habrá cerrado ya... —Lorraine se quedó sin fuerza, sabía que era mejor no cuestionar a Adam cuando tenía una de esas intuiciones.

En ocasiones anteriores, cosas que él había notado y se había guardado para sí se habían convertido en pistas cruciales. Puede que hubiera cometido un grave error de juicio en su vida personal, pero aquello era el trabajo, aquel era él haciendo su trabajo, y en eso era bueno: a veces tanto, que resultaba exasperante. Ella lo acompañaría a ver qué destapaban. Al fin y al cabo, él era el jefe de la investigación.

Adam cogió las llaves de su coche.

—Le haré otra visita a domicilio a esa trabajadora social, lo cual nos dará una excusa para averiguar más sobre esa tal Heather Paige y ver dónde encaja. —Ya se habían pasado antes por allí para comprobar la historia de Cecelia, pero la casa estaba vacía—. ¿Te vienes?

Lorraine lo siguió a regañadientes hacia la puerta. Desde abajo informó a Stella que volverían una hora después y recibió un vago gruñido en respuesta. Adam y ella intercambiaron una mirada al pie de la escalera antes de que él la cogiera de la mano y la acompañara a su coche.

Mientras Lorraine se abrochaba el cinturón, sus dedos sentían todavía el hormigueo del tacto de su marido, y se dio cuenta de que era la segunda vez que le había tocado la mano ese mismo día.

# 34

No se veía ninguna luz en la casa por la parte de delante, y el camino de entrada estaba más oscuro que el resto de la calle, casi como si la propiedad intentara agazaparse y pasar desapercibida; al menos eso pensó Lorraine mientras hacían crujir la grava bajo sus pies al acercarse a esa impresionante entrada por segunda vez aquel día.

—Espero que no la molestemos —le dijo a Adam—. No le falta mucho para salir de cuentas. Puede que quiera acostarse temprano. —Se tomó un momento para observar cada una de las ventanas cubiertas con cortinas. Lo cierto es que en una de las salas de la planta baja se veía un tenue resplandor que no había percibido a primera vista. Todavía quedaba alguien despierto.

La mirada que le dirigió Adam la obligó a dejar de ser una mujer preocupada y a meterse en el papel de inspectora de la policía. Llamó a la puerta con fuertes golpes.

Un momento después, Claudia Morgan-Brown abrió. Parecía sorprendida de verlos.

—No ha pasado nada —empezó a decir Lorraine con una sonrisa tranquilizadora, recordando su inquietud de la otra vez—. Sentimos mucho molestarla a estas horas de la noche, pero tenemos algunas preguntas más que hacerle sobre Carla Davis.

—Ah —dijo ella sin levantar la voz—. Desde luego. —Se

apartó un poco y les indicó que pasaran. Mientras la seguían al salón, Lorraine pensó que se la veía cansada—. Siéntense, por favor. —La televisión estaba encendida a un volumen bajo, pero Claudia la apagó con el mando a distancia—. Debo de haberme quedado dormida.

—Seremos todo lo breves que podamos. —Lorraine miró a Adam afligida, pero él no pareció darse cuenta. No entendía por qué no podían haber dejado esa visita para el día siguiente. Dudaba que averiguaran nada que cambiara el rumbo del caso.

—¿Puedo ofrecerles un té? —preguntó Claudia, levantándose ya. Se recogió la espesa melena negra en una coleta provisional antes de dejarla caer de nuevo sobre sus hombros.

Era una mujer guapa, pensó Lorraine, teniendo en cuenta que sin duda estaba exhausta. Le sonrió.

—No, gracias. —Recorrió la sala con la mirada y vio que había algunos juguetes olvidados junto a la ventana: unos Lego, un par de camiones de plástico, un libro ilustrado abierto. Supuso que los hijos de Claudia ya estarían acostados. Se preguntó dónde andaría la niñera.

—Queríamos preguntarle si usted, o alguien de su departamento, sabía algo acerca de los problemas de salud de Carla —dijo Adam.

Claudia frunció el ceño y lo pensó. Se sentó y empezó a darse golpecitos con los dedos en un costado del cuello.

—No tenía una salud muy buena, según creo recordar —comentó—. Las drogas ya le habían pasado factura a su cuerpo, aunque era muy joven. Pero, como les dije, yo ya no estaba a cargo del caso cuando la niña que esperaba Carla apareció en nuestros radares.

—Pero ¿llegó a conocerla?

—Sí, sí —repuso Claudia—. Ya se lo he dicho. Nos vimos en varias ocasiones.

—¿Sabía usted lo graves que eran esos problemas de salud?

Claudia arrugó la frente.

—No, no conocía los detalles concretos, más allá de sus adicciones.

—¿O sea que no sabía nada de su insuficiencia renal?

Claudia abrió mucho los ojos y se mordió el labio inferior. Cuando lo soltó, la sangre afluyó a ese punto bajo la piel.

—No. ¿Qué le pasaba en los riñones?

—A causa del prolongado consumo de drogas, a Carla le informaron de que si continuaba adelante con el embarazo era muy probable que muriese, antes o poco después del nacimiento del bebé. Sus riñones no lo soportarían. —Aquello era todo lo específico que podía ser Adam en cuanto a datos médicos, ya que ninguno de los dos conocía los pormenores de su estado.

—Entonces... ¿por eso le habían planificado inicialmente un aborto? —Claudia parecía sorprendida.

—Exacto —dijo Adam—. Aunque, por alguna razón, Carla cambió de opinión más adelante. Nos preguntábamos si tenía usted alguna idea de por qué pudo tomar una decisión que ponía su vida en peligro.

Claudia agachó la cabeza. Tras unos momentos se tapó la cara con las manos. Lorraine vio el leve estremecimiento de sus brazos, que soportaban el peso de la cabeza: ¿el peso de la culpabilidad?, se preguntó.

—¿Está usted bien? —Lorraine percibió el golpeteo del pie de Adam contra la pata de la mesita de café y le hizo pensar en Grace.

—Fui yo —susurró Claudia sin dudarlo. Se le escaparon un par de sollozos lastimeros antes de levantar el rostro hacia ellos. Estaba recubierto de culpa, sus mejillas ardían de rubor—. Pero juro que no tenía ni idea de lo graves que eran sus problemas de salud. Pensé que estaba haciendo lo correcto.

—Cálmese —dijo Adam con bastante frialdad—. Nadie la acusa de nada. Tranquilícese y cuéntenos lo que sucedió.

Lorraine sintió que Adam estaba decepcionado. Que simplemente era una profesional la que, con razón o sin ella, había aconsejado a Carla que tuviera a su bebé, y eso no tenía especial relevancia. No iba a proporcionarles la pista que él había esperado ni, de hecho, ninguna vinculación con el caso de Sally-Ann.

A Claudia le faltaba el aire. Lorraine no estaba segura de que seguir por esa línea le hiciese ningún bien, dadas las circunstancias. Vio cómo el ceño de la mujer se hacía más profundo a medida que recordaba los acontecimientos.

—Carla tenía una cita con Tina hace unos seis meses, pero Tina estaba enferma, así que fui yo quien se reunió con ella. Fui a su piso.

—Continúe —pidió Lorraine. Tenía hambre y sentía rugir el estómago bajo su abrigo. Quería volver a casa con Stella.

—Hacía bastante que no la veía. Había estado entrando y saliendo de hogares de acogida durante años. El caso es que acababa de descubrir que estaba embarazada. Mi trabajo era valorar su estado mental, sus condiciones de vida, sus drogadicciones, ese tipo de cosas, para que pudiéramos decidir qué hacer con el bebé. Me dijo que estaba intentando desengancharse de verdad, pero que le resultaba muy duro. También bebía mucho. En la vida de Carla no había gran cosa que fuera bien. Solo...

Claudia miró a Lorraine. Compartieron un momento de comprensión.

—Solo el bebé —terminó Lorraine por ella.

Claudia asintió.

—Vi el brillo de esperanza cuando hablaba de él. Me enseñó un par de peuquitos rosa que le había comprado en el mercadillo. —Claudia dejó escapar algo que se quedó a medio camino entre una risa y un suspiro—. Me dijo que ese día solo se había comprado diez cigarrillos en lugar de veinte para que le llegara para esos peúcos. Vi que algo cambiaba en ella cuando hablaba del bebé y por eso me extrañó mucho que me dijera que pensaba abortar. Dijo que solo quería a alguien que le correspondiera su amor. Me llegó al alma.

También le llegó al alma a Lorraine. Tragó el nudo que se le había formado en la garganta y se negó a mirar a Adam, pensando en la conversación que acababan de tener con Grace.

—Así que hablaron de seguir adelante con el embarazo.

—Sí —dijo Claudia con franqueza—. Pero les juro que no sabía nada de las contraindicaciones médicas. Carla no me dijo que le pasara nada. De ser así, le habría dicho que volviera a ver al médico. En todo caso, mi consejo no fue que se quedara con el bebé. Eso habría estado mal, dadas sus circunstancias generales y sus drogadicciones. Apenas era capaz de cuidar de sí misma, y mucho menos de otra vida. Lo más probable era que de todas formas tuviéramos que quitárselo nada más nacer.

Adam iba tomando nota, pero Lorraine solo escuchaba, pensando en la pobre Carla y su niña muerta.

—Sin embargo, dado que conocía usted sus recurrentes problemas con las drogas, ¿no dio por hecho que podían producirse complicaciones médicas? —preguntó Adam.

La expresión de sorpresa y dolor del rostro de Claudia reflejaba exactamente lo mismo que pensaba Lorraine. Fulminó a su marido con la mirada por ser tan insensible, pero él no le hizo caso.

—En mi trabajo, inspector, nunca es seguro dar nada por hecho. Pero yo no soy médico y su expediente no decía nada de su estado de salud. Allí solo ponía que tenía cita para abortar. Si ella no seguía adelante con ese plan, mi deber era proteger al hijo que iba a tener. La posibilidad de que ese embarazo acabara matándola ni siquiera se me ocurrió. Yo lo único que vi fue a una joven desesperada con un diminuto brillo de esperanza en los ojos. Quería que considerase todas las opciones, entre ellas la de quedarse con el bebé.

Claudia se levantó y estiró la espalda. Hizo una mueca de dolor.

—Carla me prometió que se desengancharía, que iría a un centro de rehabilitación, que dejaría de beber, incluso que fumaría menos. Me prometió no juntarse con malas compañías y hasta tuvimos tiempo de limpiar un poco su piso. Eso no aparece en mi informe, pero vi en ella tanto optimismo, una posibilidad, algo perfecto que crecía en su interior, que admito que parte de mí quiso que cancelara el aborto. ¿Tan malo es eso?

—No —dijo Lorraine enseguida—. No lo es.

—¿Qué opinión tiene usted respecto al aborto, señora Morgan-Brown? —preguntó Adam—. Siento que mi pregunta le parezca insensible, dadas las circunstancias.

—No me importa que me lo pregunte —dijo Claudia, pensativa, mientras colocaba las manos abiertas sobre su niña. Lorraine habría jurado que en los últimos días le había crecido más la barriga—. Estar embarazada significa un mundo para mí. Siempre soñé con ser madre. —La sonrisa se desvaneció—. Solo que nunca esperé toda la tristeza que traería consigo. Pero aquí me tienen. Dos hijastros gemelos y una niña de camino.

—¿Tristeza? —preguntó Lorraine.

—Por desgracia, este no es mi primer embarazo. Mi anterior compañero y yo intentamos tener un hijo muchas veces y...

—No pasa nada, tranquila. No tiene que explicar más. —Lorraine sintió haberle preguntado por ello.

—No, es relevante. Tuve muchos abortos naturales, también niños que nacieron muertos. Nadie sabe por qué. Así que este embarazo es muy valioso para mí. Cuando oigo hablar de abortos intento no juzgar, pero con Carla fue algo más que eso. De alguna forma sentí que ella necesitaba a ese niño, aun a riesgo de que se lo quitaran. —Claudia cruzó una mirada con ambos, les dio un momento para comprender lo que estaba diciendo—. No creerán que mis sentimientos personales de alguna forma confundieron su juicio, ¿verdad? —En su voz se oía de pronto angustia y cargo de conciencia.

—Usted solo intentaba ayudar —dijo Lorraine.

Claudia asintió, meditabunda. Volvió a sentarse otra vez, todavía muy agitada. Se mordía una uña con nerviosismo.

—Hay otra cosa que podría ser relevante. —Se levantó de nuevo y se puso a caminar—. Ay, pero no sé. Seguro que no es nada, y James me diría que soy una auténtica paranoica.

—A menudo son esos detalles que creemos que no serán nada los que más nos ayudan —comentó Lorraine.

—Bueno, de acuerdo, pero es confidencial, ¿sí?

—Eso depende —dijo Adam enseguida.

—Es solo que, si se lo cuento y estoy equivocada, no quiero que ella sepa que les he dicho nada. Me pondría en una situación muy incómoda. —Claudia bajó la voz de repente y miró varias veces hacia la puerta cerrada.

—Haremos lo que esté en nuestra mano —repuso Adam sin demasiada convicción.

—Es mi niñera, Zoe. Me parece que la vio usted un momento la primera vez que estuvo aquí. —Claudia le hablaba directamente a Lorraine—. Bueno, el otro día tuve que... tuve que buscar algo en su habitación. Sé que no suena muy bien, pero, créanme, me alegro de haber entrado allí. Iré al grano: miré las fotografías de su cámara. Sí, sí, ya sé que no debería haberlo hecho... —Otro momento de culpabilidad—. De todas formas, me alegro, porque encontré una foto de... —Claudia volvió a dudar, debatiéndose entre contarlo o no. Por fin soltó un hondo suspiro—. Vi una fotografía del expediente de Carla Davis en la cámara de Zoe.

Parecía aliviada de haberlo dicho, pero de algún modo también más nerviosa aún.

—Salían todos los datos personales de Carla, como su dirección, edad, fecha de nacimiento, médico de cabecera y las cuatro cuestiones básicas. Como comprenderán es información confidencial. Me siento fatal por que haya ocurrido. La culpa es toda mía, por traerme el expediente a casa. Pensaba que lo había dejado todo el tiempo guardado bajo llave en el estudio, pero debí de despistarme. No tengo la menor idea de para qué querría Zoe los datos de Carla.

—¿Está ella aquí ahora? —preguntó Adam.

Claudia puso cara de angustia.

—Ha salido, pero podría volver en cualquier momento. —Miró hacia la puerta otra vez—. Oigan, ya sé que parece una locura, pero la verdad es que preferiría no remover mucho las cosas con ella. Es que... —Se estaba poniendo muy nerviosa—. A lo mejor me confundí. Solo vi esa foto un momento. La agrandé, pero la pantalla de la cámara es muy pequeña. Supongo que pude leerlo mal.

—Tendremos que hablar con ella. Lo entiende, ¿verdad? —dijo Lorraine.

—Pero es que no quiero que Zoe se moleste por esto, porque si se marcha estoy perdida. James no está y... y voy a necesitar su ayuda.

—Hay más niñeras —repuso Lorraine con delicadeza—. Pero seguro que Zoe no la dejará si tiene una razón inocente para haber hecho esa foto. No tendrá ningún reparo en explicárnosla.

Claudia lo pensó un momento.

—Supongo que sí. Es solo que, al estar sola, me siento bastante vulnerable.

—Lo comprendemos —sentenció Lorraine—. Volveremos en otro momento para hablar con Zoe.

—Seguramente será mejor que no le mencione usted nada por el momento —añadió Adam.

—Una última cosa —dijo Lorraine.

Claudia enarcó las cejas.

—Sí, lo que quieran.

—¿El nombre de Heather Paige le dice algo?

Ella puso cara de desconcierto y miró unos segundos al techo como para recordar.

—Lo siento, no. ¿Por qué?

—¿O sea que ninguna mujer llamada Heather Paige ha estado en esta casa hace poco, ni en el pasado? —preguntó Adam, con un tono más acusador de lo que le habría gustado a Lorraine.

—Seguro que no —respondió Claudia.

—Bueno, pues gracias por todo —dijo Lorraine al levantarse—. Sentimos mucho haberle ocupado su tiempo.

—Descuiden —repuso Claudia. Los siguió hasta la puerta y les estrechó la mano para despedirse de ellos.

# 35

Los veo salir, aunque ellos no lo saben. Estoy espiando por entre las gruesas cortinas del recibidor, a oscuras, y sigo con la mirada las luces rojas traseras de su coche mientras se alejan por la calle. Cuando los pierdo de vista, vuelvo a la sala y me dejo caer en el sofá. Me doy un fuerte pellizco en el brazo por ser tan idiota.

¿Por qué he tenido que decirles nada de las fotografías de Zoe? Ahora se enterará de todo y se enfadará muchísimo conmigo por haber entrado en su habitación. Se morirá de vergüenza al saber que no confío en ella, a partir de ahora estará paranoica y seguro que mañana, antes de la hora del té, ya habrá hecho las maletas y se habrá ido.

¿Y en qué lugar me deja eso a mí?

No es una buena forma de empezar una relación de confianza. Si James estuviera aquí, me diría que le preguntara enseguida si ha entrado en el estudio, sin rodeos, que fuese sincera desde el principio. No le gustaría todo este secretismo.

Seguro que hay una explicación racional, y de pronto se me ocurre que a lo mejor Zoe cogió por equivocación nuestra cámara. La dejamos por ahí encima después de nuestra excursión al acuario y son modelos muy parecidos. A lo mejor esas fotografías ya estaban ahí dentro y fue James quien las sacó, aunque no consigo imaginar por qué querría hacer eso. Aparte de la que agrandé, no sé de qué eran las otras fotos, aunque por lo que vi también parecían ser documentos. Esa posibilidad, aunque remota, no sería ni mucho menos tan siniestra. Pero cuando voy a ver si nuestra cámara está en el cajón de la cocina donde suelo guardarla, la encuentro justo donde la dejé. Paso las fotografías por si Zoe la ha vuelto a bajar al darse cuenta de su confusión, pero no hay ninguna imagen de papeles.

—Ay, James —digo mientras regreso a la sala—. ¿Qué hago?

«¿Qué hago?» Debo de haberle hecho esa pregunta unas mil veces desde que estamos juntos. Creo que la primera vez que la oyó fue cuando le confesé mi amor por él. Estábamos sentados junto al canal, dándonos la mano y desenterrando pensamientos de las profundidades de los ojos del otro. Para cualquiera que nos viera debíamos de parecer una pareja de tortolitos adolescentes, pero no faltaba mucho para que James tuviera que volver a embarcarse y yo quería saber si teníamos un futuro juntos. Todo aquello parecía muy poco apropiado tan poco tiempo después de lo de Elizabeth.

«—¿Qué hago? —y bebí de mi refresco. Me ceñí la chaqueta de punto alrededor de los hombros cuando un escalofrío se metió en mi cuerpo. No hacía frío esa noche, pero yo sabía que el resto de mi vida dependía de la respuesta a esa pregunta.

»—¿Que qué haces tú? —respondió James con incredulidad—. No eres tú sola, Claudia, somos los dos. Ya sé que te sientes responsable. Sé que te contienes por mí. —Me estrechó la mano. Me sentí segura.

»Agaché la cabeza.

»—La gente dirá cosas —insistí.

»—A la gente, que le den —repuso él—. Qué saben ellos de nuestros sentimientos.

»—Ha pasado tan poco tiempo... —repetí. Lo había dicho unas mil veces ya.

»—Elizabeth querría que fuese feliz —dijo James—. Era así de estupenda.

»—Me entristece no haber llegado a conocerla. —Pero entonces me di cuenta de que, en ese caso, James y yo no estaríamos hablando de vivir juntos. ¿Era egoísta alegrarme por que hubiera muerto? En esos momentos ya hacía varios meses que nos veíamos. Con "ver" me refiero a bastante más que ayudarlo a organizar el bienestar de los niños. James estaba haciendo muy buen trabajo ocupándose de los gemelos. De hecho, creo que entre los cuidados que les prodigaba a sus hijos y nuestra floreciente relación, los niños y yo lo acompañamos en las primeras fases de su duelo.

»—Pero es que me parece demasiado pronto —insistí—. La gente hablará mucho, nos guste o no, James. Dirán que soy una especie de ave carroñera, que quiero ocupar el lugar de Elizabeth. —Quería llorar de frustración, pero me contuve. Después de todo lo que había pasado, después de prácticamente abandonar toda esperanza de volver a conocer a alguien tras romper con Martin (habíamos estado juntos once años, a fin de cuentas), jamás pensé que volvería a encontrar el amor, y mucho menos una familia.

»—No me importa —dijo James. Me acercó a él y sintió mis escalofríos—. Eh —hablaba con ternura—, no tengas miedo. —Fue entonces cuando me cogió de los hombros y me miró desde el otro extremo de sus brazos estirados. Una única lágrima bajaba perdida por mi mejilla izquierda, y la maldije por haberse escapado, por delatar mis sentimientos—. Quiero que te vengas a vivir conmigo y los niños, Claudia. Lo deseo más que ninguna otra cosa. Dime que lo harás.

»En la intimidad de mi cabeza, mi respuesta estalló de inmediato: "¡Sí!", pero sabía que debía ser más sensata, así que puse cara de meditarlo, intenté sofocar la sonrisa que quería invadir mi rostro. Era el inicio de una nueva vida. Al final, después de todo el dolor y los altibajos emocionales que había pasado con Martin, me ofrecían una nueva oportunidad de ser feliz. Jamás pensé que ocurriría.

»—Es una completa locura —dije, riendo. James también se rió. De hecho, había conseguido reír incluso durante los días siguientes a enterarse del fallecimiento de Elizabeth, cosa que yo no acababa de entender. Ahora, conociéndolo como lo conozco, me doy cuenta de que es su forma de hacerle frente a las cosas. Las personas solo pueden asimilar una cantidad determinada de estrés; más allá de eso, su mente las distrae para hacerlas regresar en la medida de lo posible a la normalidad. Es una forma de protección y, hasta cierto punto, yo estaba haciendo exactamente lo mismo. Los dos estábamos superando la relación anterior, los dos estábamos perdidos y necesitados, aunque intentábamos ser lo más sensatos y maduros que podíamos.

»—Una locura, sí. Pero me he enamorado de ti, Claudia. Quiero casarme contigo. Quiero que seas una madre para Oscar y Noah.»

Yo solo oí «Quiero que seas una madre». Fue lo más cerca que estuvo jamás de proponerme matrimonio. La boda en sí pareció llegar con tanta naturalidad como el hecho de que yo preparara la cena y me ocupara de los niños sin que él tuviera que pedírmelo.

¿Cuántas veces había intentado ser madre? ¿Cuántas veces no lo había conseguido?

De repente ya no era un fiasco. No hice caso de los alaridos de duda que resonaban en mi cabeza. De hecho, tampoco hice caso alguno de las precavidas advertencias de familiares y amigos, que levantaban las cejas y hacían algún comentario sobre la sospechosa oportunidad de mi relación con James. «Acaba de perder a su mujer, Claudia... ¿De verdad quieres hacerte cargo de los hijos de otra?... El dinero que tiene le viene de su difunta esposa...» Yo no tenía ni idea de cuánto le había dejado Elizabeth ni del montante de la fortuna de su familia; aun hoy, sigo sin saber demasiado sobre los asuntos privados de James. Pero entonces me llovieron esos comentarios, esas advertencias de gente con buenas intenciones que se sentía incómoda con mi recién encontrada felicidad.

Para nosotros era muy simple. Ni una sola vez se me ocurrió pensar que James me estuviera utilizando como madre suplente o como una práctica gobernanta y niñera interna con la que recomponer el destrozo de su vida. Y si se me hubiera pasado por la cabeza, habría descartado la idea al momento. Quería a James y quería a sus hijos. Deseaba ser su madre. Deseaba ser la esposa de James. Él me había prometido que tendríamos otro niño juntos, y yo confié en que me lo daría. Al principio no me atreví a hablarle de todos mis abortos naturales y los niños que no sobrevivieron a mis partos. Quería que eso formase parte de mi pasado, no de mi futuro. Llegué a la conclusión de que todo había sido culpa de Martin y que no tenía nada que ver con mi cuerpo. Aun cuando los doctores me dijeron que dudaban de que pudiera tener hijos, me negué a renunciar a esa esperanza.

—Mierda, joder —exclamo en un susurro justo cuando Zoe llega a casa. Está canturreando algo.

—¿He oído a alguien decir palabrotas? —pregunta con jovialidad al asomar la cabeza por la puerta de la sala de estar.

Me pilla chupándome un dedo.

—Esto de coser se me da fatal —le digo. Levanto la mirada como si nada y agito un poco la blusa.

—Lo siento mucho, pensaba hacerlo yo por ti.

Zoe se ruboriza un poco, se acerca y me quita la prenda de las manos con delicadeza. El minúsculo botón cuelga medio suelto del hilo de algodón nudoso. No sabe que mis palabrotas no iban por la blusa, ni mucho menos por el pinchazo en el dedo. Mis palabrotas iban por la estupidez que he cometido al contarle a la policía lo de Zoe antes de hablar yo misma con ella.

Se sienta junto a mí.

—¿Cómo te encuentras? —me pregunta.

La miro fijamente a la cara. No veo nada que delate ningún tipo de doblez, aunque tampoco hay nada que desvele mi inquietud.

—Zoe, siéntate. Tengo que preguntarte una cosa.

—Vale —accede con docilidad—. ¿Qué sucede? —Se percibe una leve duda en su voz, pero nada que se corresponda con lo que estoy a punto de poner sobre la mesa.

—Cuando estuve en el desván buscando ese libro, Zoe, no pude evitar fijarme en que había sangre en una de tus sudaderas. —Hago una pausa. Ahora ya sabe que entré en su cuarto.

—Ah, eso... —dice con lo que parece el inicio de una sonrisa incómoda.

—No estaba husmeando, te lo prometo —añado—. Pensaba que el libro podía estar todavía en el armario. —Es cierto que antes guardaba allí algunos de mis apuntes y libros de la universidad—. Pero se me había olvidado que los había trasladado al sótano antes de que llegaras tú. Vi la sudadera... y me preguntaba si te habías hecho daño. —No encuentro la forma de mencionarle también la foto o la prueba de embarazo.

—Sí, sí que me hice daño —contesta ella automáticamente, llevándose una mano al hombro—. Me caí de la bici, pero estoy bien —añade, quizá porque mi rostro empieza adoptar una expresión de incredulidad—. Quería acercarme en un momento a la tienda a por un poco de leche, iba muy rápido y me fallaron los frenos. No te preocupes, los niños estaban en el colegio. Al final dejó de sangrar. No fue más que un rasguño superficial, pero como seguí hasta la tienda, al final la sudadera quedó hecha un asco.

Me la quedo mirando. Parece del todo plausible, solo que no puedo evitar preguntarme por qué aún no me lo había explicado.

—Te lo habría dicho, pero no quería cargarte con más preocupaciones —dice, como si me hubiera leído el pensamiento. Alarga la mano y me toca el brazo—. Ni que pensaras que soy una boba patosa, además de mala conductora.

Entiendo lo que me quiere decir.

—¿Quieres ver el rasguño?

Empieza a bajarse la cremallera de la chaqueta y a menear el hombro para sacarlo de la manga.

—Ay, no, tranquila. No tienes por qué enseñármelo. —Ahora me siento como una idiota—. Perdona por haberte preguntado.

—Claudia —hace una pausa y me mira a los ojos—, yo también habría preguntado si hubiera visto la ropa de mi niñera llena de sangre.

Se ríe, quizá más de lo que parece justificado, y empieza a deshacer el desastre que he organizado intentando coser el botón.

## 36

Irme a vivir con Cecelia hace dos años no fue una decisión fácil. Tampoco lo fue dejar su piso. Ahora que ya no estoy allí me preocupa qué será de ella. Me siento completamente responsable de su bienestar y, sin embargo, hasta la última neurona cuerda de mi cuerpo me grita que jamás regrese con ella, que es veneno, que mientras estemos justas tendré encima la pesada losa de las locuras que plagan su mente.

Ella siempre ha estado batallando con su salud (tanto la física como la mental; sobre todo la mental) y yo intento ser todo lo comprensiva que puedo. Pero Cecelia no es como las demás mujeres. Nadie más que yo la entiende, nadie comprende los miedos irracionales y los ataques de ansiedad que pueden presentársele a cualquier hora del día o de la noche. Fui yo quien tuvo que tirar de ella en la oscuridad de la calle mayor en plena noche porque se había ido de compras navideñas en julio. Fui yo quien fue a buscarla al hospital y le sostuvo el hielo en los cortes de los pies después de que caminara quince kilómetros descalza buscando a un niño que no existía. Nadie más que yo sabe por lo que ha pasado; nadie más que yo comprende su necesidad de ser amada de una forma muy concreta: de una forma en que solo una verdadera madre puede ser amada, como me dijo una vez.

Ese es el motivo por el que Cecelia se niega a adoptar, aunque tampoco creo que le permitieran hacerlo. A pesar de su deseo innato por reproducirse, cree de verdad que siempre ha sido estéril... incluso antes de la operación. Dice que tiene unas caderas demasiado estrechas y que de todos modos nada querría crecer dentro de ella. Dice que Dios la hizo yerma como el desierto. A veces me siento tentada de darle la razón.

Así que, de una forma o de otra, conseguirle un niño ha acabado recayendo en mí. Admito que al principio solo fue por seguirle la corriente, por mantener a raya sus agitados pensamientos y tener su imaginación saciada. Pero cuando empezó a creer lo que le decía (que, no sé cómo, un día yo le conseguiría un hijo), empezó a comportarse, trabajar y funcionar casi con normalidad. Llegué a la conclusión de que solo era cuestión de mantener viva la esperanza.

Cecelia me pidió que las dos hiciéramos de madres del bebé. Empecé a darle vueltas. Dudaba que ninguna de nosotras estuviera preparada para criar a un niño, pero, como eso a ella la tranquilizaba, como yo intentaba conservar un trabajo que me exprimía y a la vez satisfacer todas las necesidades de Cecelia, dejé que creyera que me ocuparía de todo.

Ella había estado decidida desde el primer momento (daba miedo pensarlo, sobre todo por mí) y no dejaba de planearlo frenéticamente, de solucionar todos los detalles. Yo seguiría siendo el sostén de la familia mientras que ella cuidaría del niño. Ella seguiría diseñando sus joyas, pero a un ritmo más relajado. Quería que yo me quedara embarazada de un donante de esperma. Ahí es donde el plan se truncó, la verdad. No logré concebir.

Tampoco puedo decir que pusiera todo de mi parte: sin que ella lo supiera, tiré las muestras por el retrete sin ni siquiera intentarlo. Al ver que con el banco de semen no lo conseguíamos, supuestamente lo intentamos otras siete veces con el esperma que nos donó un buen amigo. Después de eso me hizo intentarlo con otro par de amigos más que se mostraron dispuestos y, cuando también eso falló, Cecelia me comunicó que quería que me ligara a un hombre en persona («Cualquier tipo atractivo nos servirá», dijo) y recuerdo que me reí tanto que me entraron ganas de vomitar.

«¿Qué me ligue a un hombre? —pregunté—. Haces que parezca un experimento de laboratorio o una maniobra de repostaje en pleno vuelo.» No dejaba de decirle que no con la cabeza, me preocupaba que quisiera incluso presenciar el acto. No pensaba hacerlo, de ninguna manera. Tomarle el pelo a Cecelia con inseminaciones caseras era una cosa, pero terminar quedándome embarazada de un individuo escogido al azar era otra muy diferente. Aun así, tenía que mantener viva su esperanza, lo cual era prácticamente lo mismo que mantenerla viva a ella misma, aunque ya empezaba a sentir que la locura de Cecelia podía ser contagiosa. El trabajo se me hacía cada vez más duro, porque al mismo tiempo tenía que lidiar con sus exigencias. Muy en el fondo sabía que tenía que escapar de aquello, pero ni siquiera sospechaba que tardaría casi un año más en decidirme.

Fue en una fiesta navideña donde Cecelia estuvo más que a punto de conseguir lo que quería. Todo un clásico, en la línea de encontronazo en la fotocopiadora o cita junto a la fuente de agua, solo que nosotros tuvimos una relación completa y sin protección en una habitación de hotel. Yo no dejaba de pensar en Cecelia, fingía que lo hacía solo por ella porque no quería admitir que era a mí a quien le apetecía montárselo con un desconocido. Después de tanto ocuparme de Cecelia y formar parte de su mundo trastornado además de intentar conservar mi empleo, la noción misma de disfrutar de algo me resultaba bastante extraña. Pero era Navidad, a fin de cuentas, y me solté la melena aun llevando el pelo corto. Fue el destello de su alianza bajo la lámpara de la mesita de noche mientras se ponía los calcetines lo que me hizo ir corriendo a la farmacia a comprar la píldora del día después a la mañana siguiente.

Mientras estaba sentada con el envase de papel de aluminio vacío en las manos, esperando a que los fármacos obraran su magia, medité sobre la noche anterior. Él me había pedido mi número.

—Pero si estás casado —le recordé. Intenté imaginarme a su mujer.

Por respuesta se encogió de hombros y siguió abotonándose la camisa. Era guapo y estaba en forma, también era inteligente, y yo no lograba imaginar por qué había hecho aquello. Cuando estuvo listo para marcharse me sostuvo de los hombros.

—Estoy casado, sí —dijo, con el primer brillo de remordimiento en la mirada—, pero quiero volver a verte.

A lo mejor pensó que eso era lo que yo querría oír pero en realidad no tenía ninguna intención de llamarme.

—Pues eso no va a pasar —le dije.

Le deseé felices fiestas y me fui, rezando por no volver a verlo nunca.

La verdad es que le confesé mi encuentro a Cecelia: una especie de retorcido regalo de Navidad para tenerla contenta hasta mi siguiente regla, aunque no le mencioné que me había tomado aquella píldora. Ella se puso como loca de contenta, así que ¿qué importaba el cargo de conciencia que me había quedado después de follarme al marido de otra mujer?

Sin embargo, una semana después Cecelia sufrió una de sus recaídas incomprensibles y virulentas en la depresión. Se negaba a levantarse de la cama, lavarse, comer o hablar, salvo cuando me gritaba. No tengo ni idea de por qué. Es solo algo que le sucede de vez en cuando. Le duró por lo menos tres semanas, y a finales de enero yo ya estaba más que harta. Le dije que pensaba marcharme.

—Si te vas, me mato —anunció, y yo sabía que lo haría, así que me quedé.

Estaba enferma de preocupación por Cecelia, pero aun así sentía cómo me doblegaba el peso de nuestra turbulenta vida en común sobre mis hombros. Ya no sabía cómo salir. Fuimos tirando como pudimos el resto del año, las cosas parecían mejorar. Al llegar noviembre, sin embargo, cuando las hojas empezaron a arremolinarse y el viento a arreciar de nuevo, lo mismo hizo el mal humor de Cecelia. Se zambulló de cabeza en un estado maníaco particularmente activo y se puso a trabajar sin descanso en varias piezas para una obra de Londres. Sus joyas se vendían bien y en aquella época ganaba más dinero que yo.

Entonces encontró a otro donante dispuesto. Cecelia quería volver a intentar lo del niño. Al fin y al cabo era lo que yo siempre le había prometido. Esta vez lo hice bien. Por ella... Por mi tranquilidad de conciencia. Pensé que, así, todo se solucionaría, aunque recé por que no funcionara. Pero su estado de ánimo solo empeoró. Todo podría habernos ido bien a las dos, pero ella seguía siseando y escupiéndome y gruñéndome solo por estar viva, como si yo fuera la causa de su enfermedad. Mis días se hicieron cada vez más y más desgraciados, y en varias ocasiones tuve que dar explicaciones ante mi jefe por mi bajo rendimiento.

Así que, cuando supe del trabajo en casa de Claudia y James, decidí que sería un nuevo comienzo para ambas y por fin la dejé. Si resultaba que me había quedado embarazada, haría lo correcto y volvería con ella. Si no, me juré que entonces todo habría terminado.

En el fondo de mi corazón, donde más me dolía, yo sabía que en realidad no sería así, que jamás conseguiría dejarla. Aunque ¿no estaba tomando yo también una decisión virulenta? Me avergüenza decirlo, pero el día que salí de nuestro piso estaba llena de odio hacia ella.

Así que aquí estoy, dispuesta a impresionar a mis jefes, pensando en mi futuro y mi bienestar por una vez, pero lo único que veo son ultimátums y últimas oportunidades. Por mi mente cruzan flashes de Cecelia, su melena indomable agitada por el viento; en mis oídos zumba su risa, que se derrama por una mueca dentuda y desquiciada. Si soy sincera, todo me parece insulso y vacío sin ella: vagos ecos de unas vidas que una vez compartimos y que ahora rechinan al toparse con los bordes de un sueño que se esfumó por... ¿qué? ¿Un bebé sin nombre? No puedo culpar a Cecelia por todo lo que no ha salido como yo quería, pero sentirme tan responsable de ella me ha pasado factura. Es inexplicable, pero aún sigo deseando cuidarla.

Recorro a pie el largo camino de vuelta desde las tiendas. Así tengo tiempo para pensar en lo que me ha dicho Claudia esta mañana: que la policía vino a casa anoche. ¿Por qué no me lo dijo mientras le cosía el botón? Parecía más preocupada en confesar que había estado husmeando en mi cuarto, aunque ella diga que solo buscaba un libro. No soy imbécil. ¿Y si encontró mi cámara y vio las fotos? No creo que hubiera explicaciones posibles suficientes para impedir que me despidiera ipso facto. Me parece que ni siquiera se creyó eso de que me había caído de la bici. Tendría que haber ido con más cuidado y no dejar la sudadera con sangre tirada por ahí.

«¿Y exactamente qué era lo que querían?», le he preguntado antes, mientras les preparaba el desayuno a los niños. Los dos gemelos tenían la oreja puesta justo encima de los cereales porque les he dicho que contaran los crujidos. Así los he tenido entretenidos mientras les troceaba algo de fruta y le preguntaba a su madre por los inspectores. «No ha sido muy considerado por su parte venir tan tarde.»

Claudia parecía incómoda.

«Me han preguntado cosas del trabajo», me ha dicho. Una respuesta plausible.

Llego a casa y abro la puerta de entrada, dispuesta a ponerme con todo lo que tengo que hacer. Al instante me quedo inmóvil. Oigo unas voces tenues que vienen desde algún lugar del interior de la casa. Voces desconocidas, voces masculinas. Con cautela, miro, desde la puerta, hacia el camino de entrada y la calle que hay más allá. La veo tentadora, segura, me promete libertad y el resto de mi vida si decido huir. Ya estoy a punto de dar media vuelta y echar a correr cuando dos hombres bien vestidos aparecen en el recibidor. Uno de ellos lleva una pila de folios y ambos me miran, tan sorprendidos de verme como yo de verlos a ellos.

—¿Quiénes son ustedes? —Estoy temblando, la adrenalina recorre todo mi cuerpo. Puede que no sean intrusos. Podrían ser amigos de Claudia.

—Estábamos a punto de hacerle la misma pregunta a usted —dice el rubio alto.

—¿Son amigos de la familia? No esperaba a nadie. —Doy un paso a un lado, intentando ver qué han estado haciendo. Esto me da mala espina. A juzgar por las carpetas que llevan han entrado en el estudio de James. El corazón me late con fuerza cuando me inclino hacia delante para asomarme por el pasillo y ver qué han hecho. Ahogo un grito de sorpresa al ver la puerta del estudio. Han forzado la cerradura. La madera está astillada—. ¡Dios mío! —digo, y retrocedo varios pasos—. ¡Nos han entrado en casa!

Mi aterrada expresión suaviza la actitud chulesca de los hombres, y el más bajo levanta las manos como excusándose.

—No se alarme —dice—. Somos los hermanos de Elizabeth. Hemos venido a recoger algunas cosas de ella. —Su rostro es frío, carente de emoción.

—Pero han entrado a la fuerza —insisto, intentando conseguir tiempo para pensar. Esto no está bien. Seguro que hará peligrar mi trabajo—. Siento mucho lo de su hermana. No llegué a conocerla, pero... —Frunzo el ceño. Me rasco la frente. Han reventado la cerradura de la puerta de James. Hasta el último centímetro de mi ser grita que llame a la policía... solo que no puedo—. Miren, me parece que debería avisar a Claudia para que sepa que están ustedes aquí, ¿les parece? Yo soy la niñera.

Los dos hombres parecen más tranquilos en cuanto digo eso último. «Solo es la boba de la niñera.»

—Nos vamos ya, así que no tiene por qué molestarla —dice el rubio con una sonrisa repulsiva—. Encantado de conocerla. Y sentimos lo de la puerta. —Salen de la casa apretando el paso.

—Pero... —Extiendo los brazos con impotencia mientras pasan frente a mí. Estoy segura de que no deberían llevarse todos esos documentos y, al darme cuenta de lo que implica, echo a correr hacia el baño de la planta baja. Vomito. Luego me pongo a trabajar y limpiar el desastre que han organizado.

## 37

—Gracias por presentaros con tan poca antelación —dijo Adam ante el equipo de agentes que trabajaban en las investigaciones.

Algunos estaban charlando, otros sentados en el borde de los escritorios y un par apoyados contra la pared. Todo el mundo tenía ganas de empezar. Lorraine no hacía más que aporrear las teclas de su móvil mientras se abría camino entre el menú de opciones del contestador del colegio. Adam la miraba con mala cara, pero a ella le daba igual. Ya la pondría al tanto más adelante. Se fue al pasillo pero la cobertura fallaba, así que salió un momento por una puerta auxiliar al pequeño patio de cemento que frecuentaban los fumadores. Apenas lograba oír a la secretaria cuando por fin se puso al teléfono.

—Pero es que es importante —replicó cuando le dijo que el director estaba ocupado los próximos días—. Tengo que hablar urgentemente con él sobre mi hija. —Lorraine soltó un hondo suspiro—. Sí, Grace Scott. —Se hizo un silencio, y Lorraine creyó oír cómo la mujer cubría el auricular y hablaba en voz baja—. Gracias, se lo agradezco —dijo al final, antes de colgar con una cita para las nueve y cuarenta de la mañana siguiente. Le mandó un mensaje de texto a Grace para informarla, con la esperanza de que asistiera.

—Date prisa —dijo Adam al interceptarla en el pasillo—.

Nos volvemos a Saint Hilda's Road. No estoy tan convencido de que no podamos encontrar a nuestra señorita Paige.

—Sí que estás de buen humor —comentó Lorraine con acritud. Ella sentía justo lo contrario.

—Sabrías por qué si te hubieses quedado en la reunión —contestó él, apretando el paso.

Al entrar en el aparcamiento subterráneo, Adam hizo sonar en el bolsillo las llaves de su coche.

—Pues acaba con mi sufrimiento —dijo ella, consciente de cómo le gustaba hacerla esperar.

Su marido no le desveló qué había provocado la urgencia de ese trayecto hasta que se detuvieron frente a la gran mansión georgiana de Edgbaston con los limpiaparabrisas trazando furiosos arcos por el cristal y esparciendo el aguanieve que había empezado a caer. Lorraine sabía que de nada servía insistir. La estaba castigando por anteponer su vida personal (el bienestar de la hija de ambos) al trabajo. Ella nunca cambiaría su ética y no creía que él llegara a hacerlo tampoco, por mucho que lo presionaran. Ser consciente de eso resultaba extrañamente reconfortante: saber que los dos juntos, de alguna forma, todavía formaban un buen equipo.

—Hay coincidencia entre las muestras de ADN de Sally-Ann y las de Carla —informó él con voz mecánica—. La misma persona estuvo en ambos escenarios y nos han confirmado que es una mujer. Carla sabía lo que se decía. —Adam tiró del freno de mano y se levantó el cuello para protegerse del mal tiempo.

—Por Dios bendito, y ¿cómo no me lo has dicho antes? —La voz de Lorraine salió en un gritito de incredulidad y rabia.

—Porque estabas hablando por teléfono.

—Estaba concertando una cita con el director del colegio de Gracie —espetó ella—. Alguien tiene que convencerla para que no deje los estudios.

—No en horario de servicio —replicó Adam—. Y no quiere seguir estudiando.

—Es que no hay ningún otro horario. —Lorraine fue rápida en contestar—. Todo nuestro tiempo entra dentro del horario de servicio, joder, ya esté preparando la cena, llevando a Stella a ballet o intentando mear tranquila, hay que joderse. Nunca más, ¿me oyes?, no vuelvas a intentar hacer que me sienta culpable por cuidar de mi familia, Adam. Solo porque tú... te sientas capaz de... —Lorraine se contuvo soltando un «Oh» que sonó bastante débil y femenino justo antes de salir del coche y lanzarse de cabeza al temporal de nieve que caía en esos momentos. Lo que acababa de expresar no era ni mucho menos cómo se sentía.

Poco después volvían a estar dentro del coche. En la casa no había nadie más que la mujer de la limpieza, quien les confirmó que en esa dirección no vivía ninguna Heather Paige. Lorraine protestó y le dijo a Adam que había sido una pérdida de tiempo, que Claudia ya les había dicho que allí no conocían a nadie con ese nombre.

—La única mujer que reside aquí además de la señora Morgan-Brown es la niñera —les explicó la mujer de la limpieza, que había arrastrado la aspiradora hasta la puerta y se apoyaba en el tubo—. Pero también ha salido. Ha ido a ayudar con la función de Navidad del colegio. —Se había mostrado dispuesta a revelarles prácticamente cualquier detalle nada más ver sus identificaciones.

—¿Vale la pena que nos acerquemos a ver a Zoe Harper? —le preguntó Lorraine a Adam mientras se abrochaba el cinturón—. Puede que ella sepa dónde podemos encontrar a Heather Paige. A lo mejor Heather vino a visitar a Zoe, y eso es lo que vio Cecelia cuando la siguió.

Bajó la visera de su lado y se miró en el espejito para secarse el agua de la cara con un pañuelo de papel. Luego se sacudió unos copos de nieve de los hombros. Adam estaba buscando la dirección del colegio con el nombre que tan solícitamente les había dado la mujer de la limpieza y, un instante después, ya se habían puesto en marcha.

La escuela de primaria Millpond Heath era un edificio de poca altura y reciente construcción. Quedaba justo al lado de un parque que blanqueaba por momentos. El recinto vallado estaba rodeado por árboles, a un lado, y agradables casas semiadosadas que seguían la curva de la tranquila calle en un discreto arco de existencia de clase media, al otro. El patio de asfalto ya estaba decorado por una capa de escarcha nocturna, y la nieve se daba prisa en cuajar sobre ella. El festivo efecto de felicitación de Navidad quedaba hasta cierto punto estropeado por los erráticos rastros de pequeñas pisadas medio derretidas que corrían en zigzag por entre los diferentes edificios que constituían el colegio, como si el patio hubiese sido cosido a la tierra por una modista descuidada. De alguno de los bloques salía una música a trompicones, y Lorraine recorrió las hileras de ventanas empañadas con la mirada, esperando que se tratara de los ensayos de la función de Navidad, lo cual los llevaría a Zoe Harper sin tener que levantar mucho revuelo.

Mientras cruzaban el patio hacia la entrada señalizada como «Recepción - Visitas», Lorraine sintió que llamaba demasiado la atención con su oscuro chaquetón de tweed, pero aun así no tanto como Adam con ese abrigo negro y largo que arrastraba tras de sí. Ninguno de ellos parecía estar allí por asuntos relacionados con el colegio.

—Inspectores Scott y Fisher —le anunció con brusquedad Adam a la recepcionista.

Era joven e inmediatamente se puso nerviosa al tenerlo delante. A nadie le gustaba ver a la policía en un colegio, a menos que fueran a darles una charla a los chavales sobre seguridad vial o prevención de la delincuencia en el barrio, y esas no eran las instrucciones que tenían ellos.

—Ah —profirió la chica, con los dedos posados aún sobre el teclado.

—Hemos venido a hablar con una mujer que los está ayudando aquí hoy. Se llama Zoe Harper.

—Ah —repitió. Esta vez consiguió alcanzar el libro de visitas que había en el mostrador de la ventanilla de cristal abierta que la separaba del vestíbulo. Se quitó las gafas para repasar la lista de nombres inscritos, y sus ojos se empequeñecieron de pronto—. Relleno de mula —dijo entonces, como si fuese una actividad de sobras conocida y los inspectores debieran respetar su importancia y no interrumpirla.

—¿Cómo llegamos al aula 1B? —preguntó Lorraine.

—Ah. —Parecía que todo iba precedido por esa única sílaba—. Pues hay que cruzar el patio para llegar al edificio de arte y música. Entren por la puerta principal y sigan el pasillo, es la segunda a la izquierda. Tendrán que firmar al entrar y llevar este pase de banda magnética.

—Gracias —dijo Lorraine, siguiendo ya sus instrucciones.

Un minuto después estaban avanzando por un pasillo vacío que olía a témperas en polvo y en el que se oía la melodía de «Noche de paz» saliendo de un aula.

—¿No te trae recuerdos? —preguntó Lorraine, mirando por el cuadrado de cristal abierto en la puerta.

Había unos treinta niños sentados en el suelo con las piernas cruzadas. Algunos tenían panderetas, otros tocaban triángulos. Uno o dos se hurgaban la nariz o se mordían las uñas mientras miraban por la ventana, o, en esos instantes, a la extraña cara que había aparecido en la puerta de su clase. Una profesora de pelo oscuro volvió a atacar el piano, asintiendo con la cabeza para hacerles señales al manojo de niños desinteresados que tenía a su cargo.

Lorraine y Adam siguieron andando hasta llegar al aula 1B. Por la ventanilla de la puerta, en un primer momento la clase les pareció vacía, pero entonces Lorraine vio a un grupo de tres mujeres agachadas en un rincón, peleándose con una criatura grotesca que estaba del revés y con sus cuatro patas larguiruchas alzándose hacia el techo.

En cuanto entraron, las mujeres se volvieron y Lorraine reconoció enseguida a una de ellas: la niñera con quien había hablado un momento en la dirección de Saint Hilda's Road. Se puso colorada al verlos.

—Sentimos interrumpir sus festivas actividades, señoras —anunció el vozarrón de Adam con más entusiasmo del necesario y mirando fijamente a la niñera.

«Está intentando compensar algo», pensó Lorraine, aunque no tenía ni idea de qué. Era una voz que solía reservar para las redadas o para situaciones graves que requerían expresarse con claridad y hacerse entender de inmediato. Tres mujeres levantando a pulso un... («Dios santo, pero ¿qué es eso?») no parecían justificar semejante presentación.

—Somos los inspectores Fisher y Scott —dijo Lorraine, que para variar antepuso su apellido. Sacó también su identificación—. ¿Señorita Harper? —le dijo a la más joven de las tres—. Sentimos molestarla cuando es evidente que está usted... —Lorraine contempló el desastre del suelo: la mula de atrezo había quedado tirada a sus pies, hecha un montón de piel y pezuñas al más puro estilo accidente de tráfico—. Solo queremos hablar un momento con usted, si es posible.

Zoe Harper se enderezó. Estaba metida hasta los tobillos en relleno de espuma y tenía pegotes de fibras enganchadas en la chaqueta de punto, que caía holgada por encima de sus ceñidos vaqueros negros. Se limpió las manos, manchadas de pintura marrón porque debía de haber pintado la cabeza de cartón de aquella criatura que miraba boquiabierta hacia un techo cubierto de copos de nieve.

—Ya lo sé, es un horror, ¿verdad? —dijo la joven con una risa alegre. O más bien demasiado entusiasta, le pareció a Lorraine—. Los niños van a tener pesadillas el resto de la vida. —Las otras dos mujeres rieron también.

—¿Hay algún sitio donde podamos hablar en privado? Tenemos un par de preguntas rápidas que hacerle.

Lorraine miró muy fijamente a Zoe Harper. ¿Qué tenía que tanto le despertaba la curiosidad? ¿Era el pelo rubio, bastante corto, despuntado y más oscuro en las raíces, esos intensos ojos azules que saltaban inquietos de Adam a ella, su cuerpo menudo pero musculoso, o quizá las cómodas botas de trabajo con cordones, que parecían un calzado más apropiado para un hombre que para la niñera de una familia adinerada? No, era otra cosa. Algo que danzaba en la periferia de su percepción, pero que le lanzaba una advertencia a gritos. Y todavía no sabía qué era.

—Pueden ir a la sala de profesores —dijo otra de las mujeres, que a todas luces intentaba no parecer interesada en lo que sucedía. Lorraine supuso que era una maestra—. Allí estarán tranquilos hasta que suene el timbre, dentro de quince minutos —añadió.

Zoe Harper encabezó la marcha con inseguridad hacia la sala vacía, donde los tres se sentaron en unos sillones bajos alrededor de una mesita auxiliar sobre la que había galletitas Rich Tea y bocaditos de crema a montones. Media docena de tazas de café sucias ocupaban también la mesa junto con varios números del *Daily Mail* y la revista *heat.*

—Fueron ustedes a casa el otro día, ¿verdad? —le dijo Zoe a Lorraine mientras se toqueteaba las uñas, que llevaba muy cortas.

—Exacto.

—Estuvimos hablando con su jefa sobre uno de sus casos. Alguien que ha sido víctima de un violento ataque.

La voz de Adam seguía siendo demasiado fuerte e inadecuada para la situación. Lorraine no tenía ni idea de qué le pasaba.

Zoe volvía a estar colorada y no dejaba de mirarse los pies, como si prefiriese estar en cualquier otro lugar que no fuera allí, hablando con ellos.

—Nos preguntábamos si conoce usted a una mujer que se llama Heather Paige —dijo Lorraine—. Nos gustaría hablar con ella y tenemos razones para creer que ha estado en casa de sus jefes.

Zoe, que por fin encontró aplomo, levantó la mirada.

—Lo siento, no sé quién es.

—La compañera de Heather Paige nos dio su dirección, así que estamos bastante seguros de que ha estado allí. ¿Puede esforzarse por recordar si han recibido alguna visita estos últimos días?

—¿Su compañera? —En su frente se formó un pequeño ceño que desapareció al segundo—. No, mientras yo he estado allí no —respondió Zoe—. Solo Jan, la mujer de la limpieza, y Pip, una amiga de Claudia, además de un par de repartidores, el fontanero y... —Iba a decir algo más pero se detuvo—. Lo siento, eso es todo en lo que puedo ayudarlos.

—¿Conoce a Cecelia Paige? —preguntó Lorraine.

Zoe puso cara de sorpresa.

—Pues no. Lo siento. —Otra vez colorada como un tomate.

—No sabe usted mentir, ¿verdad, señorita Harper? —preguntó Lorraine con cansancio.

—Me parece que no están en situación de juzgar eso —espetó Zoe, mirándolos a ambos.

—Su anillo —siguió diciendo Lorraine, que se había fijado en el destello que había lanzado al llevarse Zoe la mano a la cara para apartar un mechón de pelo caído. Al oír que lo mencionaba, la chica volvió a bajarlo a su regazo—. Es muy poco corriente.

—Fue un regalo.

—¿De quién? —la presionó Lorraine.

Zoe se encogió de hombros.

—Una amiga.

—Pues debe de ser una amiga muy especial, si le compró un regalo así. Son muy caros.

—Miren, me temo que no sé más —dijo Zoe—. ¿Era eso todo lo que querían preguntarme? Tendría que estar ayudando con la mula.

—¿Conoce a Carla Davis? —preguntó Lorraine.

—Deberíamos irnos —dijo Adam en voz baja. Estaba inquieto.

«Pero ¿qué narices le pasa?», se extrañó Lorraine.

—Lo siento, no —respondió Zoe.

—¿Y a Sally-Ann Frith?

Aquello no llevaba a ninguna parte, aunque para ella (y supuestamente también para Adam) era evidente que Zoe Harper escondía algo. O quizá solo era que se estaba dejando influir por lo que Claudia Morgan-Brown les había contado de su niñera y el informe sobre la chica muerta. Intentó mantenerse imparcial, pero era difícil. Por no hablar del extraño comportamiento de Adam. Comprendió que eso era lo que más la alteraba.

—No, lo siento. Si las conociera se lo diría.

—Entonces a lo mejor le gustaría explicarnos por qué tenía una fotografía con datos confidenciales sobre Carla Davis en su cámara —dijo Lorraine. Se preguntó si Adam tenía pensado mencionarle algo de todo eso. Por lo que ella podía ver, su marido solo tenía ganas de salir de allí enseguida.

Zoe hizo una mueca.

—No tengo ni idea —dijo con un tono convincente—. De verdad que nunca he sacado ninguna foto de ningún informe. Lo último que recuerdo haber fotografiado fue a los gemelos en el parque. Creo que los grabé en vídeo para que los viera su madre. Las niñeras solemos hacerlo.

—Pues vamos a necesitar su cámara para comprobarlo, me temo —afirmó Lorraine con cierta compasión.

Zoe se encogió de hombros.

—Bueno. Está en mi habitación, en casa de los Morgan-Brown. Ustedes mismos.

—¿Adam? —Lorraine esperó que un empujoncito le ayudara a preguntar algo oportuno.

—¿Está segura de que no fotografió la información personal de Carla Davis? —dijo él, lo cual carecía de toda utilidad.

—Estoy segura, inspector Scott —insistió Zoe—. ¿Por qué habría de hacer algo así? Soy niñera.

—Nadie ha insinuado que sea otra cosa —añadió Adam, pensativo.

—¿Cómo sabía tu apellido? —preguntó Lorraine.

Se ciñó el chaquetón alrededor del cuerpo y se subió la bufanda hasta taparse las orejas, decidida a no dejar que Adam notara que estaba helada de frío. Lo último que quería era que le ofreciera su abrigo. Tampoco es que hubiera muchas probabilidades de que hiciera algo así; todo rastro de caballerosidad había quedado engullido hacía tiempo por el voraz monstruo del matrimonio.

—Porque se lo has dicho tú misma, tonta. —Adam le dio un trago ansioso a su café.

—No. Yo he dicho los apellidos de los dos y ella ha sabido cuál era el tuyo. —Lorraine cogió el vaso de papel de Adam y lo tiró a una papelera al pasar—. No sé qué estás haciendo, Adam Scott. Ya sabes que no puedes tomar cafeína.

—Pues lo habrá adivinado de casualidad.

—Supongo —repuso Lorraine, aunque ni mucho menos lo creía. Zoe Harper tenía un aura más astuta, casi era como si ella los hubiese interrogado a ellos, y no al revés.

En cuanto regresaron a la casa de Saint Hilda's Road y se hicieron con esa cámara que Zoe tan solícitamente les había ofrecido, no perdieron el tiempo en repasar las fotografías. Como ya les había dicho ella, no había nada más comprometedor que unas cuantas fotos de los gemelos en una piscina de bolas y un vídeo de muy mala calidad de una pelea entre hermanos que se desarrollaba en unos columpios.

—Los de rastros podrían echarle un vistazo —había dicho Lorraine mientras metía el objeto en una bolsita—. A lo mejor dan con algo.

Adam había estado de acuerdo.

—Deprisa, me muero de frío —dijo Lorraine. Se dio cuenta de que Adam estaba absorto en algo, pero lo único que deseaba era que siguiera meditándolo en el coche y con la calefacción encendida—. Por cierto, sobre ese anillo que llevaba Zoe: lo he reconocido.

Él la miró de reojo mientras avanzaban por la acera.

—Era de bastante mal gusto, si quieres saber mi opinión.

—No te pedía tu opinión. Se parece muchísimo a los que hace Cecelia Paige. De hecho, no me cabe duda alguna de que es suyo. Vi muchas de sus piezas cuando estuve en su piso. Aquello es como un nido de urraca, o la cueva de Aladino. Abarrotado hasta arriba de... basura, básicamente, aparte de esas joyas fantásticas que crea. Puede que parezca un poco desequilibrada, pero tiene mucho talento.

—Entonces, ¿crees que Zoe sí conoce a Cecelia?

—Estoy segura. —Lorraine subió al coche. Nunca había tenido tanto frío.

—Yo también —dijo Adam, sentándose en el lado del conductor.

Lorraine se preguntó por qué daba la impresión de estar tan abatido con esa conclusión.

—¿Lo cual quiere decir...? —empezó a argumentar, esperando que Adam se le adelantara y expusiera sus ideas. Al ver que no lo hacía, prosiguió—: Si quieres saber mi opinión, Zoe Harper no es ni mucho menos quien dice ser. —Lorraine se quitó los guantes y sacó el móvil. Iba a pedir unas cuantas comprobaciones—. Y te diré incluso más: apostaría dinero a que Zoe Harper en realidad es Heather Paige.

## 38

Cada vez que he perdido un embarazo, una pequeña parte de mí ha muerto también. No creo que Martin llegara nunca a comprenderlo, ni mis amigas, ni los ginecólogos y las enfermeras que recomponían los mil pedazos en los que se rompía mi vida en cada ocasión. Tres veces he dado a luz fetos muertos, y casi he dejado de contar la cantidad de ocasiones en que una vida minúscula ha manchado mi ropa interior.

En general, con el paso de los años eso ha hecho que me sienta como una cáscara inservible más que una mujer, una aberración incapaz de llevar a término un embarazo con un niño vivo; y, después de tanta angustia y tanto dolor en mi interior, llegué a la conclusión de que era una conspiración, una advertencia no escrita pero grabada a fuego en mi alma para todos mis posibles hijos e hijas: alejaos de esta mujer. No es buena madre.

Estaba en los grandes almacenes Debenhams. Había ido a comprar algunas cosas para los gemelos y un vestido para mí. A James y a mí nos habían invitado a un bautizo y yo no tenía nada decente que ponerme. La sola idea de pasar una mañana en la iglesia mientras todo el mundo babeaba con el bebé de otra persona me parecía abominable, pero James y el padre eran amigos desde el colegio, así que sabía que tendría que asistir. Intenté que no me afectara la buena suerte de los demás, sus familias perfectas, pero la pura verdad era que los celos se me atragantaban como una palada de barro bajando por mi garganta.

Encontré camisetas y zapatillas deportivas nuevas para los niños sin ningún problema. Los había dejado en la guardería toda la mañana y yo había aprovechado para escaparme de compras. Además, en parte era una distracción terapéutica. El día antes me había bajado la regla. Una vez más, no iba a ser madre. Después de un retraso de dos semanas, de repente mis jadeantes esperanzas habían vuelto a quedar hechas añicos. Algo en lo más profundo de mi interior me decía que aquella hemorragia era mucho más que el habitual período del mes, que sí había concebido un hijo con James antes de que se marchara a una misión breve, pero que había tenido un aborto espontáneo y no podría darle la bienvenida a su regreso con un par de minúsculas botitas sobre la almohada, tal como había planeado.

Como no lograba quitarme esa idea de la cabeza acabé yendo a parar a la sección de bebés. Mientras me paseaba entre los expositores de cochecitos y cunas, asientos para coche y ropita, me vi enfrentada a todas y cada una de las fases de una vida incipiente... un lugar en el que no había estado nunca, salvo en sueños. Era una especie de castigo, supongo.

—¿Puedo ayudarla, señora? —preguntó la dependienta.

—No, solo estaba mirando, gracias.

Mi mano, en un gesto estúpido, se fue plana a mi vientre, como si de verdad creciera allí un niño.

La dependienta me sonrió y me di cuenta de que estaba pensando en preguntarme para cuándo lo esperaba, pero había mucho ajetreo de clientes.

—Si quiere que la ayude, dígamelo —insistió antes de marcharse a ofrecer sus servicios a una joven pareja que, siendo sincera, no parecía que pudiera permitirse nada de esa tienda.

La cabeza me daba vueltas entre los suaves pijamitas que colgaban de las minúsculas perchas de los expositores. Los bordes de las pequeñas prendas de felpa rozaban la irrealidad, mi visión y la consciencia de mi ser se fundían con el ruidoso mundo que me rodeaba. Allí estaba yo, que había ido a buscar un vestido de celebración para el bautizo de otra familia pero había acabado en la sección de bebés, pasando mis manos temblorosas por unos artículos que con toda probabilidad nunca me haría falta poseer. Solo podía pensar en lo injusto que era aquello; en que, si me dieran la oportunidad, yo sería la mejor madre de la historia. Y en lugar de eso, pasaba mis días apartando a bebés y niños de unos padres poco adecuados. La ironía de la situación me hizo soltar una carcajada en voz alta.

—Ay, lo siento —dije al toparme de bruces con la mujer de la pareja que había visto antes.

Los había estado observando con ojos algo humedecidos, había visto cómo deseaban todo aquello, desde una cunita blanca hasta un cochecito que servía también como asiento para el coche. La joven aferraba un suave corderito de peluche que tenía una etiqueta roja de precio rebajado. Seguramente era lo más barato de toda la tienda.

—Tenga cuidado —me recriminó el hombre. Iba desaliñado y parecía agresivo, lo cual me hizo pensar en los padres con los que trataba en el trabajo—. Está embarazada, ¿sabe?

—No pasa nada —dijo la joven. Estaba pálida hasta tal punto que casi parecía gris. No tenía aspecto de encontrarse bien.

—Lo siento mucho —repetí—. ¿Va todo bien?

La mujer asintió y el hombre puso mala cara, ambos siguieron su camino. Yo quería decirles que también estaba embarazada, comparar las fechas previstas para el parto y hablar de las ventajas de los pañales ecológicos y de dar el pecho en lugar del biberón, pero me sentía demasiado vacía para hacer poco más que avanzar con torpeza frente a un expositor con diminutos vestidos en alegres tonos amarillos y rosa. Volvía a verlo todo borroso otra vez y estaba a punto de sucumbir a las lágrimas, salir corriendo hacia el lavabo o desaparecer en el ascensor cuando de pronto oí un grito estremecedor. Miré a mi alrededor, pero al principio no pude localizar de dónde venía.

Entonces vi que la mujer con la que acababa de chocar agitaba los brazos alrededor de su cabeza. Lo primero que pensé fue que a lo mejor yo le había hecho daño, que quizá le había provocado un aborto espontáneo. De pronto me sentí contagiosa y el pánico se apoderó de todo mi cuerpo. Apenas lograba respirar mientras daba pasos inseguros, los ojos muy abiertos, hacia la pareja. El hombre estaba intentando inmovilizar los brazos de la mujer, que se agitaban cada vez más, pero no lo conseguía. Ella tenía los ojos desorbitados, como si estuviera poseída por un demonio, y sus manos salían disparadas para derribar todo lo que tuvieran a su alcance.

—Señora, por favor, déjeme que la ayude —dijo la dependienta.

La joven no hizo ningún caso de sus súplicas para que se calmara, sino que cayó más aún en esa espiral de descontrol y empezó a tirar al suelo expositores de juguetes y accesorios para la alimentación del bebé. Un zoo entero de animales de peluche salió volando para reunirse con el estropicio de platos de melamina y biberones de plástico. Arrancaba la ropita de los percheros y formaba con ella un caos neonatal, empujaba cochecitos que se alejaban por los pasillos de madera y amenazaban con atropellar a los curiosos que se iban reuniendo, ansiosos por ver a esa mujer que había perdido la chaveta.

Yo sabía que tenía que hacer algo. Sentía que aquello era culpa mía.

Me acerqué a ella sin que me importara recibir un bofetón.

—Por favor, cálmate. Te vas a hacer daño, o al niño.

Paró en cuanto pronuncié la palabra «niño».

—No quiero al puñetero niño —escupió, y siguió con su arrebato hasta que dos guardas de seguridad consiguieron reducirla. Yo me quedé quieta a su lado y caí con ella al suelo cuando le fallaron las rodillas. Le habían inmovilizado los brazos a la espalda.

—Cuidado, que está embarazada —les dije a los guardas. Aflojaron un poco. Mares de lágrimas caían por el rostro de la chica, que sollozaba y diluía en hipos lo que quedaba de su brote de ira.

—Todo saldrá bien, tú respira con calma si puedes. —Le enseñé a unir ambas manos formando un cuenco sobre la boca y la nariz mientras sus costillas hacían entrar y salir aire de sus pulmones como si el mundo se estuviera quedando sin oxígeno. No podía ser bueno para el niño.

Al cabo del rato se estabilizó y por fin pareció que me escuchaba. Los curiosos se habían dispersado gracias a los dependientes, mientras que el compañero de la joven le acariciaba la cabeza y le sostenía la mano. Ella no parecía saber ni dónde estaba.

—¿Hay algún sitio donde pueda sentarse un rato? —le pregunté a la dependienta, que se alegró de poder llevarnos a una sala interior mientras sus compañeros empezaban a recoger el destrozo. Entre el hombre y yo conseguimos sentarla y hacer que bebiera unos sorbos de agua. Por fin recuperaba un poco de color en las mejillas.

—No quiero este niño —murmuró con labios temblorosos—. Tengo miedo.

Una gélida riada recorrió todo mi cuerpo, pero conseguí evitar que desbordara la presa. Ella no sabía nada de mí, nuestras vidas trascurrían completamente ajenas y, sin embargo, jamás sabría la fuerza con que había tocado la fibra más sensible de mi corazón.

—Me llamo Claudia —le dije, hablando despacio. La chica no pensaba con claridad. Por supuesto que quería tener el niño—. Puedo ayudarte. No has de tener miedo. —Entonces pareció relajarse—. Tu cuerpo está pasando ahora mismo por unos cambios extraordinarios y, créeme, hace auténticas barbaridades con lo que sientes. —Le sonreí para tranquilizarla.

Le temblaban las manos mientras bebía sorbos de agua.

—¿Tú también estás embarazada? —susurró.

—Sí —contesté, asintiendo con la cabeza. Me pareció la respuesta más apropiada, dadas las circunstancias. Quería ganarme su confianza, calmarla y, lo más importante, impedir que hiciera algo que lamentaría el resto de su vida—. Así que sé muy bien cómo te sientes.

—Todo el rato tengo náuseas y la mente me juega malas pasadas. Desde hace unas semanas no sé ni dónde tengo la cabeza y casi no puedo mantenerme despierta, pero por las noches nunca duermo. Ni siquiera estoy de tres meses, así que a saber cómo será esto al final. —Soltó otra tanda de sollozos—. Si es que llego al final.

—Eres una embarazada preciosa y vas a tener un niño sano y feliz —le dije—. Todos los niños vienen a este mundo con su propia ración de amor. Eso que sientes ahora no durará mucho. —Miré a su compañero. La dependienta nos había dejado solos—. Pronto te encontrarás mucho mejor, puede que ya la semana que viene. O incluso esta misma noche —le dije con una tenue sonrisa. Tenía que darle esperanzas.

—Tengo cita para abortar —me confesó en un susurro.

Vi la vergüenza en su mirada, pero no quería que supiera cómo me sentía. Me obligué a ser fuerte, a mantener mis sentimientos a raya. Ella no tenía la culpa de mis desgracias.

—Es una decisión muy importante —dije.

Asintió enseguida.

—No sé qué hacer.

—Eso no puede decírtelo nadie, pero tienes a otro ser humano creciendo en tu interior. Debes valorar esa vida tanto como lo harías con la tuya propia. —Vi encenderse un destello de luz en sus ojos llorosos, como si una idea especialmente dolorosa acabara de despertarla.

La joven pareja se trabó en un abrazo. Ella gimoteaba sin poder contenerse y él la balanceaba con suavidad, como si fuera su bebé. Pensé en pedirles sus nombres para pasarles los datos a los servicios sociales, al menos para que tuvieran conocimiento del estado emocional de la mujer, pero me di cuenta de que, si eran de la ciudad, tal como hacía pensar su acento, sería probablemente mi departamento y yo misma quien acabaría llevando su caso. Así que al final decidí dejarlo correr.

—Ya me encuentro mejor, gracias —dijo ella mientras se levantaba. Se apoyó en mí, la persona que tenía más cerca, para ponerse en pie tambaleándose.

—¿Estarás bien? —pregunté.

—Estaremos bien —respondió el hombre, quizá con demasiada brusquedad, me pareció a mí, teniendo en cuenta que yo había dejado mis compras para ayudarlos.

Sentí que se me formaban lágrimas en los ojos al ver que la chica se alejaba ya. Aquello no estaba bien.

—Bueno, cuídate —le dije, alargando una mano hacia ella. Intercambiamos un breve apretón de dedos—. ¿Estás segura de que estarás bien? —repetí, supongo que con desesperación. No quería que se marchara. Me preocupaba que cambiara de opinión y siguiera adelante con el aborto. Aunque ¿a mí qué más me daba, si no era asunto mío?

La joven asintió con la cabeza.

—Gracias por la ayuda —dijo con una sonrisa, y se fueron.

Yo salí de aquella sala y me paseé algo aturdida por la sección de habitaciones infantiles. Si no podía tener un hijo, no veía una vida por delante. Esta vez sí se me saltaron las lágrimas. Entonces pensé en James y en los niños, y en que las cosas no eran tan desesperadas como yo las veía. Me estaba portando como una caprichosa y una egoísta.

Salí de la tienda sin comprar ningún vestido y me fui al aparcamiento. No me di cuenta de que me había dejado las bolsas con la ropa de los gemelos en la tienda hasta que me desplomé en el asiento del conductor. No me importaba. Solo quería volver a casa.

Mientras llevaba el coche hasta la barrera de salida, lo único que podía oír eran las palabras de mi comadrona la última vez que sucedió.

«¿Quieres ver al niño, cielo?»

Me negué con un movimiento enérgico de la cabeza; yo

solo quería fundirme en un ausente borrón de lástima y rechazar toda clase de ayuda.

Sollocé al bajar la ventanilla e insertar el tíquet. En ese momento miré hacia el viejo coche destartalado que había en el otro carril. La música a todo volumen y las voces que salían de él me llamaron la atención. Era la pareja de la tienda. Estaban discutiendo. El hombre me fulminó con la mirada y pisó a fondo en cuanto se levantó la barrera.

Yo me serené y me soné la nariz. Cuando mi barrera me dejó pasar me coloqué tras su coche en la espiral de la rampa. Al salir a la luz del sol primaveral entorné los ojos y los seguí un par de manzanas. Consternada, vi cómo se pasaban un semáforo en ámbar. El pie se me fue al acelerador, no podía pensar más que en lamentaciones y bebés y el hecho de que jamás sería una madre de verdad.

# 39

Algo había entre Zoe, Heather y Cecelia que inquietaba a Lorraine. No sabía decir qué era, pero sentía una comezón que no la dejaba tranquila. Sin embargo, cuando Adam informó de que Heather Paige no aparecía por ningún lado en el sistema informático, se olvidó temporalmente de ello y se concentró en su hija descarriada.

—No ha ido al colegio —dijo Lorraine, intentando mantener la calma a pesar de la creciente sensación de pánico. No hacía más que repasar una y otra vez lo que le había dicho la secretaria por teléfono.

—No me sorprende, teniendo en cuenta que acaba de anunciar que piensa dejar los estudios. —Adam bajó del coche.

—No sé cómo puedes estar tan tranquilo —repuso Lorraine—. No piensa con claridad. Es evidente que se siente muy desgraciada, y ahora da la sensación de que está desaparecida. —También ella bajó del coche, cerró de un portazo y subió a zancadas los peldaños del sombrío edificio gris.

Normalmente no se fijaba en la lúgubre arquitectura que hospedaba al Departamento de Investigación Criminal, pero aquel día el cemento triste, las ventanas de aluminio y la deprimente monotonía de la fachada principal la interpelaban como si fueran heraldos de la desesperanza.

Adam la alcanzó y la cogió del brazo.

—Los dos sabemos de qué va esto en realidad —dijo. Su

aliento se congeló en el aire, entre ambos. La soltó al ver que le hacía daño.

—No tengo ni idea de qué insinúas. A mí me parece que está todo muy claro.

Lorraine siguió subiendo los escalones, pero se tropezó en el último. Sus manos salieron en busca del cemento, el bolso se le cayó y volcó todo su contenido a los pies de Adam. Ella se quedó un momento en el suelo, de bruces sobre la lisa superficie, y sintió estallar un dolor en la rodilla derecha que la hizo estremecerse al ponerse en pie. Adam ya estaba recogiendo sus cosas y las metía en el bolso mirando cada objeto como si siempre se hubiera preguntado qué había ahí dentro.

—Ven —le dijo, tendiéndole una mano—. Lo siento.

Se produjo una pausa. Lorraine no sabía muy bien por qué se disculpaba.

—No veo cómo podemos pasar de Zoe Harper a lo desorientada que está nuestra hija y luego al caos monumental que es nuestro matrimonio y terminar con una vaga disculpa, todo en solo dos minutos. —Se ciñó el chaquetón al cuerpo. Le dolía la palma de la mano derecha.

Adam agitó los brazos a sus costados, un gesto que siempre había molestado a Lorraine. Le hacía parecer un niño pequeño.

—Lorraine... —Suspiró y la apartó de la puerta del edificio, que, con sus compañeros pasando de un lado a otro a su alrededor, parecía la entrada a una colmena. Inspiró hondo y empezó de nuevo, como si aquella fuese su última oportunidad—. Lorraine... esto que nos pasa, ya no lo quiero más. Cada vez que hablas conmigo, digas lo que digas, me duele como un puñetazo en el estómago. —Apartó la cara un instante.

Lorraine sintió que se le revolvían las entrañas, y no era la primera vez. ¿Qué estaba pasando? ¿Era el momento en que todo empezaría o terminaría? ¿Allí, en los escalones de la comisaría? Ella había imaginado que la confrontación tendría lugar en algún otro sitio, quizá en su sala de estar, el dormitorio, la cocina, el jardín: un lugar menos público, y no en el trabajo, precisamente. Un par de compañeros pasaron corriendo y los saludaron con la mano.

—Pienso que no...

—Pues yo sí —dijo Adam con severidad—. Pienso en ello todo el tiempo. Lo que sucedió consume cada una de las horas que paso despierto. Corrijo: consume todas mis horas, las que paso despierto y las que duermo. ¿Cómo quieres que te explique lo que sucedió si ni yo mismo lo entiendo? Ya ha pasado casi un año y no sé cómo seguir adelante. Hice una estupidez, tú lo sabes, yo lo sé, pero ¿cómo explicarlo o racionalizarlo, para ti o para mí mismo? Ese es el problema.

Adam iba girando en semicírculos. El ceño de su frente era más profundo que nunca, sus hombros estaban más encorvados de lo que Lorraine los había visto en mucho tiempo. Desde luego podía tenerlo en ese limbo de sufrimiento y dejar su agonía en suspenso todo el tiempo que ella quisiera, pero ¿qué era lo que deseaba en realidad?

—Vamos dentro —le dijo—. Intentaré llamar a Grace otra vez. —Necesitaba controlar esa conversación, el lugar y el momento en que tendría lugar, y no podía dejar que continuara ahí fuera, a la vista de todos.

Adam entró con ella. Era evidente que estaba arrepentido, pero, inexplicablemente, ella prefería que discutiera, que negara sus faltas, que intentara actuar como si nada hubiera ocurrido. Para Lorraine era una especie de mantita de consuelo hecha de mentiras que por lo menos la hacía sentir que quizá él no había hecho nada tan horrible, a fin de cuentas.

A solas en el ascensor la acorraló formando una V con sus brazos y se acercó mucho a su cara. Tenía la mandíbula tensa.

—Cometí un error. Pero fue solo una vez. Estaba borracho. Ella también. Hubo sexo. No la he vuelto a ver.

Lorraine sintió arcadas, y no por la sacudida que dio el ascensor al detenerse en su piso. Era la cercanía de su marido, sentir su respiración en la cara.

Las puertas se abrieron y Adam retrocedió a la vez que aparecían varias personas frente a ellos, en el pasillo. Lorraine fue directa a su despacho y estaba a punto de cerrar la puerta cuando el brazo de Adam se adelantó para impedírselo.

—Me niego a hablar de esto aquí, Adam. Tenemos dos investigaciones de asesinato y una hija que está tirando su vida a la basura. ¿Cómo narices se te ha ocurrido que me apetecería hablar de nuestra relación justo ahora?

Lorraine se dejó caer en su silla y encendió el ordenador. Marcó el número de Grace.

—Sigue sin contestar —dijo, y dejó el teléfono en la mesa.

—¿Estás preocupada? —preguntó Adam.

—Claro que estoy preocupada, joder —espetó Lorraine—. Nuestra hija no ha ido al colegio. Se ha marchado de casa. Está decidida a casarse con Matt y no me coge el teléfono. Pero hay una cosa que sí sé.

Adam enarcó las cejas con esperanza.

—Al contrario que su padre, no es imbécil. —Respiró, levantó la cabeza y miró a su marido a los ojos por primera vez en un año, o eso le pareció a ella—. Está bien, venga. Quiero saber cómo ocurrió. Todo. —Se clavó las uñas en las palmas de las manos—. Hasta que no me lo cuentes no podremos seguir adelante, ¿verdad?

Adam se quedó absolutamente inmóvil. Lorraine no tenía idea de qué era lo que diría ni de cómo reaccionaría ella al oírlo. Podía suponer el final de todo, o podía ser el principio de una comprensión que ella nunca había imaginado que le concedería. De una forma o de otra era un proceso por el que sabía que tenían que pasar. Solo que no había imaginado que sería en ese momento, ese día, en su despacho. «Mierda.»

—Fue el diciembre pasado. —Adam hablaba con una voz seca y ronca—. Tú estabas enferma, pero me dijiste que fuese a esa fiesta de Navidad sin ti, aun sabiendo que no soporto esos sitios.

Lorraine contuvo la ira. ¿De verdad le había insistido para que fuera? No lo recordaba. Se había encontrado mal, eso sí lo sabía. Había cogido la gripe y llevaba tres días con fiebre alta, lo cual había hecho que su mente funcionara en un nivel de tenue irrealidad. Esperó a que Adam prosiguiera.

—Llegué tarde. Era una reunión interdepartamental y el ambiente estaba muy animado, aunque un local abarrotado de gente no es mi idea de la diversión. —Se encogió de hombros, indicador pasivo de que nada de todo aquello le importaba demasiado.

Lorraine sabía que se defendía tan bien como cualquiera en una fiesta.

—Había un par de personas a las que conocía, así que estuve un rato charlando con ellos. Supongo que a esas alturas ya había bebido bastante. —Ambos sabían que no asimilaba bien el alcohol. Casi nunca bebía—. La vi de pie al otro extremo de la sala. Supe que me estaba mirando. Al final se me acercó y se presentó...

—¡Para! No quiero. No quiero saber cómo se llama.

Él asintió.

—Me dijo que nos habíamos visto antes, aunque yo no la reconocí. Estuvimos hablando. Nos emborrachamos juntos. Hicimos una estupidez.

—¿A qué te refieres con eso?

—Fuimos a un hotel que había al otro lado de la calle. La habitación la pagó ella, por si te lo estás preguntando.

—No me lo estaba preguntando.

—Sucedió. Me vestí. Me marché.

Lorraine sabía lo que estaba haciendo Adam. Esas frases cortas, sucintas, casi monosilábicas eran típicas de él cuando intentaba explicar lo mínimo imprescindible sin ser acusado de ocultar información. Era más o menos como interrogar a un sospechoso, aunque en este caso Lorraine estaba segura de que era culpable.

—Vale —dijo en voz baja—. Podría preguntarte cosas como «¿Estuvo bien?» o «¿Te dio su número?», pero no lo haré.

—No soportaba que le temblara la voz—. Lo que sí quiero saber, Adam, es por qué.

Se hizo un predecible silencio en el despacho: uno de esos silencios lo bastante grandes para ocupar la distancia que tanto había crecido entre ambos desde el comienzo de todo aquello, hacía casi un año.

—Si te digo la verdad, no tengo ni idea. No lo pensé. Era atractiva. Estaba allí. De no haber estado borracho, las cosas hubiesen sido diferentes.

Lorraine sabía que Adam solía escenificar sus emociones frotándose la cara, alborotándose el pelo o incluso toqueteándose un botón del puño; pero no hacía nada de eso. Solo estaba allí de pie, sin fuerzas, como si cada centímetro de él se hubiera rendido ante esa situación.

Lorraine sacudió la cabeza, agotada por la magnitud de todo aquello.

—Supongo que esperaba que me dieras algo más tangible, que dijeras que fue por mí, o por las niñas, o porque tu vida familiar era una mierda. Pero me preocupa que fuera única y exclusivamente por tu falta de juicio, Adam. Me preocupa mucho. Me hace pensar que podría volver a suceder. —Levantó las manos y las dejó caer otra vez en su regazo—. Y, para que lo sepas, no me creo que no la hayas visto más.

—No...

Adam se vio interrumpido por el timbre del móvil de Lorraine, que se lanzó a por él.

—Es Grace. —Leyó las pocas palabras del mensaje y cerró los ojos—. Está bien, pero no quiere vernos.

Adam suspiró.

—Puedo entender por qué. Desde que empezó esto no hemos hecho más que presionarla.

—¿Presionarla? ¿Tú crees que pedirle a nuestra hija que tenga un poco de sensatez es presionarla?

Adam levantó las cejas, y así consiguió que Lorraine se detuviese a pensar.

A regañadientes, sus dedos teclearon una respuesta: «Estaremos aquí cuando nos necesites».

Por lo que Lorraine podía ver, el mensaje de Grace había supuesto una agradable interrupción para Adam. Ya le había contado los detalles básicos, le había ofrecido información suficiente de lo ocurrido aquella noche para atenuar parte de ese misterio que ella había estado adornando a lo largo del último año hasta otorgarle unas proporciones desmesuradas. Sin embargo, por el momento tenían otros asuntos de los que ocuparse: nada menos que la compleja red de relaciones entre los personajes del caso de Sally-Ann Frith.

Con las investigaciones a toda máquina y el equipo entero trabajando las veinticuatro horas, Lorraine y Adam habían decidido irse a casa a descansar un rato, ya que los dos tenían la tarde libre. No obstante, habían ido en coches diferentes. Lorraine se encontró a Adam ya en chándal cuando llegó a casa, se quitó el abrigo y subió un poco la calefacción. Se estaba preparando un té y entonces sonó el timbre. Pensando que a lo mejor sería Grace, fue a abrir.

En la puerta estaba Matt, temblando, con las llaves del coche en la mano y lanzando miradas nerviosas hacia la calle. En cuanto vio a Lorraine empezó a mascullar una especie de disculpa.

—Matt —dijo ella, levantando una mano para detener su torrente de murmullos—. Será mejor que entres.

El chico la siguió hasta la cocina. Adam pareció sorprendido al verlo, pero Matt consiguió mantener hasta cierto punto la compostura, aunque sin dejar de temblar.

—¿Grace está bien? —preguntó Lorraine, preocupada de pronto.

Matt asintió con solemnidad.

—Está bien, sí. Bueno, ya saben, más o menos. —Dejó escapar un suspiro—. No sé qué les ha contado de todo esto, pero...

—¿Que no lo sabes? —rugió Adam, levantándose después de atarse los cordones de las zapatillas—. Eso tiene mucha gracia, siendo como eres el responsable de que nuestra hija se haya ido de casa y deje los estudios.

Matt parecía abatido. Lorraine apretó el brazo de Adam para hacerlo callar.

—Es que no es exactamente así —siguió explicando el chico—. Grace está un poco confundida.

—Ya lo creo que sí —dijo Adam, zafándose de Lorraine y dando un paso en dirección a Matt con los puños apretados. Lorraine se interpuso entre ambos.

—Soy consciente de que piensa dejar los estudios de todas formas, pero Grace no ha ido hoy al colegio —dijo Lorraine—. Y no sabemos dónde está.

Matt alzó las manos a la defensiva.

—Estaba conmigo —confesó—. Estábamos hablando y eso. —Agachó la cabeza—. Miren, por eso he venido. Tengo que decirles algo importante.

# 40

El teléfono fijo deja de sonar justo antes de que descuelgue. Mientras resbalo sobre las baldosas del recibidor para frenarme, me doy cuenta de que siento un cosquilleo por todo el cuerpo. Mi nerviosismo está alimentado únicamente por mi cabeza. Eso me asusta. Es como la erupción de un volcán sobre el que no tengo control, o una enfermedad que no tiene cura. Levanto el auricular para asegurarme de que la otra persona no está todavía al otro lado, esperando a que descuelgue. Casi al instante empieza a sonar el móvil. Corro en su busca y por fin lo encuentro, en mi bolso, en la cocina.

—¿Diga? —pregunto antes incluso de apretar el botón.

Esta tarde tiene una extraña aura de urgencia, algo agobiante y definitivo flota en el ambiente, como si casi se me hubiera agotado el tiempo, cuando yo no quiero que se agote; es un tramo decisivo de mi existencia que sencillamente no había esperado que terminara tan pronto.

—¿Diga? —repito—. ¿Quién es? —Lo único que oigo es la respiración convulsa de alguien anónimo. Es casi como si el teléfono mismo aspirase y expulsase el aire de la cocina—. ¿Quién es? —Estoy a punto de colgar cuando oigo la voz de una mujer.

—Por favor, ayúdame —dice, y al instante sé que es Pip. Mi corazón rueda como un bolo caído en el interior de mi pecho. Sé por qué llama. Mi mano cae inerte a un costado mientras lo asimilo, mientras decido qué implica. Vuelvo a llevarme el teléfono al oído y esa respiración frenética sigue ahí. Casi puedo sentir cómo su mano aprieta la mía mientras su cuerpo se desgarra, mientras su útero se prepara para vaciarse.

—¿Pip? —pregunto, aunque sé muy bien que es ella—. ¿Te encuentras bien?

Hay una larga pausa. Al final habla:

—Estoy de parto.

Más jadeos seguidos de unas respiraciones controladas, como si solo hablar conmigo la ayudara ya a calmarse.

—¿Acabas de llamar tú al fijo? —Una pregunta estúpida.

—Sí, sí —dice durante una pausa entre contracciones—. Siento muchísimo molestarte. No sabía a quién más llamar. He dejado un mensaje.

No he tenido ocasión de escucharlo, pero me gusta que me haya llamado a mí, que en mitad del drama de las convulsiones de su cuerpo haya acudido a mí en busca de ayuda.

—¿Puedes venir? —pide. Casi veo la mueca de dolor de su rostro—. De verdad que necesito que me ayudes. La niña llegará pronto y no consigo encontrar a nadie. Clive debe de estar en una reunión.

La bomba de lo que acaba de decirme me saca de mi estado de inacción. Aun antes de haber terminado la llamada, ya me estoy poniendo los zapatos y cogiendo el abrigo.

—Voy para allá, Pip. Tú espérame.

La mantengo al teléfono mientras busco las llaves del coche por todas partes, pero no doy con ellas. Decido ir en el coche de James, pero entonces recuerdo que lo están revisando en el mecánico. Me tiro del pelo, frustrada, pero intento que Pip no sienta mi inquietud.

—Por favor, no des a luz antes de que llegue yo. Quiero estar contigo. Te prometo que estaré ahí dentro de nada. —Entonces le pregunto si ha llamado a una ambulancia y, como me dice que no, le doy unas instrucciones muy concretas. Rezo por que haga lo que le he dicho.

El aire frío me deja sin respiración, pero no tanto como para no pensar con claridad. Sin otro vehículo a mano, solo me queda la bicicleta. La saco de detrás de la puerta lateral y paso una pierna por encima del sillín. Al empezar a pedalear no hago más que resbalar sobre las placas de hielo de la acera. Un conductor me pita cuando salgo bruscamente por entre los coches aparcados, pero recupero el equilibrio justo a tiempo para no chocar contra el costado de una furgoneta.

La casa de Pip no está lejos (o al menos nunca me lo ha parecido cuando he ido en coche), pero ahora que tengo que impulsarme yo misma es casi como si estuviera intentando llegar a la cara oculta de la luna. El cielo está muy tapado y con unas nubes bajas que se ciernen sobre mí igual que el peso de mi misión. Esto es una culminación, un eclipse, una oportunidad perfecta que no puedo permitirme perder. Me lo repito una y otra vez mentalmente mientras mis piernas hacen dar vueltas y vueltas a los pedales y me acercan cada vez más adonde tengo que llegar.

La calle de Pip es un perfecto remanso de clase media. En él todo es cómodo, tranquilizador, seguro y sereno. La última vez que le hice una visita fue para llevar a los gemelos a jugar con Lilly. Ahora, mientras pedaleo como una loca para ir en su ayuda, casi me parece que ocurrió en un sueño, que fue en una vida diferente. «Por favor, Dios, no dejes que dé a luz sin mí.»

—¡Mira por dónde vas! —me grita desde la ventanilla del coche un hombre que sale de su casa dando marcha atrás. Viro y esquivo por poco la parte trasera de su vehículo.

Al final de la calle sin salida freno con un chirrido sobre la gravilla del camino de entrada de Pip. Tiro la bicicleta al suelo y echo a correr hacia su puerta. Aprieto el timbre varias veces, además de llamar a golpes con la aldaba.

Pip me abre antes de lo que esperaba, a primera vista parece perfectamente normal e incluso sonríe nada más verme. Pero su sonrisa se desvanece enseguida y ella se lanza al abismo de otra contracción. Remplazo su sonrisa por una mía y la miro, aliviada, agotada, contenta de que por fin vaya a suceder. Todavía está muy embarazada. La empujo con rudeza al recibidor y cierro de un portazo.

—Lo siento, Pip —le digo—. Nunca fue esta mi intención.

Está horrorizada, es incapaz de hablar. Se aferra el abdomen y se inclina contra la pared mientras pone una cara que yo no le había visto jamás. Se le arruga la frente, la boca se le contorsiona y descubre sus dientes en una sonrisa agónica. Entonces pone los ojos en blanco y parece transportarse a un lugar diferente durante uno o dos minutos, ni siquiera consigue inquietarse por la violencia con que he irrumpido en su casa.

Me acerco a ella y le acaricio el hombro para ver cómo reacciona, siento una repentina punzada de culpabilidad. Espero que se encoja intentando apartarse de mí, pero ni siquiera parece darse cuenta de que estoy a su lado. Cuando le pongo una mano en la barriga, la noto dura como una piedra. Sus músculos se cierran en torno a la niña y hacen que me pregunte cómo sobrevivirá al trauma.

—Me parece que será mejor que te sientes, Pip. Me preocupa que puedas caerte.

Durante un momento no me hace caso, pero luego es como si alguien le hubiese dado a un interruptor y la Pip de siempre regresa. Me mira a los ojos, preguntándose si soy la persona que ella conoce.

—Pip, quiero que te sientes en el sofá. —Mi voz da órdenes y suena perversa, algo que nunca ha oído viniendo de mí, pero tengo un trabajo que hacer y nada va a impedírmelo. Abre la boca para decir algo y mi dedo automáticamente le aprieta los labios y la silencia. No me rehúye—. Tú relájate. No queremos que le pase nada malo a la niña, ¿verdad?

—No... No lo entiendo. ¿Qué está pasando aquí? Quiero que venga Clive. —Sus labios humedecen mi dedo al hablar.

Se me ocurre que Clive podría estar de camino.

—¿Has hablado con él? ¿Has conseguido hablar con él? ¡Dímelo! —Miro mi reloj. No tengo mucho tiempo.

Pip niega con la cabeza.

—Solo le he dejado un mensaje.

—¿Has llamado a alguien más? —Pongo una mano en la brillante superficie blanca de la repisa de la chimenea para sostenerme. El mareo me viene en oleadas y hace aumentar mi ansia por momentos.

—Al hospital —reconoce Pip después de dudar un instante.

—¿A la ambulancia? —Le he dicho que no lo hiciera. Le he dicho que me esperara.

Pip niega con la cabeza, tiene miedo de lo que pueda hacerle si admite haber llamado pidiendo ayuda. Otra contracción se apodera de su cuerpo. Han pasado solo un par de minutos desde la última.

Me arrodillo frente a ella y la tomo de las manos.

—Ay, Pip. Respira para que pase. Concéntrate en mí, concéntrate en mis ojos. —No quiero que dé a luz todavía. De una forma extracorpórea parece conectar conmigo, nuestras mentes se entrelazan en esa lucha por sobrevivir a la contracción—. Podemos hacerlo juntas, Pip —le digo, aunque creo que no me oye.

De sus pulmones emana un gruñido, y todo lo que puedo hacer yo es mirarla y padecer mi propia agonía mental mientras el agarrotamiento de su cuerpo va remitiendo.

Cuando pasa, voy a la cocina a equiparme. Al regresar veo que me ha desobedecido y tiene el teléfono en sus manos temblorosas. Lo envío de un manotazo por el suelo hasta la otra punta de la habitación.

—¡Zorra estúpida! ¿Es que no confías en mí? ¿Crees que no sé lo que estoy haciendo?

Pip se queda mirando el teléfono en el suelo. Es extraño, pero está completamente calmada y se vuelve hacia mí, ofreciéndome una de sus sonrisas maternales.

—Claro que confío en ti.

Otra rauda mirada suya al teléfono y entonces lo aplasto con mi bota y convierto la pantalla en un mapa de añicos irregulares.

—Lo siento mucho —se disculpa—. No quería hacerte enfadar.

Le ofrezco un paño de cocina que he mojado con agua.

—Deja que te refresque la cara —le digo, y ella deja que se lo vaya aplicando.

—Gracias —susurra—. Es todo un detalle. —Le tiemblan los hombros.

En mi mano derecha tengo un cuchillo de cocina. Cuando dejo de esconderlo tras la espalda, Pip grita. No sé si es por el miedo o por otra contracción.

# 41

Decido que, ya que estoy en casa, a lo mejor debería hacer la colada. Lo prosaico de esta sencilla tarea me mantiene ocupada durante esta interminable espera. Bajo al lavadero y voy repasando las prendas que han quedado revueltas en un montón: una maraña sucia compuesta por la ropa de todos. Meto la mía en la lavadora, pero solo la llena hasta la mitad, así que cojo otras prendas de colores parecidos y, cuando estoy a punto de meterlas también, veo la sangre.

Agito la tela para extenderla y localizo una mancha roja donde no debería haberla. No lo entiendo, y tampoco quiero tocarla. Una parte de mí cree que no puede ser lo que creo que es, que sin duda habrá una explicación racional, pero otra parte sabe exactamente lo que significa. Me la quedo mirando unos instantes y decido no ponerla a lavar. En lugar de eso, arrugo la prenda amarilla y la meto en una funda de almohada para esconderla en el fondo de la cesta de la ropa sucia.

—No puede ser —me digo mientras subo del sótano.

Estoy sola en la casa, así podré registrar todos los armarios, aunque al principio no sé muy bien qué es lo que estoy buscando. Tengo que revolverlo todo sin muchos miramientos y cambiando de sitio las cosas, lo cual sin duda delatará que he estado fisgoneando, pero al fin confirmo mis sospechas.

Bajo a la cocina, todavía desconcertada por lo que he encontrado. No parece que tenga ningún sentido. Veo que la lucecita de la base del teléfono parpadea, lo cual indica que han dejado un mensaje. No hace mucho que he llegado. Aprieto el botón y al principio pienso que es una broma, pero de pronto, entre todos esos jadeos y esa respiración enloquecida, aparece la voz de una mujer desesperada.

—¿Estás ahí? ¿Hay alguien? Ayúdame... ¿por favor?

—Es Pip —digo, preocupada y casi tan jadeante como el mensaje que me ha dejado.

«A lo mejor se ha puesto de parto. En ese caso, ¿por qué no está en el hospital? ¿Y por qué no ha llamado a su comadrona, o a Clive? Espero que no le haya pasado nada.»

Le devuelvo la llamada enseguida, solo para comprobar que todo va bien, pero marco su número y me salta directamente el buzón de voz. Me extraña, pero de pronto me doy cuenta de la hora que es. Tengo que ir a buscar el coche de James al mecánico, después de lo cual quizá debería acercarme por casa de Pip para comprobar que todo va bien.

Veinte minutos más tarde descubro que el coche solo necesitaba una bombilla en un faro trasero y un pequeño ajuste del freno de mano. Todavía distraída, pago la factura y el mecánico me entrega el certificado conforme el coche ha pasado la inspección técnica obligatoria. No consigo quitarme de la cabeza el lastimero mensaje de Pip. Lo tengo ahí atravesado, junto con el contenido del armario y la prenda ensangrentada. Mi mente se despierta de pronto. El trayecto hasta su casa es breve. Además, a lo mejor agradece que alguien recoja a Lilly del colegio.

Diez minutos después ya estoy en el camino de entrada de su casa. Su coche está aparcado frente al garaje, como siempre, pero también hay una bicicleta que reconozco tirada sobre el asfalto. Mi corazón tartamudea al verla. La miro fijamente al pasar a su lado, preguntándome qué significa, casi esperando que la rueda delantera se ponga a girar y rechinar sola. Descarto ese pensamiento, pero entonces veo el destello de una cara que se aparta rápida de la ventana delantera mientras me acerco a la puerta. No he visto quién era.

Llamo al timbre y espero. Nadie viene a abrir. Intento mirar por la ventana en saliente, pero el salón está vacío y a oscuras. Mientras mis ojos recorren la sala veo en el suelo varias tazas, una de ellas hecha pedazos, y un móvil roto junto a la chimenea.

«Qué raro», pienso. Pip es ordenada hasta extremos ridículos.

Llamo otra vez al timbre y doy varios golpes en el buzón. Luego abro la ranura y la llamo por ella, canturreando su nombre con la esperanza de que me oiga aunque esté en el piso de arriba. No quiero asustarla, pero no puedo evitar que la urgencia de mi voz vaya en aumento.

—Pip. Pip, ¿dónde estás?

Acerco el oído a la ranura esperando una respuesta. No oigo nada, ni siquiera las patas o los ladridos agudos de Jingles, su pequeño Jack Russell. Me pregunto si habrá salido a pasear para acelerar la dilatación del parto, aunque a lo mejor ya se la han llevado en ambulancia. Pero juraría que he visto a alguien en su salón.

Doy la vuelta a la casa por el camino del jardín, menos mal que la verja no está cerrada con llave. Casi espero que Jingles venga correteando a saludarme, pero el perro tampoco está aquí fuera. El jardín trasero de Pip es un pulcro cuadrado de verde invernal y matas podadas. Hay un par de pelotas de vivos colores tiradas en el césped y un coche de pedales olvidado en el porche de la puerta de la cocina. Lo aparto con el pie y apoyo una mano de lado en el cristal para ver mejor. Esta vez la persona que está dentro no tiene tiempo de esconderse.

Cuando se da la vuelta hacia mí, su cara se arruga en una expresión que no sé interpretar (es una emoción que nunca he visto en nadie), pero entonces, un instante después, vuelve a ser ella misma, a ser la persona que conozco, serena y controlada. Quiero suspirar de alivio, porque ya hay alguien ayudando a Pip, pero en mi interior algo me lo impide. Al principio no sé qué es, no sé por qué no puedo sentir gratitud al ver que Pip ya tiene asistencia y consuelo. Solo cuando me abre la puerta de la cocina y me obliga a entrar me doy cuenta de por qué se me ha acelerado tanto el corazón y tengo los puños apretados en tensos nudos. Pero entonces ya es demasiado tarde.

—Zoe.

—Claudia.

Nuestro saludo es falso y queda puntuado por dos rígidas cabezadas. Intento no perder la calma. Mi mente va más deprisa que mi boca y sé lo que quiero decir, lo que debería decir, pero no digo nada. Sigo sin estar segura de qué significa todo esto.

—¿Dónde está Pip? ¿Se encuentra bien? —Doy un paso por la cocina, intentando mirar hacia el salón. Ella retrocede, pero sigue tapándome la vista—. ¿Se ha ido al hospital?

Niega con la cabeza a cada una de mis preguntas. Levanta las manos con impotencia y se las pasa por el pelo. A continuación las deja caer de nuevo a los costados.

—La niña —dice con una voz lastimera, y no sé si esas dos palabras están llenas de tristeza o dicha o desesperación o alguna otra cosa que todavía no he captado.

—¿Qué le pasa a la niña? —pregunto—. ¿La ha tenido ya? Tienes que contarme qué está pasando. —Soy consciente de que el pánico impregna mi voz a la vez que intento esquivarla para recorrer el resto de la casa, pero ella me corta el paso.

—¡No, no, quieta! No sabes lo que estás haciendo. —Se ha echado a llorar. Le salen burbujas de moco por la nariz y tiene las mejillas coloradas.

Un alarido escalofriante invade de repente toda la casa y unos fuertes golpes desde el piso de arriba hacen temblar el techo.

Se vuelve y echa a correr por el pasillo, sube los peldaños de la escalera de dos en dos. Yo la sigo, pero no le cuesta nada dejarme atrás y llegar antes que yo al baño. Cierra de un portazo y oigo cómo desliza el pestillo justo cuando otro atormentado quejido sale por el resquicio de la puerta.

Tiene a Pip ahí dentro.

Lanzo el hombro contra la puerta, pero no se abre.

—¡Déjame entrar, por Dios! ¿Qué estás haciendo? —No me responde, pero oigo chillar a Pip. Grita dos veces mi nombre y luego se oye una bofetada a la que sigue el silencio.

Aporreo la puerta e intento echarla abajo con todo mi peso varias veces más, pero es resistente. Me detengo, intento pensar un momento con calma qué está pasando, pero es mucho, demasiado grande para asimilarlo. Recorro el pasillo escuchando los desgarrados alaridos de Pip a medida que su parto sigue adelante.

—¡Escúchame! —grito—. ¿Puedes oírme desde ahí dentro? ¡Por favor, dime que puedes oírme!

Se produce un silencio interminable, pero al final oigo un «Sí» muy débil. Luego otro sonido estremecedor que Pip profiere cuando la contracción llega a su punto máximo y por fin remite.

Intento comprender lo que me llega desde el otro lado de la puerta por encima de los suaves jadeos y los lastimeros sollozos. Todavía no estoy segura de qué le está haciendo.

—Pip se ha puesto de parto —digo. Casi me daría un tortazo por afirmar algo tan evidente—. Tiene que ir al hospital para que se ocupen de ella. Seguro que quieres lo mejor para ella y para la niña, ¿verdad que sí? Pip es una amiga. ¿Por qué quieres hacerle daño? ¿Me oís ahí dentro?

No contestan. Entonces resuena el rumor de un grifo, como si alguien estuviera llenando la bañera. A eso le siguen unos golpeteos, quizá algo metálico que se ha caído al suelo. No puedo estar segura.

—¡No, no! ¡Dios mío, no, por favor! ¡Ayuda! —Esa voz, que a medias grita y a medias suplica, ya no parece Pip.

El teléfono se cae de mis manos temblorosas cuando intento llamar para pedir ayuda. Lo recojo, marco el número de emergencias y doy los datos con la máxima claridad posible. Después llamo al otro número, el que nunca pensé que tendría que usar, e informo con calma. Admito que he fracasado por completo y tendré que pagar las consecuencias, pero los gritos que salen del baño (ahora ya son por algo mucho peor que los dolores del parto) hacen que me lance una vez más contra esa puerta con el peso de toda mi vida. Tengo que sacar a Pip de ahí dentro.

Siento que la madera cede un poco y retrocedo más por el pasillo. Vuelvo a cargar otra vez, golpeo con la cadera y el hombro todo lo fuerte que puedo. Oigo que la madera se astilla y luego más gritos y golpes y me pongo a embestir contra la puerta como una loca. No importa lo que haya podido destrozar, no puedo permitir que le pase nada a Pip.

De repente la puerta cede, se abre y yo caigo en el baño, tropiezo y me doy un golpe en la mejilla con el borde del lavabo. No estoy preparada para lo que veo, aunque mi mente ha estado barajando ideas descabelladas desde el momento en que he visto a Claudia en la cocina de Pip con unos vaqueros de cintura tan ajustada que hasta a mí me costaría ponérmelos.

—Claudia —digo. Estoy tan furiosa que me tiembla la voz—. Nadie va a hacerte daño si mantienes la calma. Quiero que dejes ese cuchillo en el suelo.

El baño es pequeño y mal ventilado y ya apesta a muerte. Aún no me he atrevido a mirar a Pip, pero sé que está tumbada boca arriba en la bañera. Oigo su respiración superficial y desesperada y sé que todavía está viva. No puedo apartar los ojos de Claudia ni del cuchillo que sostiene sobre la barriga desnuda de Pip.

—Tienes que escucharme con mucha, mucha atención, Claudia.

Se vuelve y me mira directamente. Tiene el brazo derecho extendido y su mano aferra el mango de madera del cuchillo de cocina. ¿Cómo puede ser la misma mujer que me entrevistó para que fuera su niñera hace tan poco tiempo, o la madre que arropa a los gemelos en la cama por las noches con tanto amor como si fueran sus propios hijos? Algo falta en los ojos de Claudia, que sostiene mi mirada. Es como si sus iris se hubieran descolorido, como si alguien hubiera legrado la compasión de su alma. No sé si es maldad o enfermedad.

—Ya vienen a ayudarnos, Claudia. Si ahora haces lo que te diga, podremos solucionarlo. Sé que no quieres hacerles daño ni a Pip ni a la niña.

—No es justo, joder —dice ella con una voz que no reconozco—. Quiero a su niña. —Su brazo tiembla con furia y por sus mejillas resbalan lágrimas. Se vuelve con rigidez para mirar a Pip, que se agarra al borde de la bañera y está llorando. Veo el tono rosado que ha teñido los pocos centímetros de agua que hay en la bañera y me preocupa que esté herida.

Recuerdo el contenido de la caja del armario de Claudia: un alijo de desesperación lleno de recuerdos dolorosos y esperanzas perdidas.

—Ya sé que no es justo, pero tampoco es justo hacerle daño a Pip, ¿verdad?

—Necesito a su niña —dice Claudia, y se arrodilla junto a la bañera—. Tengo que quedármela. —Veo las líneas de tensión muscular en su rostro—. La niña viene ya y tengo que sacarla sana y salva. —Su voz posee una serenidad inquietante, y entonces coloca la mano izquierda sobre la barriga de Pip y acaricia toda su curvatura.

Doy un paso, pero ella se vuelve y me apunta directamente con el cuchillo. Retrocedo y centra de nuevo su atención en Pip.

—Quiero que me digas cuándo estás entre dos contracciones —le pide con una voz diferente, como si fuera una comadrona y tuviera la situación controlada—. Te sacaré ese bebé de ahí en un periquete.

El cuchillo sigue firme en su mano derecha. Tiene los nudillos blancos de la tensión.

Pip no puede hablar. Sigue tumbada en la bañera, intentando controlar el dolor que la recorre cada par de minutos y la consume más aún que el miedo. Por un breve instante levanta la vista y me mira, implorándome ayuda. Yo, detrás de Claudia, asiento despacio y muevo los labios pronunciando un mudo «Tranquila» con la esperanza de que me entienda.

Entonces lo oigo. Ruidos que vienen de abajo, de la calle. Rezo por que sea la ayuda que he pedido. Espero que Claudia reaccione, pero está demasiado absorta intentando palpar las estriaciones musculares del abdomen de Pip para darse cuenta de nada. No sé hacia dónde volverme. Si la dejo sola y bajo, Claudia podría hundir la hoja en la tripa de Pip en menos de un segundo. Por otro lado, no puedo arriesgarme a que llamen a la puerta porque una amenaza repentina podría provocar exactamente lo mismo.

—¿Por qué no me esperas aquí un momento, Claudia? —digo—. Tómatelo con calma. Es mejor no apresurarse, y quieres hacerlo bien, ¿verdad? —Es lo único que se me ocurre. No estoy entrenada para esta clase de cosas—. ¿Preparo un té para Pip?

Despacio, Claudia levanta la cabeza hacia mí. La punta del cuchillo descansa sobre la pálida piel de Pip, que se estremece cuando llega la siguiente contracción. Yo estoy en el umbral, esperando haberla distraído lo bastante para posponer la espantosa maniobra. Podría lanzarme sobre ella, arrebatarle el cuchillo, luchar con ella en el suelo y golpearle la cabeza contra el váter, pero si no lo consigo, o si ella me gana, todo habrá terminado.

Oigo otro ruido. Sí, vienen del otro lado de la puerta de entrada. Hay gente ahí fuera. Tiene que ser la policía.

De pronto Claudia vuelve la cabeza.

—¿Qué me dices? Yo creo que a Pip también le vendría bien una galleta —añado, arrancándome una risita con la que intento tapar el ruido de abajo.

Aunque casi no me lo creo, Claudia asiente con la cabeza y arruga un poco la frente, como si el horror que está a punto de cometer fuese calando poco a poco en su conciencia. Se mira sus propias manos, mira el destello del cuchillo que sostiene con la derecha, a Pip medio desnuda y tirada, impotente, silbando de dolor con cada respiración hasta que la contracción por fin afloja. Se recoloca, aún de rodillas, y se agarra al borde de la bañera con ambas manos. El cuchillo choca contra el plástico cuando se pone en pie, aún ceñuda, pensando, casi con cara de remordimiento.

—Un té, sí —dice, y da rienda suelta a la sonrisa desquiciada de su rostro. Se mira en el espejo como si estuviera contemplando el infinito, y no a sí misma. Tiene el cuchillo en una mano, colgando junto a su muslo.

—Eso mismo —insisto—. Podemos hablar de lo de tu bebé. —Miro a Pip, que tiene un momento de lucidez a pesar de sus temblores, a pesar de la baba que le mancha las comisuras de la boca—. Venga, Claudia, vamos a...

Pero los repentinos golpetazos en la puerta de entrada lo cambian todo. Claudia pierde su momento de cordura, se deja caer pesadamente de rodillas y vuelve a apretar el cuchillo con fuerza contra la piel de Pip.

—Crees que soy idiota, que no sé hacerlo, pero he estado practicando —informa con decisión—. Esta vez me saldrá bien. —Se lame los labios, ladea la cabeza y estudia la zona que rodea el ombligo de Pip.

Yo me aferro al marco de la puerta. Los golpes de abajo son ahora más insistentes y la médico de la ambulancia grita por la rendija del buzón, pero estoy segura de que Claudia atacará si bajo a abrir. Solo puedo rezar por que la policía fuerce la puerta. Mientras yo esté aquí arriba, tendré posibilidades de detenerla.

—Debería haber cortado por aquí, ¿ves? —dice, trazando una línea horizontal en la parte baja del vientre de Pip con la punta de la hoja. Pip profiere un pequeño sollozo y se agarra al borde de la bañera. Con un movimiento diestro, Claudia le tira la cabeza hacia atrás y se la golpea. Oigo un crujido amortiguado cuando su cráneo impacta contra el grifo—. Aquí no hay atajo que valga, ¿sabes? —exclama, levantando la mirada hacia mí mientras agarra un manojo de pelo de Pip y pasa el cuchillo contra su piel.

La línea de sangre no mana inmediatamente, pero enseguida veo una gema roja que brota del corte superficial. Claudia se concentra en ella como si estimulara sus ansias de más. No me cabe ninguna duda de que ahora seguirá adelante con esto, así que, cuando oigo que tiran abajo la puerta de la entrada, por fin me lanzo sobre ella con todas mis fuerzas.

Durante un segundo no siento nada.

Luego oigo gritar a Pip. Oigo el rugido de los agentes que suben la escalera a la carga. Oigo el gruñido de Claudia al hundir el cuchillo en mi hombro. Oigo mi propia respiración, áspera, que entra y sale de mis pulmones mientras mi cerebro poco a poco toma consciencia de una única cosa: algo no marcha bien.

Entonces siento unas manos que me tocan, tiran de mí hacia atrás de manera que mi cabeza sale lanzada y choca contra el muslo de alguien. Siento un momento de duda cuando el agente me mira para evaluarme y decidir si tirarme al suelo y esposarme o rescatarme, y siento el dolor cuando la primera puñalada de agonía consigue abrirse camino hasta mi cerebro.

—¡Tire el arma! —grita el segundo agente. Tiene las mejillas rojas del esfuerzo y escupe saliva al hablar. Veo las duras líneas de los músculos de sus brazos cuando agarra a Claudia de las muñecas y casi se las ata con un nudo a la espalda. Entonces veo la expresión de sorpresa y desesperación que cubre el rostro de Claudia al darse cuenta de que ha fallado, de que todo ha terminado.

—Estoy sangrando —digo en voz baja. Me miro los dedos, aunque no soy consciente de haberme tocado la herida del hombro. El agente que me sostiene me suelta un poco y me ayuda a levantarme—. Estoy bien —le digo. Automáticamente me llevo la mano al bolsillo trasero, pero el dolor del hombro me impide sacar mi identificación—. Soy agente de policía. Esta mujer necesita asistencia médica urgente.

Entonces me apartan a un lado y el primer agente saca a Claudia al pasillo. El cuchillo ha quedado tirado en el suelo del baño con una gota de rojo en la punta. Lo dejo exactamente donde está mientras los agentes se la llevan a un dormitorio.

Entonces el enfermero de la ambulancia y yo atendemos a Pip y la ayudamos a salir de la bañera chorreando una viscosa mezcla de agua y sangre. Es sorprendente cómo logra recobrar la compostura y traba su mirada con la mía cuando llega la siguiente contracción. Se agarra a mí, estremeciéndose y gimiendo y respirando para controlarla y superarla tal como le han enseñado. Llega la médico y, entre las dos, en medio de la caótica escena que nos rodea, conseguimos tumbar a Pip en su cama y ponerla mucho más cómoda. La médico coge su maleta, prepara su material y empieza con una rápida valoración.

—No tenemos tiempo de llevarte al hospital, cielo —dice—. Me parece que el bebé no tardará mucho en llegar. —Mira al techo mientras su mano enguantada confirma lo avanzado que está el parto de Pip.

El enfermero le toma la tensión y se encarga de la herida superficial que tiene en la barriga mientras yo salgo de la habitación. Pip está en buenas manos. Un ecógrafo portátil transmite con sus siseos el reconfortante zumbido de la nueva vida mientras yo bajo la escalera apretándome el hombro.

—Tiene que verla un médico —me dice el inspector que está en la entrada.

Me quedo inmóvil en el último escalón. Me está mirando fijamente. Su compañera está a su lado, me mira arrugando la frente y yo cierro más la mano sobre mi herida. Nuestras miradas se cruzan un momento, cada una calibrando a la otra.

—Sí, señor —digo. Esta vez los dedos de mi mano buena consiguen meterse en el bolsillo y sacar mi identificación. La fuerza de la costumbre me hace enseñársela—. De incógnito, por si todavía no lo habían supuesto —informo, sobre todo por la inspectora Fisher, que me mira con más incredulidad que otra cosa.

En mi interior, algo me impulsa a ofrecerle una sonrisa delirante y nada oportuna, pero mi rostro no consigue darle forma. Después de esto, dudo que vuelva a trabajar en ningún otro caso. Supongo que era mi última oportunidad para impresionarlos y la he cagado. A partir de ahora me pondrán a ordenar archivos en el sótano.

—¿Adam? —oigo que dice la inspectora Fisher cuando me retiro al salón.

Me mareo y necesito sentarme. No quiero oír cómo él se lo explica, o cómo ella va atando cabos. Lo único que quiero es dormir, pero parece que no voy a poder. Otro asistente sanitario se me acerca y corta mi ropa para dejar al descubierto la herida del hombro.

—Tiene mal aspecto, pero sobrevivirás —me dice, cogiendo aire entre los dientes apretados.

—Seguro —contesto—. De todas formas, no todo lo que ves es de la puñalada. El otro día me caí de la bici.

Oigo más gritos desde el piso de arriba, pero esta vez son diferentes. No son gritos de miedo.

El enfermero me limpia y me pone un apósito. Le doy las gracias. Los dos nos detenemos, inclinando los oídos hacia la puerta. Sonrío.

—¿Oyes eso? Ahora lloran dos —digo, tragando el nudo que tengo en la garganta. Los gritos de dolor de Pip se han convertido en emocionados sollozos de alegría, mientras que el segundo llanto es mucho más débil, más nuevo, y apenas si se oye desde la planta baja.

Imagino a la niña acurrucándose junto a su madre. Siento un alivio absoluto al saber que ha nacido bien.

Decido no ir a ver a Pip aún, sino esperar y hacerle una visita dentro de uno o dos días, cuando se haya recuperado. Ya han pasado varios vecinos por aquí, sin duda alertados por la llegada de los coches patrulla y la ambulancia. Veo que una de ellas ha tenido la buena idea de ir a recoger a Lilly al colegio. Después, cuando Clive por fin llega a casa, angustiado, aturullado y desesperado por ver a su mujer y a la recién nacida, me marcho discretamente. Para mí, es lo más correcto. Los inspectores no estarán contentos al ver que me he ido sin hacer una declaración oficial, pero yo necesito volver a casa.

Solo cuando pongo un pie en la calle me doy cuenta de que no tengo la menor idea de a qué casa volver.

# 42

Cuando llegaron, el camino de entrada del final del callejón ya estaba ocupado por varios coches patrulla y una ambulancia. Media docena de vecinos habían salido y se iban acercando, como si la casa fuese un imán gigante que los atraía hacia la tragedia de esa calle normalmente tranquila.

—Parece que nos hemos perdido toda la acción —dijo Adam mientras se desabrochaba el cinturón de seguridad.

Lorraine tiró de la palanca del freno de mano y los dos bajaron del coche y avanzaron a rápidas zancadas hacia la casa.

La llamada había llegado justo cuando Matt acababa de irse y ellos intentaban asimilar lo que les había explicado sobre Grace. De camino, Adam había compartido con Lorraine la poca información que les habían dado por el momento, y ambos habían pasado el acelerado trayecto intentando hacer encajar las irregulares piezas de la investigación. Un agente al que no conocían los recibió en la puerta y los puso al día de todo.

—Señor, señora, aún no estamos seguros de si ha sido un caso de violencia doméstica o qué. Hay una mujer embarazada con heridas leves arriba. No podemos sacarla, se ha puesto de parto y está muy avanzado. —El agente jadeaba como si acabara de verse envuelto en una refriega—. Parece que otra mujer ha perdido la chaveta, tenía un cuchillo y estaba a punto de perpetrar toda clase de mutilaciones. Yo diría que la ha interrumpido una amiga o algo así, porque había otra mujer más ahí dentro que ya estaba ocupándose de la situación antes de que llegáramos nosotros. No les hemos tomado declaración todavía, pero ya está todo controlado y no hay bajas ni heridos de gravedad.

—Bien. Gracias —dijo Adam, dando por zanjada la conversación.

Entraron en el edificio y evaluaron la escena. Allí dentro había muchísimas más personas de lo que le habría gustado a Lorraine. Todavía estaba junto a Adam cuando una mujer bajó por la escalera aferrándose el hombro y se detuvo en el último peldaño.

Era esa niñera, Zoe No-sé-qué. Tenía sangre en la ropa. Lorraine se la quedó mirando y, por un momento, sus ojos se encontraron. Esa chica le transmitía algo extraño, como si acarreara consigo un dolor profundo, no solo el de la herida. Y entonces Adam habló.

—Tiene que verla un médico —dijo, otra vez con ese tono ridículo.

—Sí, señor —repuso ella. Su voz era la misma pero a la vez sutilmente diferente a las otras ocasiones en que Lorraine había hablado con ella. Esta vez era más autoritaria, como si se hubiera quitado de encima una capa falsa. Buscó algo en su bolsillo y sacó una identificación de policía—. De incógnito, por si todavía no lo habían supuesto. —Le hablaba sobre todo a Lorraine, aunque su mirada se escapó un fugaz instante hacia Adam. Su tono tenía cierto deje a «chúpate esa».

Lorraine sintió que se le tensaba la garganta, miró a Adam e interpretó su impasible cara de póquer como una respuesta directa (fue como leer entre líneas), como si conociera a Zoe de antes, como si compartieran un secreto.

—¿Adam? —le preguntó, y Zoe se retiró al salón. Un enfermero la siguió y cerró la puerta tras ellos—. ¿Qué narices pasa aquí?

—Sé lo mismo que tú —respondió él sin mirarla—, pero me

da la sensación de que tenemos entre manos otra cesárea amateur.

—No, Adam. Me refiero a ella. A esa mujer. La niñera. Parecías... conocerla, de pronto. —Si no llevara tanto tiempo casada con él, seguramente no habría sabido verlo. A veces Lorraine creía que lo conocía mejor que él mismo—. ¿Qué trabajo de incógnito está haciendo?

Adam puso los brazos en jarras y Lorraine vio cómo sus ojos seguían las idas y venidas del recibidor.

—No tengo ni idea —contestó en un tono nada convincente.

—Pero la conoces. De eso me he dado cuenta. —Lorraine estaba segura. Lo que quería saber en realidad era por qué no le había dicho nada la otra vez.

Adam se encogió de hombros.

—Tienes razón. La conozco. —Y subió la escalera a toda prisa para reunirse con los dos agentes que había arriba, en el pasillo.

Lorraine esperó un momento antes de seguirlo, y ya no encontró el momento de continuar interrogando a su marido, porque los guiaron hacia la habitación donde habían detenido a la sospechosa. La impresión que sufrió al ver a Claudia Morgan-Brown esposada y saliendo de allí custodiada por dos agentes hizo que todo lo demás se borrara de su mente.

Durante unos buenos treinta segundos, Lorraine se sintió muy maternal. Se quedó mirando a esa minúscula criaturita arropada en una manta blanca y acunada a salvo en brazos de su madre. Su carita arrugada miraba al exterior como una tortuga sacando la cabeza de su caparazón, parecía sentir que su madre estaba cerca y su boquita perfecta se retorcía al más leve roce de la ropa o de un dedo.

—¿Niño o niña? —preguntó Lorraine. Se sentía como una torpe intrusa en esos momentos tan absolutamente íntimos. A juzgar por cómo se había quedado Adam atrás sin pasar de la puerta, suponía que él se sentía igual.

—Otra niña —respondió el hombre que estaba junto a la cama—. Yo soy Clive —añadió con voz temblorosa—. No sé si celebrarlo o qué hacer. He recibido como una docena de mensajes diciéndome que la niña estaba de camino, y cuando llego aquí me encuentro con que casi han asesinado a mi mujer. Esto no tiene sentido.

—Clive... —dijo la madre.

Lorraine pensó que parecía ebria con su nueva hija. O eso, o estaba todavía en estado de shock por el trauma que había vivido. Lorraine recordaba muy bien el dulce alivio que se sentía después de dar a luz y, no obstante, resultaba extraño, pero era un recuerdo que raras veces se evocaba en los caóticos años de la educación de los niños. De repente se sintió culpable, como si hubiera descubierto una docena de álbumes de fotos nuevos que nunca se había molestado en mirar.

La mujer continuó hablando:

—No puedo recordar todo eso ahora, Clive, o me volveré loca. Pensemos solo en... —Dudó, mirando a su hija—. ¿Cómo la llamaremos? ¿De qué tiene cara? —preguntó con una sonrisa.

—De tener una suerte bárbara —dijo Clive.

Lorraine estaba pensando justo lo mismo.

Volvió a casa en el coche ella sola. Estaba agotada y emocionalmente exhausta. Adam, que había acompañado a comisaría a los agentes de la detención, llamó para darle la noticia justo cuando ella se detenía frente a su casa. Claudia Morgan-Brown acababa de confesar que era la autora de los ataques contra Sally-Ann Frith y Carla Davis. Al día siguiente realizarían el interrogatorio oficial.

Lorraine se quedó sentada en el coche un momento más. A su alrededor, el mundo seguía girando (el tráfico avanzaba despacio por la calle, una madre empujaba un cochecito mientras un pequeño trotaba riendo a su lado, un ciclista paraba para hablar con su compañero, el barrendero empujaba su ruidosa máquina amarilla) y de alguna forma toda esa actividad cotidiana hizo que se sintiera segura, a solo un gesto de distancia de una vida normal.

En cuanto apagó el motor, el aire atemperado por la calefacción empezó a enfriarse enseguida. Lorraine bajó del coche y entró, detestaba pensar que regresaba a una casa vacía. La madre de Kate había recogido a Stella, y Grace...

«Ay, Grace», pensó Lorraine, compungida.

¿Dónde habían quedado las risas y las alegres bromas de sus hijas al verla llegar cansada después de todo un día de trabajo? ¿Dónde estaban las cariñosas pullas de Adam cuando reñían, aunque de buen humor, mientras preparaban la cena a toda prisa, se explicaban su jornada, se tomaban un vino y, al final, agotados, se quedaban dormidos? Ya echaba de menos el caos de sus habituales noches en familia. En lugar de eso, de pronto lo único que tenía por delante eran taciturnas lamentaciones por haber decepcionado a Grace, por haber sido una madre negligente con sus dos niñas, por haber perdido al amor de su vida y, lo peor de todo, por haber perdido su confianza en Adam.

¿Cómo iba a volver nada a ser como antes?

Tiró el chaquetón sobre la barandilla de la escalera, lanzó las llaves a la mesita del recibidor y se fue directa a la cocina, pero se detuvo en el umbral.

Grace estaba sentada a la mesa, con sus libros del colegio abiertos ante sí.

Su hija levantó la mirada, despacio. Tenía los ojos cargados por la falta de sueño, la tristeza, los remordimientos.

—Hola, mamá —dijo.

—Cielo —repuso Lorraine, dando un paso al frente—. Estás en casa. —Enseguida se dio cuenta de que no tendría que haber hecho ese comentario. Había sonado demasiado artificial.

Grace se encogió de hombros sin dejar de toquetear una página del libro de Química.

—Sí —fue todo lo que logró decir.

Lorraine dejó caer su pesado bolso de piel en una silla de la cocina. ¿Había conseguido Matt hacerla entrar en razón o había vuelto Grace por su cuenta?

—Aunque eso a ti no te importa —añadió su hija, rompiendo así el incómodo silencio. Apartó un par de libros de la mesa y se reclinó en el respaldo de la silla.

Lorraine vio entonces que había estado llorando. No, llorando exactamente no. Eso hacía pensar en una clase de tristeza terrenal y cotidiana que podía enjugarse con un pañuelo de papel. Lo que había vivido Grace era algo más: unos sollozos profundos, la expulsión de algo que estaba arraigado en las profundidades de su alma. Los ojos rojos e hinchados y los ríos de rímel que le bajaban hasta la mandíbula explicaban una historia descorazonadora.

—¡Qué dices! Claro que me importa, no seas tonta. —Lorraine se sentó a su lado—. Desde que naciste no has dejado de importarme.

—Entonces, ¿por qué no hacéis más que pelearos papá y tú? ¿Por qué no podéis ser padres normales como los demás?

Lorraine cogió aliento para lanzarse a responder en cuanto Grace dudara un segundo, pero se mordió la lengua.

—Stella y yo nos sentimos... nos sentimos olvidadas y abandonadas. Por las noches pasáis más tiempo hablando de vuestra mierda de trabajo que preguntándonos cómo nos va. ¿Te has dado cuenta de que Stella se ha hecho otro agujero en la oreja?

Lorraine solo pudo negar débilmente con la cabeza. Aquello le hacía mucho daño.

Grace se levantó y fue al fregadero. Se sirvió un vaso de agua y dio media vuelta para mirar a su madre de frente.

—Vives atrapada en tu propio mundo. No haces más que trabajar, beber y meterte con papá. ¿Qué te ha hecho él, eh, mamá? Joder, ya ni siquiera sonríes nunca. Y luego, cuando resulta que pasa algo un poco grave, de alguna forma consigues hacer como si no fuera nada. Que me había ido de casa, que estaba a punto de dejar los estudios, mamá, de casarme, y a ti te daba igual. —La voz de Grace estaba tensa, cargada de frustración.

Lorraine sintió un grato alivio por dentro al ver que Grace hablaba en pasado.

—¿De verdad crees que me da igual? —Sintió un temblor inestable entre sus palabras.

—No veo que sea de otra forma. Fuiste a buscarme a casa de Matt, pero al final me dejaste allí y te quedaste tan tranquila. En realidad no querías que volviera. Te alegrabas de que me hubiera ido y...

—¡Basta! —exclamó Lorraine, levantándose.

Grace abrió mucho los ojos.

—No tienes ni idea de lo que estás diciendo. Stella y tú sois mi vida. Yo literalmente daría la mía por vosotras. Pero también tengo un trabajo que hacer, y es estresante y exige mucho de mí. —Dio un par de pasos en dirección a Grace, que seguía anclada con firmeza al fregadero. Un hondo suspiro le sirvió para centrarse—. Y llevas razón en eso de que papá y yo tenemos problemas en estos momentos.

Ya está. Ya lo había dicho. ¿Cómo reaccionaría si Grace le preguntaba qué problemas eran esos?

—Pero nada es comparable a tu felicidad y la de Stella. Siento mucho, muchísimo, que creas que os he descuidado. —Lorraine se acercó y estrechó las manos de Grace entre las suyas—. ¿Sabes lo que se siente cuando una de las personas a quien más quieres en el mundo te rechaza de golpe y porrazo, cuando sale de tu vida sin apenas mirar atrás?

Por un momento ninguna de las dos dijo nada, y entonces Grace rompió a llorar.

—Ay, cariño, tesoro mío, ven aquí. —Lorraine atrapó a su hija entre sus brazos y la estrechó. Dejó que sollozara en su hombro todo el tiempo que necesitara, meciéndola con ternura atrás y adelante hasta que sacó casi toda la tristeza y la desesperanza.

—Sí que lo sé, mamá —dijo Grace, sorbiéndose la nariz mientras buscaba un pañuelo de papel—. Sé exactamente lo que se siente. Y os lo he hecho a papá y a ti. Lo siento mucho. —Sus palabras estaban interrumpidas por hipos y resuellos.

Lorraine frunció el ceño.

—¿Matt? —preguntó, fingiendo que no sabía nada.

Grace asintió y se sonó la nariz.

—Me ha dejado esta tarde.

—Lo siento muchísimo, mi vida —dijo Lorraine. Y de verdad sentía por Grace que su relación hubiese terminado, aunque, con el tiempo, suponía que podrían seguir siendo amigos. También Matt lo esperaba, según les había dicho cuando había pasado antes a hablar con ellos.

«—Grace lleva un tiempo algo retrasada con los estudios, señora Fischer... inspectora —había añadido el chico con timidez—. Copiaba los deberes de sus amigas y hacía muchísimo que engañaba a los profesores. Cada vez era peor. Nuestra relación la estaba distrayendo mucho. Me dijo que... bueno, me dijo que odiaba el colegio y quería dejarlo, que no tenía sentido seguir estudiando porque se había quedado demasiado atrás en todo. No me había dado cuenta de que el hecho de salir juntos le estuviera suponiendo tanta presión. No quiero ser el responsable de destrozarle la vida. Creo que todavía está a tiempo de ponerse al día.

»—No tenía ni idea —había dicho Lorraine, sorprendida al ver que no había notado nada de todo eso—. Yo pensaba que le iban muy bien los trabajos del colegio.

»—Pues no —había insistido Matt, sacudiendo la cabeza—. Y luego empezó con eso de querer casarse y... y, ay, Dios. —Se tapó la cara—. Yo tendría que haber dicho algo antes, pero pensaba que hacía lo correcto. Supongo que me sentía halagado. Creía que hacía lo mejor para ella apoyándola. Mi madre es tan despreocupada que no le importa a quién llevo a casa a dormir, y la verdad es que no le explicamos exactamente eso de que íbamos a casarnos y que Grace dejaría los estudios.

»—Sigue, Matt. —Lorraine sentía la impaciencia de Adam, que estaba detrás de ella.

»—Todo surgió de pronto hace un par de semanas. Grace me anunció que dejaba el colegio y que, si no podíamos vivir juntos y casarnos, pensaba... pensaba, bueno, desaparecer para siempre.

»—Lorraine respiró hondo.

»—Matt, has hecho lo correcto viniendo a contarnos todo esto. ¿Dónde está Grace ahora?

»—En mi casa. Recogiendo sus cosas. Por si quieren saberlo, acabo de romper con ella. Le he dicho que vuelva a casa y que no deje de estudiar.»

Enferma de preocupación, Lorraine le había dejado un mensaje a Grace en el buzón de voz diciéndole que la llamara enseguida, que todo saldría bien, que la querían mucho y que tenía que volver a casa con ellos.

Y allí estaba al fin, temblando en brazos de su madre, acurrucándose en el reconfortante hueco de su abrazo. Al principio, Lorraine pensó que volvía a llorar, pero entonces empujó la cabeza de su hija hacia atrás con suavidad y vio que Grace en realidad reía.

—¿Qué te hace tanta gracia?

—Tú. Nosotras, esto. —Se sonó otra vez la nariz y tiró el pañuelo a la basura—. Nuestra familia. Somos una panda de anormales, ¿a que sí? —Otra risotada nasal y llena de mocos.

—Unos anormales rematados. Pero que muy anormales —añadió Lorraine.

—Los más anormales de la historia.

—¿Quién es anormal?

Las dos se volvieron. Stella estaba en la puerta de la cocina y Adam asomaba detrás de ella.

—Todos nosotros —le dijo Grace a su hermana pequeña, y las dos se echaron a reír de pronto—. Sobre todo tú.

Lorraine miró a Adam. Percibió su alivio en la cálida mirada que le dirigió por encima de las cabezas de Stella y Grace mientras las dos hermanas se abrazaban.

—Te he echado de menos, anormal —masculló Stella.

—Si casi ni me he ido... —fue la respuesta de Grace.

Adam las rodeó para acercarse a Lorraine.

—Menudo día —le dijo en voz baja al oído.

Al sentir su aliento en el cuello, Lorraine se estremeció. Entonces sintió la pierna de su marido junto a la suya. Fue una buena sensación. Como si de algún modo fuera lo correcto. Como si todo ese tiempo no hubiese estado más que a unos centímetros de la felicidad.

—Bueno, pues ya está. Grace ha vuelto a casa. Seguirá con los estudios. Fin de la tragedia.

Lorraine soltó un suspiro enorme, uno que le daba la sensación de haber estado conteniendo gran parte de su vida, y entró en el estudio del desván.

Era tarde y hacía ya una hora que las niñas se habían acostado. De camino al piso de arriba, Lorraine se había asomado a las habitaciones de ambas, una costumbre que se había permitido todas las noches cuando eran más pequeñas. Ahora que eran adolescentes, no se atrevía a invadir su intimidad ni siquiera cuando estaban dormidas, pero ese día era diferente: el comienzo de una vida diferente.

—Ya lo creo que sí —dijo Adam, y la mirada que le dirigió al levantar la vista de la pantalla del ordenador le transmitió mucho más que esas simples palabras. En su rostro empezó a formarse una media sonrisa, pero se esfumó al recordar que a lo mejor ella seguía furiosa con él.

Lorraine se sentó en la silla de madera que había al otro lado del escritorio. El estudio, una caja de zapatos con el techo inclinado, hacía también las veces de habitación de la colada, cuarto para hacer los deberes cuando en la cocina había demasiado jaleo para las niñas, y dormitorio de invitados con un futón plegable en el que Adam había estado durmiendo los últimos meses.

—Bien —dijo, alargando la conversación. Por dentro sentía todavía restos de ira y resentimiento. Por fuera seguramente solo se la veía cansada—. Me alegro mucho de tenerla otra vez con nosotros.

—Yo también. —Adam se levantó y se reunió con ella desde el otro lado de la mesa. Bajó la mirada hacia Lorraine, a quien le dio la sensación de que su marido esperaba que se levantase y se acomodase en la curva de su brazo, cuando lo que en realidad quería hacer era clavarle un fuerte rodillazo entre las piernas.

—Sé que fue con Zoe, ¿o debería decir Heather Paige?

Dio gracias a Dios por que su voz hubiera aguantado, nítida y decidida. Pensaba continuar, pero, para su sorpresa, Adam ya estaba asintiendo. No fue un gesto demasiado vehemente, y tampoco parecía arrepentido. Fue una simple cabezada con la que indicaba que tenía razón.

Adam cruzó los brazos contra el cuerpo.

—Delatarla habría tenido graves repercusiones. Yo sabía que era una agente y que había realizado algunas misiones de incógnito. Estaba trabajando en un caso de fraude. Ha sido una coincidencia desafortunada. El karma me ha dado una patada en el culo, supongo, pero tenía que guardar silencio. Lo que sucedió en la fiesta de Navidad ya era bastante malo como para además andar poniendo en peligro el puesto de trabajo de ambos haciendo saltar su tapadera.

—Me partes el corazón...

—No empieces con los clichés.

—¿Clichés, Adam? Tu conducta es el único cliché que veo yo por aquí. ¿Sabes cómo me siento ahora mismo, sabiendo que compartíais ese secreto estando yo delante? No esperaba que la delataras como agente de policía, pero decírmelo a mí sí que habría sido lo más decente, joder.

Lorraine vio entonces la copa de tinto casi llena que había en la mesa.

—¿Te importa? —dijo, y la alcanzó.

Adam asintió y vio cómo vaciaba la mitad de un trago. Estaban a apenas unos centímetros uno del otro, y Lorraine dio rienda suelta a sus emociones. Estaba harta de luchar contra ellas, harta incluso de sentirlas.

—Podría echarte de casa, ¿sabes? Decirles a Grace y a Stella lo que hiciste.

Adam asintió. Por lo visto estaba preparado para cualquier cosa.

—Me las arreglaría bien yo sola con las niñas. Estaríamos estupendamente.

Por unos instantes, Lorraine retuvo esa situación en su mente. No le gustaba la sensación que le transmitía; no, si era sincera. Grace y Stella necesitaban a su padre, por muy capullo que hubiese sido. Bebió más vino. Y si era sincera del todo, también ella lo necesitaba.

Adam seguía sin decir nada.

—Pase lo que pase entre nosotros, no puede haber más mentiras —añadió Lorraine—. No lo soporto, y las niñas no se lo merecen.

Entonces, antes de que él pudiera contestar nada, se sorprendió buscando la mano de su marido. Ansiaba tocarlo. Se dio cuenta de lo firme que estaba y en ese momento se descubrió recordando todo lo que amaba de él: su pasión por los deportes y la buena forma física, cómo animaba a sus hijas a apuntarse a deportes de equipo y cómo iba a ver todos sus partidos, hiciera el tiempo que hiciese. La forma en que tantas veces lo había sorprendido mirándola a lo largo de todos esos años, como si ella fuese una parte tan integral de su vida como el latido de su propio corazón. La manía que tenía de poner la música demasiado alta en el coche, y de dormirse en el cine. Los espantosos regalos que le hacía por su cumpleaños y eso de que siempre se pusiera ese holgado jersey gris con un agujero bajo el brazo cuando tenía el domingo libre. El hecho de que hubiese empezado a jugar al golf hacía solo un año y luego lo dejara de pronto, o cómo insistía en ponerse calcetines de colores cuando iba a los juzgados.

Cosas nimias, ridículas, que al sumarlas todas ellas adquirían unas proporciones más grandes que la vida misma.

Esa forma que tenía de ser... Adam, y nada más.

Lorraine cerró los ojos. Todo ello le daba vueltas en la cabeza, retazos descontrolados e insoportables, y aun así alegres, hermosos, suyos. La calidez, la seguridad, la pasión, la cotidianeidad, el amor, las preocupaciones, las esperanzas y las necesidades de su familia anegaban su pensamiento. No podía renunciar a él. Esa familia había sido la obra de toda su vida.

Dejó la copa y se acercó a él. Lo intentaría. Intentaría por todos los medios olvidar, y cada día, al despertarse, se prometería ver al hombre con quien se casó, el hombre al que amaba y adoraba, y no al hombre con el que Adam se había confundido en un pasajero ataque de insensatez.

—Stella necesita zapatos nuevos para el colegio —susurró contra su cuello, y levantó el rostro hacia el de su marido. Notó su calidez y su familiaridad.

—Y hay que limpiar los canalones —repuso él, dejando resbalar sus manos hasta las caderas de ella.

—Tampoco hay nada para desayunar —informó Lorraine mientras su boca rozaba la de él.

El beso fue inseguro y delicado al principio, pedía perdón pero perdonaba también. Y entonces, a través del encuentro de sus labios, por entre el amasijo de manos que palpaban y extremidades que se entrelazaban, Lorraine creyó oírle mascullar algo así como que lo sentía, que siempre la había querido, pero lo cierto es que después de eso no recordaba mucho más.

# 43

—Usted otra vez —me dice al levantar la mirada desde la pila de trabajo que hay en su mesa. El maestro hace una mueca en dirección a mí antes de regañar a los gemelos.

Entre los dos han construido una torre de Lego más alta que ambos. Noah está de pie en una sillita, a un lado, sosteniendo la parte de arriba mientras toda la estructura se comba por el centro.

—Es la última vez que me verá, se lo prometo.

Al oír mi voz, los niños miran hacia nosotros.

—¡Hurra! —canturrea Oscar.

—¡Ha venido Zoe! —Noah salta de la silla y los dos vienen corriendo hasta mí. La torre se desmorona en el suelo.

—A por vuestras fiambreras, amiguitos. Nos vamos a casa. —Ya he recogido sus abrigos de los ganchos que hay junto a la puerta del Club extraescolar. Los dos niños se abrazan a mis piernas y tengo que despegármelos para poder vestirlos.

—Este es el tuyo, ¿verdad? —le digo a Noah, aunque sé perfectamente que no lo es. Él se ríe y me da un puñetazo de mentira. No sé por qué, pero tengo ganas de llorar.

—¿Mamá ya está en casa? —pregunta Noah. Me da la mano en cuanto echamos a andar por la acera, la tiene caliente y un poco pegajosa. Para ser sincera, no quiero soltársela.

—No, no está. —No tengo ni idea de qué voy a decirles. Cuando conseguí el trabajo jamás esperé que sentiría esto por ellos. «Entra, encuentra la información, sal.» Esas eran las instrucciones básicas. Si la cagaba, sabía que me costaría conseguir ningún trabajo más, y más aún que volvieran a asignarme una misión de incógnito. Tal como están las cosas, hacerle el té y limpiarle los zapatos al jefe me parecería un golpe de suerte.

—¿Papá ya está en casa? —dice Oscar, imitando a su hermano. Le aprieto la mano.

—Idiota —se burla Noah, que se abre paso entre Oscar y yo, intentando soltar nuestras manos. Con dulzura, lo hago regresar a mi otro lado.

—Tampoco está en casa aún, me temo. Pero ¿sabéis una cosa? Me parece que no tardará en volver.

Ya lo he hablado con mi jefe y él se ha puesto en contacto con los peces gordos. Ojalá puedan localizar a James. Los niños eran demasiado pequeños para recordar la última vez que perdieron a su madre, pero no creo que ahora deban enfrentarse a este desastre sin su padre.

—¿A quién le apetecen unas golosinas antes de volver a casa? —Obtengo la respuesta que esperaba y nos detenemos en un quiosco que hay de camino. Los gemelos tardan más de diez minutos en llenar una bolsita de papel con gominolas rosa en forma de gamba, regalices rojos y platillos volantes de picapica. Así están distraídos mientras se lo cuento todo durante lo que queda de trayecto.

—¿O sea que mamá se ha ido igual que papá? —pregunta Oscar cuando he terminado de explicárselo.

Esperaba que Noah saltara con la pulla de siempre hacia su hermano, pero sigue pensativo y callado, chupando un caramelo. Nos acercamos a la puerta de casa.

—Sí. Mamá estará fuera una temporada. Ha hecho algo que estaba mal. —Entorno los ojos mientras abro con la llave y los dejo entrar. El resto del día tendré que pasarlo recogiendo mis cosas e informando de lo sucedido. Pero antes tengo que hacer una llamada.

—Pues ahora tú serás nuestra mamá, ¿a que sí, Zoe? —dice Oscar, como si ya lo tuviera todo pensado.

Me acuclillo junto a ellos, les deshago los cordones de los zapatos y meto sus piececitos en las zapatillas. Las bolsas de golosinas quedan apretujadas en sus manos mientras ellos intentan quitarse los abrigos.

—No, ya no podré seguir cuidando de vosotros. —No tiene sentido mentirles—. Lo siento mucho. Pero me ha encantado ser vuestra niñera. —Eso es cierto. Resulta que me importan más de lo que jamás creí posible, aunque haya tenido que levantarme por las noches para ver cómo estaban cuando oía ruidos. No era mi intención que Oscar tuviera pesadillas y pensara que había un monstruo en su habitación.

Contemplo la cara de uno y otro niño, y el corazón se me encoge un poco al ver cómo se les sonrojan las mejillas. Oscar rompe a llorar.

—Llorica —dice Noah con desprecio, pero yo sé que él siente lo mismo.

—¡No es verdad!

Entonces sé que estarán bien. Se tienen uno al otro; son dos mitades de un todo. Después de eso salen corriendo hacia la sala de estar y se pelean por el mando a distancia.

Sé exactamente cómo se sienten.

La puerta forzada del estudio sigue abierta de par en par. La inoportuna intrusión de los hermanos de Elizabeth tiene sentido ahora, después de hablar con mi jefe al salir de casa de Pip. No sabía adónde ir, así que he venido primero aquí con el coche y luego me he ido andando hasta el parque. Me he sentado en un banco, todavía traumatizada por los hechos que acababa de vivir. He marcado el número y le he explicado lo que había sucedido. Él me ha hecho ver que los hermanos Sheehan debían de andar buscando los mismos papeles que yo.

—Lo has hecho bien, Heather —me ha dicho, como si nunca hubiese creído que lo lograría. Me he permitido disfrutar del elogio—. Ya sé que te han interrumpido el trabajo antes de tiempo, pero muchos de los documentos que enviaste eran clave. La brigada antifraude de Jersey tiene ahora un caso sólido, gracias a ti.

Yo suponía que esta misión era mi última oportunidad para impresionarlo. Las exigencias de Cecelia le habían pasado factura a mi carrera en el cuerpo con el paso de los años. Los días que me cogía de baja por falsa enfermedad, junto con las llamadas que no dejaba de hacerme y sus descabelladas visitas a comisaría habían hecho imposible que desempeñara mi trabajo como es debido. Tenía que cuidar de ella y no había nadie más para ayudarme. Las hermanas, igual que los gemelos, tienen que permanecer unidas. Eso le prometí a mamá hace dieciocho meses, antes de que muriera y dejara este mundo en uno de sus arrebatos de irrealidad y delirios, y lo mismo había susurrado ante el ataúd de papá cuando cerraron la tapa siendo yo una adolescente. Ahora quedamos solo mi tata y yo.

Por eso me desconcertó tanto que me escogieran para esta misión de incógnito. La excéntrica incorregible con un historial por debajo de la media no debió de ser precisamente la primera opción para un caso de fraude mayor. Aunque a lo mejor solo fue porque, de todo el departamento, yo era la que más pinta de niñera tenía.

—Seguro que tendrás alguna experiencia con niños, ¿no? —me dijo el jefe después de ponerme al corriente del caso. Casi me lo estaba afirmando.

—No —fue mi sincera respuesta.

Todo se sucedió muy deprisa en cuanto decidieron que la seleccionada para el trabajo era yo. Un equipo dedicado a producir sólidos antecedentes para polis de incógnito creó a Zoe Harper de la nada. Como era medio novata en el cuerpo había oído historias, claro, pero jamás se me había pasado por la cabeza que me caería algo así de grande con tan poca carrera a mis espaldas.

Me pasé los cinco días siguientes con la cabeza enterrada en informes y listas de datos, y descubrí que mi nuevo currículum contenía detalles que yo ni siquiera conocía de mi verdadera identidad. Estudié libros sobre puericultura, método Montessori incluido, e investigué sobre todos los lugares en los que se suponía que había estado con las familias anteriores. Fue una inmersión arrolladora en la vida de otra persona, todo para conseguir pruebas documentales de una serie de contabilidades que no habrían sido accesibles de ningún otro modo.

Para ser sincera, era justo lo que necesitaba, porque Cecelia se estaba volviendo completamente loca, y a mí también.

—Por cierto, vas en bici —me dijo el jefe.

—¿Ah, sí? —Hacía siglos que no montaba.

—Y sigues en contacto con muchas de tus anteriores familias. —Me pasó un fajo de cartas con letra infantil en el sobre, todas abiertas y algo arrugadas, enviadas a una dirección que no me sonaba de nada—. Es donde has vivido una temporada —me explicó mientras yo pasaba un dedo por encima del nombre de esa localidad que no conocía—. Objetos como estos irán junto con tus pertenencias generales. Los tendrás listos para recogerlos veinticuatro horas antes de que te traslades. Ni se te ocurra llevar nada más contigo. Suponiendo que los Morgan-Brown te den el trabajo, claro —añadió con una mueca que a mí me pareció amenazadora. Tenía razón—. Y más te vale que te den ese trabajo —dijo aún—. El precio en caso contrario será incalculable. Estamos investigando esto junto con la Comisión del Mercado de Valores de Washington y no queremos quedar como una panda de idiotas. Solo es una pequeña parte de toda la investigación, pero estarás en terreno y tendrás oportunidad de colaborar y hacer un poco de historia.

Tragué saliva mientras escuchaba con atención a pesar de estar completamente aterrorizada.

—Cientos de fondos fiduciarios en paraísos fiscales de todo el mundo se vienen alimentando con un capital que no tiene, digamos, una procedencia muy saludable. Si a eso le sumamos que los gestionan de manera ilegal, que es donde entra nuestra conexión de Jersey, resulta que hemos dado con la punta de iceberg de un enorme chanchullo a escala mundial.

Entonces me explicó que desde Estados Unidos se habían transferido 228 millones de dólares a varias cuentas de paraísos fiscales de todo el mundo hacía más o menos un año, en los meses subsiguientes a un gran fraude de compraventa de acciones. Después de una maniobra para inflar los precios realizada desde internet, las acciones de Chencorp, una nueva empresa que alardeaba de haber conseguido un macrocontrato para suministrar material escolar a China, subieron como la espuma e hicieron asquerosamente ricos a los principales accionistas.

—Esa fue la primera parte: inflar precios —dijo.

Yo en realidad no entendía lo que significaba todo aquello y me lo quedé mirando con ojos impertérritos, lo único que quería era que me comunicara lo que tendría que hacer, pero él siguió explicando que, como era de esperar, con la venta masiva de acciones se había provocado una caída en picado de los precios, y los auténticos inversores («el ciudadano de a pie, gente como tú y como yo») habían perdido todo su dinero.

Reflexioné. Empezaba a comprenderlo y compadecí mucho a ese «ciudadano de a pie» del que hablaba mi jefe. Esas cosas no eran justas, sobre todo cuando me dijo que quienes perpetraban esa clase de estafas se iban a su casa con una sentencia sin privación de libertad y una multa ridícula en comparación con todo lo que habían provocado.

—El caso es que son grandes figuras filántropas, Heather —me explicó cuando empecé a despotricar contra los capitalistas—. Cada cierto tiempo realizan donaciones a grandes centros de investigación, instituciones médicas, el programa espacial, educación... todo lo que se te ocurra. Así es como funciona el mundo. Lo más que podemos hacer es ponérselo todo lo difícil posible. Y para eso, necesito que tu personita se meta en esa casa de la lluviosa Birmingham para cuidar de esos niños.

Estaba lista para el desafío.

Resultó que los hermanos Sheehan no eran más que una pequeña parte de toda la actividad delictiva y, sin los documentos que yo había descubierto, podrían haber salido airosos recurriendo a un tecnicismo jurídico. Mi jefe me aseguró que, con las pruebas que yo había proporcionado en forma de cartas, correos electrónicos impresos y estados de cuentas, no tendrían forma de aducir que no conocían la procedencia del dinero que blanqueaban en nombre de sus clientes. Los habíamos pillado con las manos en la masa y se sentarían en el banquillo de los acusados en primavera.

Elizabeth Sheehan no sabía nada de las actividades de sus hermanos. Su trabajo como abogada se situaba en el extremo opuesto del espectro social. Y puesto que yo había llegado a conocerlo un poco antes de que tuviera que embarcarse, me pareció una lástima que James no saliera demasiado limpio de todo aquello. Su implicación en las actividades de los hermanos era ahora cuestión de los militares, ya que se había descubierto que había «heredado» muy oportunamente unos fondos fiduciarios ilegales en nombre de Elizabeth. Se enfrentaría a una investigación a fondo por parte de la Armada, que sin duda lo relegaría del servicio.

«En caso de duda, fotografíalo todo», me había dicho mi jefe, y a mí se me había quedado grabado.

—Bueno, casi todo —añadió riendo al final de nuestra llamada telefónica. Me dijo que ya había destruido las imágenes de los irrelevantes informes de trabajo social que yo había documentado solo por si acaso. Durante las semanas anteriores me habían entrenado para copiar todo lo que pudiera conseguir, desde el contenido de archivadores hasta los papeles desordenados del cajón de la cocina. Yo simplemente cumplía mis órdenes y, a decir de todos, les había entregado justo lo que necesitaban.

Sin embargo, jamás había esperado sentirme tan mal ante la perspectiva de marcharme de esta casa justo antes de que Claudia diera a luz. Me parecía que le estaba haciendo una jugada.

«Te conseguiremos una razón verosímil para que salgas de allí», me había dicho el jefe. Pero, claro, nunca hizo falta esa razón.

En estos momentos estoy atónita, vacía, desconsolada y más que abatida solo de pensar en lo que sé que debo hacer. Mientras los niños están viendo la tele hago la llamada que tanto temo. Necesitarán un hogar de acogida de inmediato, y le he pedido al jefe que me deje encargarme personalmente de ello. Respiro hondo y marco el número de los servicios sociales.

—¡Estoy en casa! —entono sin demasiada convicción. Me siento extraña diciéndolo. El piso huele a fresas y café. Cecelia está hundida en el sofá con cuatro cajas de fruta roja madura a su alrededor. Me sonríe. Es como si nunca me hubiese ido.

—Heather —dice con ternura, convenciéndome casi de que todo es normal. Rezo por que hoy tenga un buen día. Tenemos que hablar de algunas cosas.

—Tata —digo yo, y me lanzó de cabeza—: He estado pensando. Las cosas van a mejorar por aquí. —Estoy de pie y el invierno humea desde mi cazadora. Me la quito.

Cecelia no reacciona. En lugar de eso se mete en la boca la fresa más grande que he visto nunca. Parece estar dentro de un sueño, parece irreal.

«Cuida de tu hermana, Heather —me dijo mamá—. Va a necesitarte el resto de su vida. Prométeme que te ocuparás de ella pase lo que pase.»

—Mira, no sé si he estado a punto de perder el trabajo por tu culpa o si lo he conservado gracias a ti. —Es el principio de lo que tengo que decirle, cosas que acabo de decidir mientras venía hacia aquí, pero que llevo una barbaridad de tiempo pensando—. Quiero cuidar de ti, Tata, de verdad que sí, pero las cosas van a tener que cambiar. Tú vas a tener que cambiar. —Ahora tengo su atención—. Soy agente de policía y es un trabajo muy duro. Necesito que colabores.

Sus ojos no desvelan si ya hace tiempo que lo sabe y simplemente lo había olvidado, o si para ella es la sorpresa del siglo. De cualquier forma, sigue del todo inmóvil.

—Tenemos que llegar a un acuerdo sobre algunas cosas.

Cecelia no sabe nada sobre mi misión de incógnito y yo no pienso contárselo. Recuerdo que me uní al cuerpo de policía en pleno arrebato de pánico siendo una pringada de dieciocho años. No tenía ni idea de qué hacer con mi vida. En el colegio era la torpe de notas mediocres, mientras que mi hermana siempre fue la artista, la creativa, la extravagante. Siempre tenía que ser el centro de atención, pero, sin que Cecelia lo supiera, yo siempre estaba cerca para mantener a raya a los que se metían con ella. Era su guardaespaldas personal secreta. Siempre había cuidado de ella.

Ya de adultas, en sus momentos de mayor lucidez, se enfadaba y se ponía desafiante cuando yo me encogía de hombros para decirle que había cambiado de trabajo, que había dejado el cuerpo y estaba en un bar, que era limpiadora o que vendía de puerta en puerta. Eso explicaba mis horarios cambiantes, mi vestuario (a veces raro), y además era más o menos cierto, según el caso en el que estuviera trabajando. La parte trastornada de mi tata, no obstante, siempre acababa saliendo a relucir. Percibía cuándo estaba evasiva y se sentía amenazada. Por lo que a mi hermana respecta, yo vivo única y exclusivamente para cuidar de ella. Y casi siempre es así.

Sin embargo, en el último año o dos, su sentido de la realidad se ha relajado y ahora, en lugar de obsesionarse con mi trabajo, está obsesionada con tener un niño. El médico dijo que podría ser por todos los cambios de medicación que ha sufrido. Parece que no aciertan con la más indicada.

—He estado pensando largo y tendido sobre algunas cosas. —Me siento a su lado. El sofá gruñe entre ambas—. Sobre nosotras dos, Tata.

—¿Fresas? —me ofrece, acercándome una—. Quiero hacer joyas comestibles. —Coloca la fruta en mi cuello.

—Para empezar, nos mudaremos a otro piso. —Será un alivio y una salvación salir de este sitio minúsculo.

Cecelia baja la mano y mira fijamente la fresa antes de lamerla. Es como si no me hubiera oído o no hubiera digerido lo que eso implica.

—Podremos hacer una buena limpieza —digo—. Buscaremos un lugar mejor, un lugar con más espacio para que hagas tus joyas. —Cuando crea es cuando mejor se encuentra. Más inestable e imprevisible, cierto, pero en cierto modo parece más viva. Prefiero verla así; así es como nació.

«Cecelia tiene algo de tu madre en ella —me dijo papá una vez—. Cuando nosotros estemos muertos y enterrados, te va a dar mucho trabajo.» Se rió y encendió un cigarrillo, y unos meses después murió. La responsabilidad pasó a la siguiente generación. A veces tengo la sensación de que nuestra infancia le ocurrió a otra persona.

Cecelia ríe y se mete la fresa entera en la boca. Al morderla, el jugo rezuma entre sus labios.

—¿Adónde nos mudaremos? —pregunta, incrédula—. Nunca nos mudamos.

—Exacto. Así que ya va siendo hora.

Veo cómo pasea la mirada por el contenido del piso, metiéndolo todo en cajas mentalmente, asegurándose de que no me deshago de nada de su valiosísima basura.

—Tengo algo de dinero ahorrado —le digo—. Podría darlo como entrada. Y a lo mejor me ascienden pronto. —Casi no reacciona ante esa buena noticia, pero mi tata es así. El jefe me ha enviado un correo diciéndome que vaya a verlo la semana que viene. Quiere que solicite una plaza que ha quedado libre.

—Podríamos dar una fiesta —propone Cecelia—. Y comprar un gato. Y a lo mejor yo podría volver a montar una pequeña tienda.

Suspiro. Será mejor que me decida a decir lo que de verdad quiero decirle antes de que tergiverse todo mi plan.

—¿Sabes esos dos niños de los que te hablé, los gemelos? —Cruzo los dedos, esperando que siga el hilo. Cecelia intenta aparentar desinterés, pero de todas formas asiente con la cabeza. Lo que quiero, sobre todo, es que alguien conozca el destino de los gemelos para que no queden relegados únicamente a mi pensamiento—. Van a necesitar un hogar de acogida. —Después de eso, no sé qué será de ellos. Dependerá del destino de su padre—. Y hablando de niños... de bebés... —Tartamudeo.

No me está escuchando.

—Cecelia —digo, cogiéndole las dos manos. Sus ojos empañados intentan enfocar—. Tenemos que dejar clara una cosa. No vas a tener ningún bebé. ¿Me entiendes bien?

Su mirada vacía no transmite nada.

—Ya sé que tienes la cabeza llena de ideas y que parecen todas muy emocionantes y maravillosas, pero, créeme, será mejor que te concentres en tus diseños. Vuelca en ellos toda tu energía, ¿vale?

—Ya entiendo —dice sin ninguna emoción. Puedo ver cómo los primeros indicios de un arrebato van escalando por su cuerpo desde los pies hacia arriba. Junta con fuerza las rodillas y traba sus brazos en un desafiante abrazo alrededor de su torso. Después llega una gran inspiración profunda con la que parece aspirar la habitación entera, seguida de las mejillas sonrojadas, la mandíbula apretada y la dureza de sus ojos. Luego, nada más. La calma antes de la tormenta. La conozco muy bien.

—Lo digo en serio, Tata. Me he quedado hecha polvo después de todo lo que me has hecho pasar. Pensaba que hacía lo correcto intentando acceder a tus exigencias, pero se nos fue de las manos. Yo tengo tanta culpa como tú, la verdad, y tendría que haberte dado un firme no por respuesta desde el principio.

Ya está. Ya lo he dicho. Me dejé arrastrar a un rincón oscuro de la mente de Cecelia y me vi atrapada en la corriente de su deseo. Ella jamás podrá cuidar de un bebé, por mucho que yo creyera que podría ser justamente lo que le hacía falta. Y yo ni mucho menos quiero quedarme embarazada. Tendría que dejar el trabajo para cuidar de la pobre criatura. Ese nunca ha sido mi plan de vida.

—Quiero que dejemos todo eso atrás, Tata, y finjamos que nunca sucedió. No estoy orgullosa de lo que hice, pero no quiero ni oír hablar de bebés, ¿de acuerdo? —La agarro de los hombros y la obligo a mirarme.

—No tienes ni idea de lo mucho que deseo un bebé —susurra con una voz que me parte. Por primera vez desde hace una eternidad, Cecelia parece... normal, sincera, como si sus ideas procediesen de un lugar cuerdo—. Yo siempre, siempre he querido un bebé.

—Pobre Tata —digo, y no puedo evitar pensar un momento en Claudia.

—Desde que era pequeña, siempre he sentido un deseo inmenso de cuidar de un niño. Amarlo, alimentarlo, arroparlo y ver cómo crece. —Hace una pausa. Un momento de silencio y recuerdo—. Tenía una muñeca —sigue, con lágrimas en los ojos— y recé por que cobrara vida. Probé con toda clase de poderes mágicos para que se convirtiera en una niña de verdad, pero ella seguía siendo un montón de plástico frío.

—Tata —le digo—, no tenía ni idea. —Y pensar que compartimos toda nuestra infancia sin que yo supiera nada de eso...

—A lo mejor es porque mamá nunca nos quiso de verdad, con el corazón.

Es lo más verosímil que he oído jamás de boca de Cecelia.

—Yo... no sé si eso es cierto. Seguro que nos quería, a su manera. —En mi mente veo a una mujer que existe, actúa, se ocupa de sus hijas, hace todo lo que hay que hacer en la vida; pero en cuanto al amor, no sé decir si le importaba de verdad. A lo mejor yo misma estaba demasiado ocupada protegiendo a mi tata para darme cuenta. Como dice ella, tener algo que amar hace mucho por llenar el vacío que deja el hecho de no ser amado.

—De todas formas sé que tienes razón —sigue diciendo, ahora parece menos taciturna.

—¿De verdad?

—Sé que no puedo tener un bebé —dice en voz baja—. Y me entristece muchísimo. —Su tono es de una irrevocabilidad conmovedora, como si su vida siempre hubiese estado escrita con esa ausencia de niños, desde el momento de su propia concepción—. Si te digo la verdad, seguramente no habría sido muy buena madre —añade con resignación—. Y... ¿Heather? —Su expresión sigue siendo de una serenidad inquietante, como si todos estos años de agonía, de deseo, de ansia, no fueran más que el embrión de un sueño de su mente insondable que no ha llegado a buen término.

—¿Sí, Tata? —Siento sus manos cálidas en las mías, algo pegajosas por la fruta.

—Lo siento mucho. De verdad.

Y entonces descansa la cabeza en mi hombro, donde debe estar.

# EPÍLOGO

## ACTA DE INTERROGATORIO

**Interrogado/a:** MORGAN-BROWN, Claudia
**Lugar:** Jefatura de la Policía de West Midlands, Birmingham
**Fecha:** 28/11/12
**Hora de inicio:** 10.18 **Hora de finalización:** 11.14
**Duración:** 56 minutos (incl. pausa)
**Núm. referencia cinta/imagen:** 11/BH4/03561
**Agente(s) al cargo:** Insp. 1093 Adam Scott, Insp. 2841 Lorraine Fisher
**Otro personal presente:** Ag. 8932 P. Ainsley

INSPECTOR SCOTT: Este interrogatorio se está grabando y puede ser utilizado como prueba si este caso llega a los tribunales. El interrogatorio tiene lugar en la Jefatura de la Policía de Birmingham cuando son exactamente las diez de la mañana y dieciocho minutos del veintiocho de noviembre de dos mil doce. Yo soy el inspector Adam Scott y también están presentes la inspectora Lorraine Fisher y el agente Patrick Ainsley.

Estamos aquí para interrogarla sobre los ataques por los que ha sido detenida. ¿Podría decirnos su nombre, por favor?

CMB: Claudia Morgan-Brown.

IS: ¿Y su fecha de nacimiento?

CMB: El catorce de abril de mil novecientos setenta y dos.

IS: ¿Podría confirmarnos, por favor, para que quede constancia, que en la sala no hay nadie más presente, aparte de las personas antes mencionadas?

CMB: Sí, lo confirmo.

IS: Antes de empezar debo recordarle que tiene derecho a solicitar un abogado de oficio, pero que ha preferido no hacerlo. Sigue usted teniendo ese derecho y, si cambia de opinión, por favor hágamelo saber y pararemos el interrogatorio para que pueda pedirlo. Ahora debo informarla de que no tiene por qué declarar nada, pero que su defensa puede verse perjudicada si, al respondernos, no menciona algo que luego sostendrá ante el tribunal. Todo lo que diga podrá ser utilizado como prueba. Al final de este interrogatorio le explicaré qué sucederá con las cintas grabadas.

¿Sabe por qué la han detenido y la han traído aquí hoy?

CMB: Sí.

IS: Por favor, hable más alto para que se oiga en la grabación. ¿Atacó usted y mató a Sally-Ann Frith y a su feto el catorce de noviembre de dos mil doce o en una fecha similar?

CMB: Sí, pero no era mi intención que murieran.

INSPECTORA FISHER: ¿Podría explicar qué quiere decir con eso?

CMB: Después de sacarle el bebé, iba a llamar a una ambulancia. Quería que la chica se recuperara, pero ella se resistió y dificultó la operación. Ella causó su propia muerte.

IF: ¿Usted cree que la propia Sally-Ann fue culpable de su muerte?

CMB: Sí.

IF: ¿Cómo se siente sabiendo que murieron?

IS: Para que quede constancia, la señora Morgan-Brown se ha limitado a encogerse de hombros.

CMB: Lo hacía todo más difícil. Se me acababa el tiempo.

*Inaudible a causa de una exhalación.*

IS: ¿Qué quiere decir con eso?
CMB: Un embarazo fingido no puede durar para siempre. Necesitaba un bebé para mi fecha prevista de parto. Cuando vi que las cosas no salían según mi plan, me entró el pánico y los dejé allí.
IF: ¿Puede explicarnos por qué... por qué quería llevarse al niño de Sally-Ann?

*Pausa larga.*

CMB: Porque todos mis bebés se morían. Sally-Ann no quería el suyo. Si no, no le habría hecho eso. La conocí en unos grandes almacenes. Se puso como loca, gritaba que no quería a su bebé. Yo soy trabajadora social, inspectora. Sé distinguir a una buena madre de una que no lo es.

*Otra pausa.*

IS: Para que quede constancia, la acusada asiente con la cabeza.
CMB: Miren, intenté ayudarla. Estaba destrozando la tienda y yo la calmé. Después la seguí hasta su casa. Estaba muy preocupada por su bebé y sentí que era mi deber acercarme a ver cómo le iba. Durante los meses siguientes fui siguiéndole la pista, iba a la escuela, a comprar, a sus citas con el médico. Me resultó fácil encajarlo con mi trabajo. Siempre estoy visitando a madres negligentes. Mi felicidad fue increíble al ver que iba engordando. Había aceptado mi consejo.
IF: Para que quede constancia, Claudia Morgan-Brown está bebiendo agua. Se levanta.
IS: Siéntese y continúe, por favor.
CMB: Sally-Ann nunca supo que la vigilaba, aunque hablé con ella de pasada un par de veces. Una, cuando le toqué la

barriga en el bar de la escuela y me dijo que iba a tener una niña. No me reconoció.

*La inspectora Fisher tose.*

IS: ¿Cómo fingió su propio embarazo?

IF: Para que quede constancia, la acusada sonríe y sacude la cabeza.

CMB: Jamás pensé que se pudiera hacer. De verdad que no. Ella me dijo que, a menos que me vieran completamente desnuda, nadie lo notaría.

IS: ¿Quién le dijo eso?

CMB: La mujer de internet que hace los trajes. Y tenía razón. Con mi historial médico, James no tendría permiso para tocarme en todos esos meses, así que eso fue fácil. Además, casi siempre está fuera.

IF: Describa ese traje, por favor.

CMB: Lo hizo especialmente para mí. Me estaba como un guante. Tuve que ir a tomarme las medidas. Me explicó que vende bastantes, que a algunas mujeres les gusta sentirse embarazadas siempre. Disfrutan de la atención y los mimos que reciben. Pero para mí iba a ser real. Por fin iba a quedarme embarazada y no iba a perderlo. A medida que pasaba el tiempo, lo hinchaba con gel, como decían las instrucciones. Llevaba unas pesas por dentro que se movían cuando yo lo hacía. Cuando se notaban las patadas, eran muy realistas. Jamás lo habría dicho, ¿verdad?

IF: No.

IS: ¿Llevaba puesto el traje cuando asesinó a Sally-Ann?

CMB: No. Era pesado y torpe. Yo no la asesiné. Murió durante la operación.

IF: Describa el... la operación. Cuéntenos cómo lo hizo.

CMB: Fui al piso de Sally-Ann. Al principio estaba bastante nerviosa, pero la convencí para que me dejara entrar. Estuvimos hablando de bebés y esas cosas. Al final se relajó.

IS: ¿Quiere sentarse, por favor? Para que quede constancia, la señora Morgan-Brown no hace más que levantarse.

CMB: Lo siento. *Inaudible.* Fue muy gracioso. Me explicó que le iban a hacer una cesárea dentro de unos días. Tuve suerte.

*Pausa.*

Le dije que yo podía hacérsela en ese mismo momento. Cerré la puerta del apartamento con llave y me la guardé. Le dije que así se ahorraría tener que ir al hospital. Al principio pensó que lo decía en broma. Sería más fácil, le dije, si se metía en la bañera, pero no quiso. Me chilló que me marchara. Saqué un cuchillo de un cajón de la cocina. Hice todo lo posible por ponérselo fácil, pero ella no dejaba de gritar. ¿Quieren que siga?

IS: Sí.

CMB: El caso es que no se estaba quieta. Yo era más fuerte que ella, pero no lo bastante para inmovilizarla y al mismo tiempo realizar el procedimiento. Además, no quería hacerle daño a la niña. Iba a ser mía. No tuve más opción que dejar a Sally-Ann inconsciente. No fue peor que una anestesia.

IF: ¿Y cómo la dejó inconsciente?

CMB: Encontré un martillo en el armario de debajo del fregadero. Ella intentó escapar otra vez. Me lo estaba poniendo muy difícil, mucho.

IS: ¿Qué hizo con ese martillo?

CMB: Le di un golpe en la cabeza.

IS: ¿Dónde estaba cuando la golpeó con el martillo?

CMB: En el baño. La había arrastrado allí.

IS: ¿Cree que ella no estaba siendo razonable porque no quería que usted le arrancara al bebé de dentro?

*Pausa larga.*

CMB: Sí.

IS: ¿Qué sucedió después de que la golpeara?

CMB: Se cayó. Tuve que darle dos veces.

IF: ¿Cree que estaba inconsciente o muerta?

CMB: Inconsciente. Respiraba. Tenía que pensar en mi bebé.

IS: Describa qué ocurrió entonces.

CMB: ¿Puedo beber un poco más de agua, por favor?

IF: Para que quede constancia, el agente Ainsley le sirve agua. Prosiga.

CMB: La metí en la bañera. Me costó bastante. Pesaba. Le rasgué la ropa. Entonces le hice el corte. ¿Alguna vez ha cortado carne humana, inspectora?

IS: Somos nosotros quienes hacemos las preguntas. Siga, por favor.

*La inspectora Fisher tose y se aclara la garganta.*

CMB: Es sorprendente lo fácil que resulta. Tenía que ir con cuidado por el bebé que llevaba dentro. Le canté una nana, por si podía oírme. Hice una incisión. Por aquí.

IF: Para que quede constancia, la señora Morgan-Brown indica una línea vertical desde el pecho hasta el bajo vientre.

CMB: Sé que técnicamente no es lo correcto, pero iba a necesitar la mayor abertura posible. Entonces pasó algo horroroso.

*Pausa.*

Recobró el conocimiento. Me miró medio atontada y entonces vio lo que le estaba haciendo. De pronto se puso como loca, empezó a gritar y a patalear.

IS: ¿Dijo algo?

CMB: Me suplicó que parara. Era difícil entenderla, después ya solo profería sonidos convulsivos. El vientre se le movía como a espasmos.

IS: ¿Pudo ver el feto?

CMB: Sí, justo ahí.

IS: ¿Qué ocurrió entonces?

CMB: Le di otro golpe y volvió a desmayarse. Entonces saqué a la niña a medias. Intenté cortar el cordón, pero me costaba. Casi todo estaba todavía dentro, muy metido, y sus músculos hacían mucha fuerza... como si no quisiera soltarla.

IF: Pero ¿el bebé seguía vivo?

CMB: Sí. Sentía cómo se movía en mis manos. Las piernecillas y el culito fueron lo primero en salir. Y entonces lo vi. Fue una sorpresa terrible.

IS: ¿Qué vio?

*Pausa larga.*

CMB: Que era un niño, joder. Y yo iba a tener una niña.

IS: Pararemos un momento. Detenga la grabación.

*La grabación se detiene dieciocho minutos. El agente McMAHON entra en la sala y se queda con el agente AINSLEY. Los inspectores SCOTT y FISHER salen.*

IS: El interrogatorio de Claudia Morgan-Brown se retoma a las diez y cincuenta y ocho. Están presentes las mismas personas que antes.

Señora Morgan-Brown, ¿atacó usted a Carla Davis con la intención de extraer el feto de su vientre?

CMB: Sí, así es.

IF: ¿Por qué?

CMB: Porque ella tampoco quería a su niña.

IS: ¿También la dejó inconsciente?

CMB: No. Ella no opuso resistencia.

IF: ¿Por qué no, si sabía que iba a hacerle daño?

CMB: Porque la drogué.

IF: ¿Qué sustancia le dio?

CMB: Ketamina. Una dosis elevada. Fue fácil conseguirla. Todos los días trato con gente que se droga, y Carla siempre iba detrás de algo. Se la tomó voluntariamente.

IS: ¿Qué sucedió entonces?

CMB: Estaba en el sofá. La puse cómoda mientras la droga hacía efecto. Había llevado un cuchillo conmigo. Esta vez iba a sacar a la niña y llamaría a una ambulancia y Carla estaría bien después de la operación, pero...

*Pausa larga.*

IS: Para que quede constancia, la sospechosa acaba de golpearse la cabeza contra la mesa tres veces. Le sale sangre del labio.

CMB: Conocía a Carla desde hacía tiempo. Tendría que haberlo sospechado.

IF: ¿Qué quiere decir con eso?

CMB: Estaba claro que había tenido muchos novios, no solo el que yo había visto por allí. No se me ocurrió... Cuando abrí a Carla y vi a la niña, me dio un vuelco el corazón. Era una preciosidad, monísima, y no había nada que yo quisiera más que convertirla en mi hija.

*Pausa.*

Pero James jamás habría podido ser el padre. La niña no era blanca. Me sentí profundamente abatida y quise rendirme.

IF: Pero no se rindió, ¿verdad?

CMB: No me rendí, no.

IS: ¿Tenía la intención de extraer el feto del útero de Pip Pearce ayer?

CMB: No hasta que me llamó. Me pidió ayuda, inspector. ¿Qué iba a hacer yo?

*Pausa. Los inspectores Scott y Fisher consultan algo, inaudible.*

IS: Para recapitular, pues, ¿ha confesado los asesinatos de Sally-Ann Frith y su feto, el intento de asesinato de Carla Davis y el asesinato de su feto, así como la grave agresión corporal causada a Pip Pearce?

*Pausa.*

CMB: Sí.
IS: ¿Tiene algo más que añadir?

*CMB suspira con fuerza.*

CMB: ¿Quieren que les hable de las otras?

El papel utilizado para la impresión de este libro
ha sido fabricado a partir de madera
procedente de bosques y plantaciones
gestionados con los más altos estándares ambientales,
lo que garantiza una explotación de los recursos
sostenible con el medio ambiente
y beneficiosa para las personas.
Por este motivo, Greenpeace acredita que
este libro cumple los requisitos ambientales y sociales
necesarios para ser considerado
un libro «amigo de los bosques».
El proyecto Libros Amigos de los Bosques promueve
la conservación y el uso sostenible de los bosques,
en especial de los bosques primarios,
los últimos bosques vírgenes del planeta.

Papel certificado por el Forest Stewardship Council®

FSC www.fsc.org
MIXTO
Papel procedente de fuentes responsables
FSC® C107846